畜禽场消毒防疫与疾病防制技术丛书

鸡场消毒防疫与疾病防制

主编　施力光

河南科学技术出版社

·郑州·

图书在版编目（CIP）数据

鸡场消毒防疫与疾病防制 / 施力光主编. —郑州：河南科学技术出版社，2018.1（2025.5 重印）

（畜禽场消毒防疫与疾病防制技术丛书）

ISBN 978-7-5349-8994-0

Ⅰ. ①鸡…　Ⅱ. ①施…　Ⅲ. ①养鸡场-卫生防疫管理　②鸡病-防治　Ⅳ. ①S858.31

中国版本图书馆 CIP 数据核字（2017）第 221423 号

出版发行：河南科学技术出版社

地址：郑州市郑东新区祥盛街27号　　邮编：450016

电话：（0371）65737028　65788613

网址：www.hnstp.cn

策划编辑：陈　艳　陈淑芹

责任编辑：陈淑芹

责任校对：窦红英

封面设计：张　伟

版式设计：栾亚平

责任印制：徐海东

印　　刷：河北晔盛亚印刷有限公司

经　　销：全国新华书店

幅面尺寸：140 mm×202 mm　印张：9.875　彩插：24 面　字数：256 千字

版　　次：2018 年 1 月第 1 版　2025 年 5 月第 3 次印刷

定　　价：85.00 元

本书编写人员名单

主　　编　施力光

副 主 编　闫益波　李连任

编写人员　施力光　闫益波　李连任　郑培志　卢成合　李　童　徐从军　卢纪忠　郭长城　黄继成　毛西光

前　言

近年来，在我国建设农业生态文明的新形势下，规模化养殖得到较快发展，畜禽生产方式也发生了很大的变化，给动物防疫工作提出了更新、更高的要求。同时，随着市场经济体制的不断推进，国内外动物及其产品贸易日益频繁，给各种畜禽病原微生物的污染传播创造了更多的机会和条件，加之畜禽养殖者对动物防疫及卫生消毒工作的认识普及和落实不够，疾病控制已成为制约畜禽养殖业前行的一个“瓶颈”，并对公众健康构成了潜在的威胁。人们不禁要问：为什么现在畜禽疾病难治疗？

控制畜禽疾病的手段固然是多方面的，药物预防和治疗至关重要，但消毒、防疫、疫苗接种免疫也是不可忽视的。现实生产中，有些养殖场（户）平时工作做得不细，思想上麻痹大意，认为注射疫苗就是防疫工作的全部内容，注射完了疫苗就万事大吉了；有的则是无病不消毒，得病了手忙脚乱乱消毒，不停地消毒，药物浓度、消毒密度都超出了常规，不合理的消毒制度，给畜禽带来了更多的发病机会，让养殖工作步履艰难；疾病防制过程中，重“治”轻“防”；防制技术落后。其后果是畜禽疾病多发，且难治疗。

正是基于以上认识，本书不使用“防治”而使用“防制”，意在积极倡导消毒防疫、免疫防控、防重于治的理念。我们组织农业科学院专家学者、职业院校教授和常年工作在生产一线的技术服务人员编写了这套“畜禽场消毒防疫与疾病防制技术”丛书。本丛书以制约养殖场健康发展的畜禽疾病控制为切入点，分为鸡、鸭、鹅、兔、猪、牛、羊7个分册。每个分册介绍养殖场的消毒、防疫、免疫、常见病防制，并配有多幅精美彩图。本书重点介绍鸡场消毒基础知识、消毒常用药物和现场包括环境、场地、圈舍、鸡只、饲养用具、车辆、粪便及污水等的消毒技术、鸡只疾病的防疫免疫、常见病的防制等知识，在关键技术操作过程、疾病诊断等讲述中配有插图，形象直观，通俗易懂，内容丰富，理论阐述深入浅出，技术针对性、指导性和实用性强。

由于作者水平有限，加之时间仓促，书中如有谬误之处，恳请广大读者不吝指正。

编　者

2016年11月

目　录

第一章　鸡场的消毒

第一节　消毒基础知识

当前，随着养殖业集约化程度的不断发展，畜禽大群体、高密度饲养已成常态。伴随着规模化饲养，畜禽所受到的应激越来越多，这为疾病的传播提供了有利的环境条件，某些原来处在小群散养条件下危害性不大的疾病，也可能会给养殖业带来严重的损失。由于畜禽育种技术的发展，生产性能不断提高，生长发育迅速，育成期短，周转快，不同日龄之间的畜禽出现交叉感染的概率增加。同时，为了控制细菌病的继发或并发感染，有些养殖场（户）采用增加疫苗种类、免疫剂量和次数的方法以及滥用、过量使用抗生素，造成畜禽耐药性增强，发病后难以挑选有效药物，且机体内的有益微生物被杀死，菌群严重失调，更影响了畜禽的健康水平和生产性能的发挥。

为了保证畜禽免受这些微生物的侵袭，快速健康地生长，必须有严格的消毒措施以消除养殖环境中的各种致病微生物。只有秉持“预防为主，防治结合，防重于治”的理念，才能保证养殖生产顺利进行。

一、消毒的概念

微生物是广泛分布于自然界中的一群难以用肉眼观察到的微小生物的统称，包括细菌、真菌、霉形体、螺旋体、支原体、衣原体、立克次体和病毒等。其中有些微生物对畜禽是有益的，主要含有以乳酸菌、酵母菌、光合菌等为主的有益微生物，是畜禽正常生长发育所必需的；另一些则是对动物有害的或致病的，如果这些病原微生物侵入畜禽机体，可引起人和畜禽各种各样的疾病，即传染病，有传染性和流行性，不仅可造成大批畜禽的死亡和畜禽产品的损失，某些人畜共患疾病还会给人的健康带来严重威胁。病原微生物的存在，是畜禽生产的大敌。

随着集约化畜牧业的发展，预防畜禽群体发病特别是传染病，已成为现阶段兽医工作的重点。要消灭和消除病原微生物，必不可少的办法就是消毒。

1. 消毒　消毒是指用物理的、化学的和生物的方法清除或杀灭外环境（各种物体、场所、饲料、饮水及动物体表、黏膜、浅体表）中的病原微生物及其他微生物，从而阻止和控制传染病的发生和蔓延。

消毒的含义有两点：消毒是针对病原微生物和其他有害微生物的，并不要求清除或杀灭所有病原微生物；消毒是相对的而不是绝对的，它只要求将有害微生物的数量减少到无害程度，而不要求把所有病原微生物全部杀死。

用于消毒的药物称为消毒剂，即用于杀灭传播媒介上的病原微生物，使其达到无害化要求的制剂。

2. 灭菌　灭菌是指用物理或化学的方法杀死物体及环境中一切活的微生物，包括致病性微生物、非致病性微生物及其芽孢、霉菌孢子等。灭菌的含义是绝对的，是指完全破坏或杀灭所有的微生物。因此，灭菌比消毒的要求高。消毒不一定能达到灭

菌的程度，而灭菌一定是达到消毒后的更高要求。

用于灭菌的化学药物叫灭菌剂。

3. 防腐　防腐是指阻断或抑制微生物（含致病性微生物和非致病性微生物）的生长繁殖，以防止活体组织受到感染或其他生物制品、食品、药品等发生腐败的措施。防腐只能抑制微生物的生长繁殖，并非必须杀灭微生物，与消毒的区别只是效力强弱的差异或灭菌、抑菌强度上的差异。

用于防腐的化学药品称为防腐剂或抑菌剂。一般常用的消毒剂在低浓度时就可以起到防腐剂的作用。

二、消毒的意义

当前饲养成本不断上升，养殖利润不断缩水。在这种情况下，除了饲料原料、饲料、人力成本增加等因素外，养殖成活率低、生产性能差也是最主要的因素之一。因此，增强消毒意识，加强消毒管理，提高成活率及生产性能，是养殖者亟须重视的问题。

1. 预防传染病及其他疾病　传染病是由各种病原体引起的能在人与人、动物与动物或人与动物之间相互传播的一类疾病。病原体中大部分是微生物，小部分为寄生虫，寄生虫引起者又称寄生虫病。传染病的特点是有病原体、传染性和流行性，感染后常有免疫性。其传播和流行必须具备3个环节，即传染源（能排出病原体的畜禽）、传播途径（病原体传染其他畜禽的途径）及易感畜禽群（对该种传染病无免疫力者）。若能完全切断其中的一个环节，即可防止该种传染病的发生和流行。其中，切断传播途径最有效的方法是消毒、杀虫和灭鼠。因此，消毒是消灭和根除病原体必不可少的手段，也是兽医卫生防疫工作中的一项重要工作，是预防和扑灭传染病的最重要的措施之一。

2. 防止群体和个体交叉感染　在集约化养殖业迅速发展的

今天，消毒工作更加显现出其重要性，并已经成为养鸡生产过程中必不可少的重要环节之一。一般来说，病原微生物感染具有种的特异性。因此，同种间的交叉感染是传染病发生、流行的主要途径。如新城疫只能在禽类中传播流行，一般不会引起其他动物或人的感染发病。但也有些传染病可以在不同种群间流行，如结核病、禽流感等，不仅可以引起禽类共患，还可感染人。

鸡的疫病一般可通过两种方式传播，一种是鸡与鸡之间的传播，称为水平传播，包括接触病鸡、污染的垫料垫草、有病原体的尘埃、与病鸡接触过的饲料和饮水，还可通过带病原体的野鸟、昆虫等传播，如新城疫、禽流感、禽霍乱、马立克病等。另一种方式是母鸡将病原体传播给后代，称为垂直传播，如禽白血病、鸡白痢等。防止交叉感染的发生是保证养鸡业健康发展和人类健康的重要措施，消毒是防止鸡个体和群体之间交叉感染的主要手段。

3. 消除非常时期传染病的发生和流行 鸡的疫病水平传播有两条途径，即消化道和呼吸道。消化道途径通常是指带有病原体的粪便污染饮水、用具、物品，主要指病原体对饲料、饮水、笼舍及用具的污染；呼吸道途径主要指通过空气和飞沫传播，被感染动物通过咳嗽、打喷嚏和呼吸等将病原体排入空气中，并可污染环境中的物体。非常时期传染病的流行主要就是通过这两种方式。因此，对空气和环境中的物体消毒具有重要的防病意义。动物门诊、兽医院等地方也是病原微生物比较集中的地方，做好这些地方的消毒工作，对防止动物群体之间传染病的流行也具有重要意义。

4. 预防和控制新发传染病的发生和流行 随着养鸡业的迅速发展，从国外引进的种禽种类和数量显著增加，尤其是多渠道引进，又不了解被引进国疾病的发生情况，以及缺乏有效的监测手段和配套措施，在引进种禽的同时，不可避免地将疾病也引进

来，使疾病流行出现了很多新的形势，老病未除，新病又出；非典型化、混合感染占据主流；控制和净化难度增大。

面对鸡病流行的新形势，消毒工作显得更为重要。有些疫病，在尚未确定具体传染源或流行特点的情况下，对有可能被病原微生物污染的物品、场所和动物体等进行消毒（预防性消毒），可以预防和控制新传染病的发生和流行。同时，一旦发现新的传染病，要立即对病鸡的分泌物、排泄物、污染物、胴体、血污、居留场所、生产车间以及与病鸡及其产品接触过的工具、饲槽以及工作人员的刀具、工作服、手套、胶鞋、病鸡通过的道路等进行消毒（疫源地消毒），以阻止病原微生物的扩散，切断其传播途径。

5. 维护公共安全和人类健康 养殖环境不卫生，病原微生物种类多、含量高，不仅能引起禽群发生传染病，也直接影响禽产品的质量，从而危害人的健康。从社会预防医学和公共卫生学的角度来看，兽医消毒工作在防止和减少人禽共患传染病的发生和蔓延中发挥着重要的作用，是人类环境卫生、身体健康的重要保障。通过全面彻底的消毒，可以阻止人禽共患疾病的流行，减少对人类健康的危害。

三、消毒的分类

（一）按消毒目的分类

根据消毒的目的不同，可分为疫源地消毒、预防性消毒。

1. 疫源地消毒 是指对有传染源（病鸡或病原携带者）存在的地区进行消毒，以免病原体外传。疫源地消毒又分为随时消毒和终末消毒两种。

（1）随时消毒：是指在鸡场内存在传染源的情况下开展的消毒工作，其目的是随时、迅速杀灭刚排出体外的病原微生物。当鸡群中有个别或少数鸡发生一般性疫病或有突然死亡现象时，立即对所在栏舍进行局部强化消毒，包括对发病和死亡鸡只的消毒及无害化处理，对被污染的场所和物体的立即消毒。这种情况的消毒需要多次反复进行。

（2）终末消毒：是采用多种消毒方法对全场或部分鸡舍进行全方位的彻底清理与消毒。当被某些烈性传染病感染的鸡群已经死亡、淘汰或痊愈，传染源已不存在，准备解除封锁前应进行大消毒。在全进全出生产系统中，当鸡群全部从栏舍中转出后，对空栏及有关生产工具要进行大消毒。春秋季节气候温暖，适宜于各种病原微生物的生长繁殖，因此，春秋两季要进行常规大消毒。

2. 预防性消毒　也叫日常消毒，是指未发生传染病的安全鸡场，为防止传染病的传入，结合平时的清洁卫生工作、饲养管理工作和门卫制度对可能受病原污染的鸡舍、场地、用具、饮水等进行的消毒。主要包括以下内容：

（1）定期消毒：根据气候特点、本场生产实际，对栏舍、舍内空气、饲料仓库、道路、周围环境、消毒池、鸡群、饲料、饮水等制订具体的消毒日期，并且在规定的日期进行消毒。例如，每周一次带鸡消毒，安排在每周三下午；周围环境每月消毒一次，安排在每月初的某一晴天。

（2）生产工具消毒：食槽、水槽（饮水器）、笼具、刺种针、注射器、针头、孵化器等用前必须消毒，每用一次必须消毒一次。

（3）人员、车辆消毒：任何人、任何车辆任何时候进入生产区均应严格消毒。

（4）鸡只转栏前对栏舍的消毒：转栏前对准备转入鸡只的栏舍彻底清洗、消毒。

（5）术部消毒：对鸡的免疫注射部位消毒。

（二）按消毒程度分类

1. 高水平消毒 杀灭一切细菌繁殖体包括分枝杆菌、病毒、真菌及其孢子和绝大多数细菌芽孢。达到高水平消毒常用的消毒剂包括氯制剂、二氧化氯、邻苯二甲醛、过氧乙酸、过氧化氢、臭氧、碘酊等，在规定的条件下，以合适的浓度和有效的作用时间进行消毒。

2. 中水平消毒 杀灭除细菌芽孢以外的各种病原微生物，包括分枝杆菌，即达到了中水平消毒。常用的消毒剂包括碘类（碘伏、氯己定碘等）、醇类和氯己定碘的复方、醇类和季铵盐类化合物的复方、酚类等，在规定的条件下，以合适的浓度和有效的作用时间进行消毒。

3. 低水平消毒 能杀灭细菌繁殖体（分枝杆菌除外）和亲脂类病毒的化学消毒方法以及通风换气、冲洗等机械除菌法。如采用季铵盐类（苯扎溴铵等）、双胍类消毒剂（氯己定）等，在规定的条件下，以合适的浓度和有效的作用时间进行消毒。

四、影响消毒效果的因素

消毒效果受许多因素的影响，了解和掌握这些因素，可以正确指导消毒工作，提高消毒效果。影响消毒效果的因素很多，概括起来主要有以下几个方面。

（一）消毒剂的种类

针对所要消毒的微生物特点，选择恰当的消毒剂很关键，如果要杀灭细菌芽孢或非囊膜病毒，则必须选用灭菌剂或高效消毒剂，也可选用物理灭菌法，才能取得可靠的消毒效果，若使用酚制剂或季铵盐类消毒剂则效果很差；季铵盐类是阳离子表面活性剂，有杀菌作用的阳离子具有亲脂性，杀革兰氏阳性菌和囊膜病毒效果较好，但对非囊膜病毒就无能为力了。甲紫对葡萄球菌的效果特别强，也对结核杆菌有很强的杀灭作用，但一般消毒剂对其作用要比对常见细菌繁殖体的作用差。所以为了取得理想的消毒效果，必须根据消毒对象及消毒剂本身的特点科学地进行选择，采取合适的消毒方法使其达到最佳消毒效果。

（二）消毒剂的配方

良好的配方能显著提高消毒的效果。如用70%乙醇配制季铵盐类消毒剂比用水配制穿透力强，杀菌效果更好；苯酚若制成甲苯酚的肥皂溶液就可杀死大多数繁殖体微生物；超声波和戊二醛、环氧乙烷联合应用，具有协同效应，可提高消毒效力；另外，用具有杀菌作用的溶剂，如甲醇、丙二醇等配制消毒液时，常可增强消毒效果。当然，消毒药之间也会产生拮抗作用，如酚类不宜与碱类消毒剂混合，阳离子表面活性剂不宜与阴离子表面活性剂（肥皂等）及碱类物质混合，它们彼此会发生中和反应，产生不溶性物质，从而降低消毒效果。次氯酸盐和过氧乙酸会被硫代硫酸钠中和。因此，消毒药不能随意混合使用，但可考虑选择几种产品轮换使用。

（三）消毒剂的浓度

任何一种消毒药的消毒效果都取决于其与微生物接触的有效浓度，同一种消毒剂的浓度不同，其消毒效果也不一样。大多数消毒剂的消毒效果与其浓度成正比，但也有些消毒剂，随着浓度的增大消毒效果反而下降。如乙醇在75%时消毒效果最好。各种消毒剂受浓度影响的程度不同。每一种消毒剂都有它的最低有效浓度，要选择有效而又对人畜安全并对设备无腐蚀的杀菌浓度。消毒液浓度过高，一是浪费，二会腐蚀设备，三还可能对鸡造成危害。消毒液用量方面，在喷雾消毒时按每立方米空间30毫升为宜，太大会导致舍内过湿，用量小又达不到消毒效果。一般应灵活掌握，在鸡群发病、育雏前期、温暖天气等情况下应适当加大用量，而天气冷、育雏后期用量应减少。

（四）作用时间

消毒剂接触微生物后，一般要经过一定时间才能杀死病原，只有少数能立即产生消毒作用，所以要保证消毒剂有一定的作用时间。消毒剂与微生物接触时间越长消毒效果越好，接触时间太短往往达不到消毒效果。被消毒物上微生物数量越多，完全灭菌所需时间越长。此外，部分消毒剂在干燥后就失去消毒作用。

（五）温度

一般情况下，消毒液温度高，药物的渗透能力也会增强，消毒效果可加大，消毒所需要的时间也可以缩短。实验证明，消毒液温度每提高 10℃，杀菌效力增加 1 倍，但配制消毒液的水温以不超过 45℃为好。一般温度按等差级数增加，则消毒剂杀菌效果按几何级数增加。许多消毒剂在温度低时，反应速度缓慢，影响消毒效果，甚至不能发挥消毒作用。如福尔马林在室温 15℃以下用于消毒时，即使用其有效浓度，也不能达到很好的消毒效果，但在室温 20℃以上时，则消毒效果很好。因此，在熏蒸消毒时，需将舍温提高到 20℃以上，才有较好的效果。

（六）相对湿度

相对湿度对许多气体消毒剂的作用有显著影响。这种影响来自两方面：一是消毒对象的相对湿度，它直接影响微生物的含水量。如用环氧乙烷消毒时，细菌含水量太多，则需要延长消毒时间；细菌含水量太少，消毒效果亦明显降低。二是消毒环境的相对湿度。每种气体消毒剂都有其适宜的相对湿度范围，如甲醛以相对湿度大于 60%为宜，用过氧乙酸消毒时要求相对湿度不低于 40%，以 60%～80%为宜；熏蒸消毒时需将舍内相对湿度提高到 60%～70%，才有效果。直接喷洒消毒剂干粉处理地面时，需要有较高的相对湿度，使药物潮解后才能发挥作用，如生石灰单独用于消毒无效，须洒上水或制成石灰乳等。而紫外线消毒时，相对湿度增高，反而影响穿透力，不利于消毒。

（七）酸碱度（pH 值）

pH 值可从两方面影响消毒效果，一是对消毒剂的作用，pH 值变化可改变其溶解度、离解度和分子结构；二是对微生物的影响，病原微生物的适宜 pH 值在 6~8，过高或过低的 pH 值有利于杀灭病原微生物。酚类、次氯酸等是以非离解形式起杀菌作用，所以在酸性环境中杀灭微生物的作用较强，碱性环境就差。在偏碱性时，细菌带负电荷多，有利于阳离子型消毒剂作用；而对阴离子消毒剂来说，酸性条件下消毒效果更好些。新型的消毒剂常含有缓冲剂等成分，可以减少 pH 值对消毒效果的直接影响。

（八）表面活性剂和稀释用水的水质

非离子表面活性剂和大分子聚合物可以降低季铵盐类消毒剂的作用；阴离子表面活性剂会影响季铵盐类的消毒作用。因此在用表面活性剂消毒时应格外小心。由于水中金属离子（如 Ca^{2+} 和 Mg^{2+}）对消毒效果也有影响，所以，在稀释消毒剂时，必须考虑稀释用水的硬度问题。如季铵盐类消毒剂在硬水环境中消毒效果不好，最好选用蒸馏水进行稀释。一种好的消毒剂应该能耐受各种不同的水质，不管是硬水还是软水，消毒效果都不受什么影响。

（九）污物、残料和有机物的存在

灰尘、残料等都会影响消毒液的消毒效果，尤其在进雏前消毒育雏用具时，一定要先清洗再消毒，否则污物或残料会严重影响消毒效果，使消毒不彻底。

消毒现场通常会遇到各种有机物，如血液、血清、培养基成分、分泌物、脓液、饲料残渣、泥土及粪便等，这些有机物的存在会严重干扰消毒剂的消毒效果。因为有机物覆盖在病原微生物表面，妨碍消毒剂与病原直接接触而延迟消毒反应，以至于对病原杀不死、杀不全。部分有机物可与消毒剂发生反应生成溶解度

更低或杀菌能力更弱的物质，甚至产生的不溶性物质反过来与其他组分一起对病原微生物起到机械保护作用，阻碍消毒过程的顺利进行。同时有机物消耗部分消毒剂，降低了对病原微生物的作用浓度。如蛋白质能消耗大量的酸性或碱性消毒剂；阳离子表面活性剂等易被脂肪、磷脂类有机物溶解吸收。因此，在消毒前要先清洁再消毒。当然各种消毒剂受有机物影响程度有所不同。在有机物存在的情况下，氯制剂消毒效果显著降低；季铵盐类、过氧化物类等消毒作用也明显地受有机物影响；但烷基化类、戊二醛类及碘伏类消毒剂则受有机物影响就较小些。对大多数消毒剂来说，当有有机物影响时，需要适当加大处理剂量或延长作用时间。

（十）微生物的类型和数量

不同类型的微生物对消毒剂的敏感性不同，而且每种消毒剂有各自的特点，因此消毒时应根据具体情况科学地选用消毒剂。

为便于消毒工作的进行，往往将病原微生物对杀菌因子抗力分为若干级以作为选择消毒方法的依据。过去，在致病微生物中多以细菌芽孢的抗力最强，分枝杆菌其次，细菌繁殖体最弱。但根据近年来对微生物抗力的研究，微生物对化学因子抗力的排序依次为：感染性蛋白因子（牛海绵状脑病病原体）、细菌芽孢（炭疽杆菌、梭状芽孢杆菌、枯草杆菌等芽孢）、分枝杆菌（结核杆菌）、革兰阴性菌（大肠杆菌、沙门杆菌等）、真菌（念珠菌、曲霉菌等）、无囊膜病毒（亲水病毒）或小型病毒（传染性法氏囊病毒、腺病毒等）、革兰氏阳性菌繁殖体（金黄色葡萄球菌、绿脓杆菌等）、囊膜病毒（亲脂病毒等）或中型病毒（新城疫病毒、禽流感病毒等）。其中，抗力最强的不再是细菌芽孢，而是最小的感染性蛋白因子（朊粒）。因此，在选择消毒剂时，应根据这些新的排序加以考虑。

目前所知，对感染性蛋白因子（朊粒）的灭活只有 3 种方法效果较好：一是长时间的压力蒸汽处理，132℃（下排气）30 分钟或 134~138℃（预真空）18 分钟；二是浸泡于 1 摩尔/升氢氧化钠溶液作用 15 分钟，或含 8.25%有效氯的次氯酸钠溶液作用 30 分钟；三是先浸泡于 1 摩尔/升氢氧化钠溶液内作用 1 小时后以 121℃压力蒸汽处理 60 分钟。杀芽孢类消毒剂目前公认的主要有戊二醛、甲醛、环氧乙烷及氯制剂和碘伏等。苯酚类制剂、阳离子表面活性剂、季铵盐类等消毒剂对畜禽常见囊膜病毒有很好的消毒效果，但其对无囊膜病毒的效果就很差；无囊膜病毒必须用碱类、过氧化物类、醛类、氯制剂和碘伏类等高效消毒剂才能确保有效杀灭。

消毒对象的病原微生物污染数量越多，则消毒越困难。因此，对严重污染物品或高危区域，如孵化室及伤口等破损处应加强消毒，加大消毒剂的用量，延长消毒剂作用时间，并适当增加消毒次数，这样才能达到良好的消毒效果。

五、消毒过程中存在的误区

养鸡户在消毒过程中存在许多误区，致使消毒达不到理想效果。常见消毒误区主要表现在以下几点。

（一）不发疫病不消毒

消毒的主要目的是杀灭传染源的病原体。在家禽养殖中，有时没有看到疫病发生，但外界环境已存在传染源，传染源会排出病原体。如果此时没有采取严密的消毒措施，病原体就会通过空气、饲料、饮水等传播途径，入侵易感家禽，引起疫病发生。如果此时仍没有及时采取严密有效的消毒措施，净化环境，环境中的病原体越积越多，达到一定程度时，就会引起疫病蔓延流行，造成严重的经济损失。

因此，家禽消毒一定要及时有效。具体要注意以下三个环节：禽舍内消毒、舍外环境消毒和饮水消毒。家禽消毒每周不少

于3次，环境消毒每周1次，饮水始终要进行消毒并保证清洁。

（二）消毒后就不会发生传染病

这种想法是错误的。因为虽然经过消毒，但并不一定就能收到彻底杀灭病原体的效果，这与选用的消毒剂及消毒方式等因素有关。有许多消毒方法存在消毒盲区，况且许多病原体都可以通过空气、飞禽、老鼠等多种传播媒介进行传播，即使采取严密的消毒措施，也很难全部切断传播途径。因此，家禽养殖除了进行严密的消毒外，还要结合养殖情况及疫病发生和流行规律，有针对性地进行免疫接种，以确保家禽安全。

（三）消毒剂气味越浓效果越好

消毒剂效果的好坏，不简单地取决于气味浓淡。有许多好的消毒剂，如双季铵盐类、复合磺胺类消毒剂，就没有什么气味，但其消毒效果却特别好。因此，选择和使用消毒剂不要看气味浓淡，而要看其消毒效果，是否存在消毒盲区。

（四）长期单一使用同一类消毒剂

长期单一使用同一种类的消毒剂，会使细菌、病毒等产生耐药性，给以后消毒增加难度。因此，家禽养殖户最好是将几种不同类型、种类的消毒剂交替使用，以增加消毒效果。

同时，消毒液的选用过于单一，无针对性。不同的消毒液对不同的病原体敏感性是不一样的，一般病毒对含碘、溴、过氧乙酸的消毒液比较敏感，细菌对含双链季铵盐类的消毒液比较敏感。所以，在病毒多发的季节或鸡生长阶段（如冬春、商品肉鸡20日龄以后）应多用含碘、含溴的消毒液，而细菌病高发时（如夏季、商品肉鸡20日龄以前）应多用含双链季铵盐类的消毒液。

（五）消毒不全面

一般情况下对鸡的消毒方法有三种，即带鸡（喷雾）消毒、饮水消毒和环境消毒。这三种消毒方法可分别切断不同病原的传播途径，相互不能代替。带鸡消毒可杀灭空气中、鸡体表、地面及屋顶墙壁等处的病原体，对预防鸡呼吸道疾病很有意义，还具有降低舍内氨气浓度和防暑降温的作用；饮水消毒可杀灭鸡饮用水中的病原体并净化肠道，对预防鸡肠道病很有意义；环境消毒包括对禽场地面、门口过道及运输车（料车、粪车）等的消毒。很多养殖户认为，经常给鸡饮消毒液，鸡就不会得病。这是错误的认识，饮水消毒操作方法科学合理，可减少鸡肠道病的发生，但对呼吸道疾病无预防作用，必须通过带鸡消毒来实现。因此，只有用上述 3 种方法交替给鸡消毒，才能达到消毒目的。

（六）消毒不连续

消毒是一项连续的工作，因此最好不间断。带鸡消毒和饮水消毒的时间间隔如下。

1. 带鸡消毒 育雏期一般第 1 周以后才可带鸡消毒（过早不但影响舍温，而且如果头 1 周防疫做得不周密，会影响早期防疫），最少每周消毒 1 次，最好 2~3 天消毒 1 次；育成期宜 4~5 天消毒 1 次；产蛋期宜 1 周消毒 1 次；发生疫情时每天消毒 1 次。疫苗接种前后 2~3 天不可带鸡消毒。

2. 饮水消毒 首先需要明白，鸡喝的是消毒过的水，而不是喝消毒药水。饮水消毒有两方面含义：第一，对饮水进行消毒，可防止通过饮水传播疾病。这样的消毒一般使用卤素类消毒液，如漂白粉、氯制剂等，使用氯制剂时，应使有效氯浓度达3×10^{-6}，或按消毒液说明书上要求的饮水消毒的浓度比的上限来配制，这样浓度的消毒水可连续饮用。第二，净化肠道，一般每周饮 1~2 次，每次 2~3 小时即可，浓度按照消毒液说明书上要求的饮水消毒的浓度比的下限来配制［如标“饮水消毒 1 ∶（1 000~2 000）”，可用 1 ∶ 1 000 来净化肠道，每周饮 1~2 次；用 1 ∶ 2 000 来对饮水进行消毒，可连续饮用］。防疫前后 3 天、防疫当天（共 7 天）及用药时，不可进行饮水消毒。

（七）消毒前不做机械性清除

要发挥消毒药物的作用，必须使药物直接接触到病原微生物，但被消毒的现场会存在大量的有机物，如粪便、饲料残渣、畜禽分泌物、体表脱落物，以及鼠粪、污水或其他污物，这些有机物中藏有大量病原微生物。同时，消毒药物与有机物，尤其与蛋白质有不同程度的亲和力，可结合成为不溶性的化合物，并阻碍消毒药物作用的发挥。所以说，彻底的机械消除是有效消毒的前提。机械消除前应先将可拆卸的用具如食槽、水槽、笼具等拆下，运至舍外清扫、浸泡、冲洗、刷刮，并反复消毒。

舍内在拆除用具设备之后，从屋顶、墙壁、门窗，直到地面和粪池、水沟等按顺序认真打扫清除，然后用高压水冲洗直至完全干净。在打扫清除之前，最好先用消毒药物喷雾和喷洒，以免病原微生物四处飞扬和顺水流排出，扩散至相邻的畜禽舍及环境中，造成扩散污染。

（八）对消毒程序和全进全出认识不足

消毒应按一定程序进行，不可杂乱无章、随心所欲。一般可按下列顺序进行：舍内从上到下（从屋顶、墙壁、门窗至地面）喷洒大量消毒液→搬出和拆卸用具和设备→从上到下清扫→清除粪尿等污物→高压水充分冲洗→干燥→从上到下空中用消毒药液喷雾，雾粒应细，部分雾粒可在空中停留 15 分钟左右→干燥→换另一种类型消毒药物喷雾→装调试→密闭门窗后用甲醛熏蒸，必要时用 20%石灰浆涂墙，高约 2 米→将已消毒好的设备及用具搬进舍内安装调试→密闭门窗后用甲醛熏蒸，必要时 3 天后再用过氧乙酸熏蒸一次→封闭空舍 7～15 天，才可认为消毒程序完成。如急用时，在熏蒸后 24 小时，打开门窗通风 24 小时后使用。有的对全进全出的要求不甚了解，往往在清舍消毒时，将转群或出栏时剩余的数只生长落后或有病无法转出的鸡只留在原舍内，可以认为，在原舍内存留 1 只鸡，都不能认为做到了全进全出。

（九）不能正确使用石灰消毒

石灰是具有消毒力好，无不良气味，价廉易得，无污染的消毒剂，但容易使用不当。新出窑的生石灰是氧化钙，加入相当于生石灰重量 70%～100%的水，即生成疏松的熟石灰，也即氢氧化钙，只有这种离解出的氢氧根离子具有杀菌作用。有的场、户在入场或畜禽入口池中，堆放厚厚的干石灰，让鞋踏而过，这起不到消毒作用。也有的将放置时间过久的熟石灰用作消毒，但它已吸收了空气中的二氧化碳，成了没有氢氧根离子的碳酸钙，已完全丧失了杀菌消毒作用，所以也不能使用。还有将石灰粉直接撒在舍内地面上一层，或上面再铺上一薄层垫料，这样常造成雏鸡爪灼伤，或因啄食灼伤口腔及消化道。有的将石灰直接撒在鸡笼下或圈舍内，致使石灰粉尘大量飞扬，必定会使鸡吸入呼吸道内，引起咳嗽、打喷嚏、甩鼻、呼噜等一系列呼吸道症状，人为地造成呼吸道炎症。使用石灰消毒最好的方法是加水配制成10%～20%的石灰乳，用于涂刷鸡舍墙壁 1～2 次，称为“涂白覆盖”，既可消毒灭菌，又有覆盖污斑、涂白美观的作用。

（十）饮水消毒有误区

许多消毒药物，按其说明书，可用于鸡的饮水消毒并称“高效、广谱、对人鸡无害”，更有称“可 100%杀灭某某菌及某某病，用于饮水或拌料内服，在 1～3 天可扑灭某某病”等，这显然是夸大其词甚至误导。饮水消毒实际是对饮水的消毒，鸡喝的是经过消毒的水，而不是喝的消毒药水，饮水消毒实际是把饮水中的微生物杀灭或控制鸡体内的病原微生物。如果任意加大水中消毒药物的浓度或长期饮用，除可引起急性中毒外，还可杀死或抑制肠道内的正常菌群，对鸡的健康造成危害。所以饮水消毒应该是预防性的，而不是治疗性的。在临床上常见的饮水消毒剂多为氯制剂、季铵盐类和碘制剂，中毒原因往往是浓度过高或使用

时间过长。中毒后多见胃肠道炎症并积有黏液、腹泻，以及不同程度的死亡；造成产蛋鸡产蛋率下降。还有按某些资料，给雏鸡用0.1%高锰酸钾饮水，结果造成口腔及上消化道黏膜被腐蚀，往往导致雏鸡死亡。

第二节 常用消毒设备与消毒防护

根据消毒方法、消毒性质不同，消毒设备也有所不同。在消毒工作中，由于消毒方法的种类很多，除了要根据消毒对象的特点和消毒要求选择适当的消毒剂外，还要了解消毒时采用的设备是否适当，以及操作中的注意事项等。同时还需注意，无论采取哪种消毒方式，都要做好消毒人员的自身防护。

常用消毒设备可分为物理消毒设备、化学消毒设备。

一、物理消毒常用设备

物理消毒灭菌技术在动物养殖和生产中具有独特的特点和优势。物理消毒灭菌一般不改变被消毒物品的形状与原有组分，能保持饲料和食物固有的营养价值；不产生有毒有害物质残留，不会造成被消毒灭菌物品的二次污染；一般不影响被消毒物品的形状；对周围环境的影响较小。但是，大多数物理消毒灭菌技术往往操作比较复杂，需要大量的机械设备，而且成本较高。

养鸡场物理消毒主要有紫外线照射、机械清扫、洗刷、通风换气、干燥、煮沸、蒸汽、火焰焚烧等。依照消毒的对象、环节等，需要配备相应的消毒设备。

（一）机械清扫、冲洗设备

机械清扫、冲洗设备主要是高压清洗机，是通过动力装置使高压柱塞泵产生高压水来冲洗物体表面的机器。它能将污垢剥离，冲走，达到清洗物体表面的目的。高压清洗是世界公认最科学、经济、环保的清洁方式之一。主要用途是冲洗养殖场场地、畜禽圈舍建筑、养殖场设施设备、车辆和喷洒药剂等。

高压清洗机可分为冷水高压清洗机、热水高压清洗机。两者最大的区别在于，热水清洗机加了一个加热装置，利用燃烧缸把水加热。

（二）紫外线灯

1. 紫外线的消毒原理 利用紫外线照射，使菌体蛋白发生光解、变性，菌体的氨基酸、核酸、酶遭到破坏死亡。同时紫外线通过空气时，使空气中的氧电离产生臭氧，加强了杀菌作用。

2. 紫外线的消毒方法 紫外线多用于空气及物体表面的消毒。用于空气消毒，有效距离不超过 2 米，照射时间 30～60 分钟；用于物体表面消毒，有效距离在 25～60 厘米，照射时间20～30 分钟，从灯亮 5～7 分钟开始计时（灯亮需要预热一定时间，才能使空气中的氧电离产生臭氧）。

3. 紫外线的消毒措施

（1）空气消毒均采用紫外线照射时，采用固定式安装，将灯固定吊装在天花板或墙壁上，离地面 2.5 米左右。灯管下安装金属反射罩，使紫外线反射到天花板上，安装在墙壁上的，反光罩斜向上方，使紫外线照射在与水平面呈 3°～8°角范围内，这样使上部空气受到紫外线的直接照射，而当上下层空气对流交换（人工或自然）时，整个空气都会被消毒。通常每 6～15 立方米空间用 1 支 15 瓦的紫外线灯。

对实验室、更衣室空气的消毒，在直接照射时每 9 平方米地板面积需要 1 只 30 瓦的紫外线灯。人员进出场区，要通过消毒间，经过紫外线照射消毒。

空气消毒时，室内所有的柜门、抽屉等都要打开，保证消毒室所有空间充分暴露，都能得到紫外线的照射，做到消毒无死

角。

(2) 关灯后立即开灯，会减少灯管寿命，应冷却 3~4 分钟后再开，可以连续使用 4 小时，通风散热要好，以保持灯管寿命。

(3) 应随时保持消毒室的清洁干燥，每天用消毒液浸泡后的专用抹布擦拭消毒室。用专用拖把拖地。

(4) 规范紫外线灯日常监测登记，必须做到分室、分盏进行登记，登记簿本中有灯管启用日期、每天消毒时间、累计时间、执行者签名等内容，要求消毒后如实做好记录。

(5) 紫外线也可对水进行消毒，优点是水中不必添加其他消毒剂或提高温度。紫外线在水中的穿透力随深度的增加而降低。水中杂质对紫外线穿透力的影响更大。

对水消毒的装置，可呈管道状，使水由一侧流入，另一侧流出；紫外线灯管不能浸于水中，以免降低灯管温度，减少输出强度；流过的水层不宜超过 2 厘米。

直流式紫外线水液消毒器，使用 30 瓦灯管 1 只，每小时可处理约 2 000 升水；套管式紫外线水液消毒器，使水沿外管壁形成薄层流到底部，接受紫外线的充分照射，每小时可生产 150 升无菌水。

(6) 在进行紫外线消毒的时候，还要注意保护好个人的眼睛和皮肤，因为紫外线会损伤角膜、皮肤上皮。在进行紫外线消毒的时候，最好不要进入正在消毒的房间。如果必须进入，最好戴上防紫外线的护目镜。

4. 使用紫外线消毒灯应注意的事项　紫外线灯灯管表面应经常（一般 2 周 1 次）用乙醇棉球轻轻擦拭，除去上面的灰尘和油垢，减少对紫外线穿透力的影响；紫外线肉眼看不见，有条件的场应定期测量灯管的输出强度，没有条件的可逐日记录使用时间，以判断是否达到使用期限；消毒时，房间内应保持清洁、干燥，空气中不应有灰尘和水雾，温度保持在20℃以上，相对湿度不宜超过60%；紫外线不能穿透的表面（如纸、布等），只有直接照射的一面才能达到消毒目的，因而要按时翻动，使各面都能受到有效照射；人员进场需要进行紫外线消毒时，消毒时间不能过长，以每次消毒5分钟为宜；不能让紫外线直接长期照射人的体表和眼睛。

（三）干热灭菌设备

干热灭菌法是热力消毒、灭菌常用的方法之一，它包括焚烧、烧灼和热空气法。

焚烧是用于传染病畜禽尸体、病畜禽垫草、病料以及污染的杂草、地面等的灭菌，可直接点燃或在炉内焚烧；烧灼是直接用火焰进行灭菌，适用于微生物实验室的接种针、接种环、试管、玻璃片等耐热器材的灭菌；热空气法是利用干热空气进行灭菌，主要用于各种耐热玻璃器皿，如试管、吸管、烧瓶及培养皿等实验器材的灭菌。这种灭菌法是在一种特制的电热干燥器内进行的。由于干热的穿透力低，因此，需要箱内温度上升到160℃后，保持2小时才可保证杀死所有的细菌及其芽孢。

1. 干热灭菌器

（1）构造：干热灭菌器也就是烤箱，是由双层铁板制成的方形金属箱，外壁内层装有隔热的石棉板。箱底下放置大型火炉，或在箱壁中装置电热线圈。内壁上有数个孔，供流通空气用。箱前有铁门及玻璃门，箱内有金属箱板架数层。电热烤箱的前下方装有温度调节器，可以保持所需的温度。

（2）干热灭菌器的使用方法：将培养皿、吸管、试管等玻璃器材包装后放入箱内，闭门加热。当温度上升至160～170℃时，保持温度2小时，到达时间后，停止加热，待温度自然下降至40℃以下，方可开门取物，否则冷空气突然进入，易引起玻璃炸裂；且热空气外溢，往往会灼伤取物者的皮肤。一般吸管、

试管、培养皿、凡士林、液状石蜡等均可用本法灭菌。

2. 火焰灭菌设备　火焰灭菌法是指用火焰直接烧灼的灭菌方法。该方法灭菌迅速、可靠、简便，适合耐火材料（如金属、玻璃及瓷器等）与用具的灭菌，不适合药品的灭菌。

所用的设备包括火焰专用型和喷雾火焰兼用型两种。专用型特点是使用轻便，适用于大型机种无法操作的地方；便于携带，适用于室内外和小、中型面积处，方便快捷；操作容易，打气、按电门，即可发动，按气门钮，即可停止；全部采用不锈钢材料，机件坚固耐用。兼用型除上述特点外，还具有以下特点：一是节省药剂，可根据被使用的场所和目的不同，用旋转式药剂开关来调节药量；二是节省人工费，用1台烟雾消毒器能达到10台手压式喷雾器的作业效率；三是消毒彻底，消毒器喷出的直径5~30微米的小粒子形成雾状浸透在每个角落，可达到最大的消毒效果。

（四）湿热灭菌设备

湿热灭菌法是热力消毒和灭菌的一种常用方法。包括煮沸消毒法、流通蒸汽消毒法和高压蒸汽灭菌法。

1. 消毒锅　消毒锅用于煮沸消毒，适用于一般器械如刀剪、注射器等金属和玻璃制品及棉织品等的消毒。这种方法简单、实用、杀菌能力比较强，效果可靠，是最古老的消毒方法之一。消毒锅一般使用金属容器，煮沸消毒时要求水沸腾后5~15分钟，一般水温能达到100℃，细菌繁殖体、真菌、病毒等可立即死亡。而细菌芽孢需要的时间比较长，要15~30分钟，有的经几小时才能被杀灭。

煮沸消毒时，要注意以下几个问题：

（1）煮沸消毒前，应将物品洗净。易损坏的物品用纱布包好再放入水中，以免沸腾时互相碰撞。不透水物品应垂直放置，以利水的对流。水面应高于物品。消毒器应加盖。

（2）消毒时，应自水沸腾后开始计算时间，一般需 15～20 分钟（各种器械煮沸消毒时间见表 1.1）。对注射器或手术器械灭菌时，应煮沸 30～40 分钟。加入 2%碳酸钠，可防锈，并可提高沸点（水中加入 1%碳酸钠，沸点可达 105℃），加速微生物死亡。

表 1.1　各种器械煮沸消毒参考时间

消毒对象	消毒参考时间（分钟）
玻璃类器材	20～30
橡胶类及电木类器材	5～10
金属类及搪瓷类器材	5～15
接触过传染病料的器材	>30

（3）对棉织品煮沸消毒时，一次放置的物品不宜过多。煮沸时应略加搅拌，以利于水的对流。物品加入较多时，煮沸时间应延长到 30 分钟以上。

（4）消毒时，物品间勿潴留气泡；勿放入能增加黏稠度的物质。消毒过程中，水应保持连续煮沸，中途不得加入新的污染物品，否则消毒时间应从水再次沸腾后重新计算。

（5）消毒时，物品因无外包装，事后取出和放置时应谨防再污染。对已灭菌的无包装医疗器材，取用和保存时应严格按无菌操作要求进行。

2. 高压蒸汽灭菌器

（1）结构：高压蒸汽灭菌器是一个双层的金属圆筒，两层之间盛水，外层坚固厚实，其上方有金属厚盖，盖旁附有螺旋，借以紧闭盖门，使蒸汽不能外溢，因而蒸汽压力升高，其温度亦相应地增高。

高压蒸汽灭菌器上装有排气阀门、安全活塞，以调节蒸汽压力。有温度计及压力表，以表示内部的温度和压力。灭菌器内装

有带孔的金属搁板，用以放置要灭菌物体。

（2）使用方法：加水至外筒内，被灭菌物品放入内筒。盖上灭菌器盖，拧紧螺旋使之密闭。灭菌器下用煤气或电炉等加热，同时打开排气阀门，排净其中冷空气，否则压力表上所示压力并非全部是蒸汽压力，灭菌将不完全。

待冷空气全部排出后（即水蒸气从排气阀中连续排出时），关闭排气阀。继续加热，待压力表渐渐升至所需压力时（一般是101.53 kPa，即15磅/英寸^2，温度为121.3℃），调节炉火，保持压力和温度（注意压力不要过大，以免发生意外），维持15~30分钟。灭菌时间到达后，停止加热，待压力降至零时，慢慢打开排气阀，排除余气，开盖取物。切不可在压力尚未降为零时突然打开排气阀门，以免灭菌器中液体喷出。

高压蒸汽灭菌法为湿热灭菌法，其优点有三：一是湿热灭菌时菌体蛋白容易变性；二是湿热穿透力强；三是蒸汽变成水时可放出大量热而增强杀菌效果。因此，它是效果最好的灭菌方法。凡耐高温和潮湿的物品，如培养基、生理盐水、衣服、纱布、棉花、敷料、玻璃器材、传染性污物等都可应用本法灭菌。

3. 流通蒸汽灭菌器 流通蒸汽消毒设备的种类很多，比较理想的是流通蒸汽灭菌器。

流通蒸汽灭菌器由蒸汽发生器、蒸汽回流、消毒室和支架等构成。蒸汽由底部进入消毒室，经回流罩再返回到蒸汽发生器内，这种蒸汽消耗少，只需维持较小火力即可。

流通蒸汽消毒时，消毒时间应从水沸腾后有蒸汽冒出时算起，消毒时间同煮沸法，消毒物品包装不宜过大、过紧，吸水物品不要浸湿后放入；因在常压下，蒸汽温度只能达到100℃，维持30分钟只能杀死细菌的繁殖体，不能杀死细菌芽孢和霉菌孢子，所以有时必须使用间歇灭菌法，即用蒸汽灭菌器或用蒸笼加热至约100℃维持30分钟，每天进行1次，连续3天。每天消毒完后都必须将被灭菌的物品取出放在室温或37℃温箱中过夜，提供芽孢发芽所需的条件。对不具备芽孢发芽条件的物品不能用此法灭菌。

二、化学消毒常用设备

化学消毒时常用的是喷雾器。喷雾器有背负式喷雾器和机动喷雾器。背负式喷雾器又有压杆式喷雾器和充电式喷雾器，适用于小面积环境消毒和带鸡消毒。机动喷雾器按其所使用的动力来划分，主要有电动（交流电或直流电）和气动两种，每种又有不同的型号，适用于鸡舍外环境和空舍消毒，在实际应用时要根据具体情况选择合适的喷雾器。

在使用喷雾器进行消毒时要注意：固体消毒剂有残渣或溶化不全时，容易堵塞喷嘴，因此不能直接在喷雾器的容器内配制消毒剂，而应在其他容器内配制好以后经喷雾器的过滤网装入喷雾器的容器内。压杆式喷雾器容器内药液不能装得太满，否则不易打气。配制消毒剂的水温不宜太高，否则易使喷雾器的塑料桶身变形，而且喷雾时不顺畅。使用完毕，将剩余药液倒出，用清水冲洗干净，倒置，打开一些零部件，等晾干后再装起来。

喷雾时，房舍应密闭，关闭门、窗和通风口，减少空气流动。在喷雾完后15~20分钟再开启门窗。如选用直径为59微米以下的喷雾器时，喷雾枪口应在家禽头上方约30厘米处喷射，使禽体周围形成良好的雾化区，并且雾滴粒子不立即沉降而可在空间悬浮适当时间。

三、消毒防护

无论采取哪种消毒方式，都要注意消毒人员的自身防护。消毒防护，首先要严格遵守操作规程和注意事项，其次要注意消毒人员以及消毒区域内其他人员的防护。防护措施要根据消毒方法

的原理和操作规程有针对性。例如进行喷雾消毒和熏蒸消毒就应穿上防护服，戴上眼镜和口罩；进行紫外线直接照射消毒，室内人员都应该离开，避免直接照射，进出养殖场人员通过消毒室进行紫外线照射消毒时，眼睛不能看紫外线灯，避免眼睛受到灼伤。

常用的个人防护用品可以参照国家标准进行选购，防护服应该配帽子、口罩和鞋套。

（一）防护服要求

防护服应做到防酸碱、防水、防寒、挡风、透气等。

1. 防酸碱　在消毒过程中，要求防护服能防酸碱、耐腐蚀。在工作完毕或离开疫区时，能用消毒液高压喷淋、洗涤消毒。

2. 防水　防水好的防护服材料，在 1 平方米的防水布料薄膜上就有 14×10^8 个微细孔，一颗水珠比这些微细孔大 2 万倍，因此，水珠不能穿过薄膜层而湿润布料，不会被弄湿，可保证操作中的防水效果。

3. 防寒、挡风　防护服材料极小的微细孔应呈不规则排列，可阻挡冷风及寒气的侵入。

4. 透气　材料微孔直径应大于汗液分子 700～800 倍，汗气可以穿透面料，即使在工作量大、体液蒸发较多时也可感到干爽舒适。

（二）防护用品规格

1. 防护服　一次性使用的防护服应符合《医用一次性防护服技术要求》（GB 19082—2003）。外观应干燥、清洁、无尘、无霉斑，表面不允许有斑疤、裂孔等缺陷；针线缝合采用针缝加胶合或作折边缝合，针距要求每 3 厘米缝合 8～10 针，针次均匀、平直，不得有跳针。

2. 防护口罩　应符合《医用防护口罩技术要求》（GB 19083—2003）。

3. 防护眼镜　应视野宽阔，透亮度好，有较好的防溅性能，佩戴有弹力带。

4. 手套　医用一次性乳胶手套或橡胶手套。

5. 鞋及鞋套　为防水、防污染鞋套，如长筒胶鞋。

（三）防护用品的使用

1. 穿戴防护用品顺序

步骤1：戴口罩。平展口罩，双手平拉推向面部，捏紧鼻夹使口罩紧贴面部；左手按住口罩，右手将护绳绕在耳根部；右手按住口罩，左手将护绳绕向耳根部；双手上下拉口边沿，使其盖至眼下和下巴。

戴口罩的注意事项：佩戴前先洗手；摘戴口罩前，要保持双手洁净，尽量不要触碰口罩内侧，以免手上的细菌污染口罩；口罩每隔4小时更换1次；佩戴面纱口罩要及时清洗，并且高温消毒后晾晒，最好在阳光下晒干。

步骤2：戴帽子。戴帽子时注意双手不要接触面部，帽子的下沿应遮住耳的上沿，头发尽量不要露出。

步骤3：穿防护服。

步骤4：戴防护眼镜。注意双手不要接触面部。

步骤5：穿鞋套或胶鞋。

步骤6：戴手套。将手套套在防护服袖口外面。

2. 脱掉防护用品顺序

步骤1：摘下防护镜，放入消毒液中。

步骤2：脱掉防护服，将反面朝外，放入黄色塑料袋中。

步骤3：摘掉手套，一次性手套应将反面朝外，放入黄色塑料袋中，橡胶手套放入消毒液中。

步骤4：将手指反掏进帽子，将帽子轻轻摘掉，反面朝外，放入黄色塑料袋中。

步骤5：脱下鞋套或胶鞋，将鞋套反面朝外，放入黄色塑料

袋中，将胶鞋放入消毒液中。

步骤6：摘口罩，一手按住口罩，另一只手将口罩带摘下，放入黄色塑料袋中，注意双手不要接触面部。

（四）防护用品使用后的处理

消毒结束后，执行消毒的人员需要进行自洁处理，必要时更换防护服对其做消毒处理。有些废弃的污染物包括使用后的一次性隔离衣裤、口罩、帽子、手套、鞋套等不能随便丢弃，应有一定的消毒处理方法，这些方法应该安全、简单、经济。

基本要求：污染物应装入盒或袋内，防止操作人员接触；防止污染物接近人、鼠或昆虫；不应污染表层土壤、表层水及地下水；不应造成空气污染。污染废弃物应当严格清理检查，清点数量，根据材料性质进行分类，分成可焚烧处理和不可焚烧处理两大类。干性可燃污染废物进行焚烧处理；不可燃废物浸泡消毒。

（五）培养良好的防护意识和防护习惯

作为消毒人员，不仅应该熟悉各种消毒方法、消毒程序、消毒器械和常用消毒剂的使用，还应该熟悉微生物和传染病检疫防疫知识，能够对疫源地的污染菌做出判断。

由于动物防疫检疫人员或消毒人员长期暴露于病原体污染的环境下，因此，从事消毒工作的人员应该具备良好的防护意识，养成良好的防护习惯，加强消毒人员自身防护，防止和控制人畜共患疾病的发生。例如，在干热灭菌时防止燃烧；压力蒸汽灭菌时防止爆炸事故及操作人员的烫伤事故；使用气体化学消毒时，防止消毒气体的泄露，经常检测消毒环境中气体的浓度，对环氧乙烷气体还应防止燃烧、爆炸事故；接触化学消毒灭菌时，防止过敏和对皮肤黏膜的伤害等。

第三节　常用的化学消毒剂

利用化学药品杀灭传播媒介上的病原微生物以达到预防感染、控制传染病的传播和流行的方法称为化学消毒法。化学消毒法具有适用范围广，消毒效果好，无须特殊仪器和设备，操作简便易行等特点，是目前兽医消毒工作中最常用的方法。

一、化学消毒剂的分类

用于杀灭传播媒介上病原微生物的化学药物称为消毒剂。化学消毒剂的种类很多，分类方法也有多种。

（一）按杀菌能力分类

消毒剂按照其杀菌能力可分为高效消毒剂、中效消毒剂、低效消毒剂等三类。

1. 高效消毒剂　可杀灭各种细菌繁殖体、病毒、真菌及其孢子等，对细菌芽孢也有一定杀灭作用，达到高水平消毒要求，包括含氯消毒剂、臭氧、甲基乙内酰脲类化合物、双链季铵盐等。其中可使物品达到灭菌要求的高效消毒剂又称为灭菌剂，包括甲醛、戊二醛、环氧乙烷、过氧乙酸、过氧化氢、二氧化氯等。

2. 中效消毒剂　能杀灭细菌繁殖体、分枝杆菌、真菌、病毒等微生物，达到消毒要求，包括含碘消毒剂、醇类消毒剂、酚类消毒剂等。

3. 低效消毒剂　仅可杀灭部分细菌繁殖体、真菌和有囊膜病毒，不能杀死结核杆菌、细菌芽孢和较强的真菌和病毒，达到消毒剂要求，包括苯扎溴铵等季铵盐类消毒剂、氯己定（洗必泰）等双胍类消毒剂，汞、银、铜等金属离子类消毒剂及中草药

消毒剂。

（二）按化学成分分类

常用的化学消毒剂按其化学性质不同可分为以下几类。

1. 卤素类消毒剂 这类消毒剂有含氯消毒剂类、含碘消毒剂类及卤化海因类消毒剂等。

（1）含氯消毒剂：可分为有机氯消毒剂和无机氯消毒剂两类。目前常用的有二氯异氰尿酸钠及其复方消毒剂、氯化磷酸三钠、液氯、次氯酸钠、三氯异氰尿酸、氯尿酸钾、二氯异氰尿酸等。

（2）含碘消毒剂：可分为无机碘消毒剂和有机碘消毒剂，如碘伏、碘酊、碘甘油、PVP 碘、洗必泰碘等。碘伏对各种细菌繁殖体、真菌、病毒均有杀灭作用，受有机物影响大。

（3）卤化海因类消毒剂：为高效消毒剂，对细菌繁殖体及芽孢、病毒真菌均有杀灭作用。目前国内外使用的这类消毒剂有三种：二氯海因（二氯二甲基乙内酰脲，DCDMH）、二溴海因（二溴二甲基乙内酰脲，DBDMH）、溴氯海因（溴氯二甲基乙内酰脲，BCDMH）。

2. 氧化剂类消毒剂 常用的有过氧乙酸、过氧化氢、臭氧、二氧化氯、酸性氧化电位水等。

3. 烷基化气体类消毒剂 这类化合物中主要有环氧乙烷、环氧丙烷和乙型丙内酯等，其中以环氧乙烷应用最为广泛，杀菌作用强大，灭菌效果可靠。

4. 醛类消毒剂 常用的有甲醛、戊二醛等。戊二醛是第三代化学消毒剂的代表，被称为冷灭菌剂，灭菌效果可靠，对物品腐蚀性小。

5. 酚类消毒剂 这是一类古老的中效消毒剂，常用的有石炭酸、来苏儿、复合酚类（农福）等。由于酚类消毒剂对环境有污染，目前有些国家限制使用酚类消毒剂。这类消毒剂在我国的应用也逐步减少，有被其他消毒剂取代的趋势。

6. 醇类消毒剂 主要用于皮肤术部消毒，如乙醇、异丙醇等消毒剂。这类消毒剂可以杀灭细菌繁殖体，但不能杀灭芽孢，属中效消毒剂。近来的研究发现，醇类消毒剂与戊二醛、碘伏等配伍，可以增强消毒效果。

7. 季铵盐类消毒剂 单链季铵盐类消毒剂是低效消毒剂，一般用于皮肤黏膜的消毒和环境表面消毒，如新洁尔灭、度米芬等。双链季铵盐阳离子表面活性剂，不仅可以杀灭多种细菌繁殖体而且对芽孢有一定杀灭作用，属于高效消毒剂。

8. 双胍类消毒剂 是一类低效消毒剂，不能杀灭细菌芽孢，但对细菌繁殖体的杀灭作用强大，一般用于皮肤黏膜的防腐，也可用于环境表面的消毒，如氯己定（洗必泰）等。

9. 酸碱类消毒剂 常用的酸类消毒剂有乳酸、醋酸、硼酸、水杨酸等；常用的碱类消毒剂有氢氧化钠（苛性钠）、氢氧化钾（苛性钾）、碳酸钠（苏打）、氧化钙（生石灰）等。

10. 重金属盐类消毒剂 主要用于皮肤黏膜的消毒防腐，有抑菌作用，但杀菌作用不强。常用的有红汞、硫柳汞、硝酸银等。

（三）按性状分类

消毒剂按性状可分为固体消毒剂、液体消毒剂和气体消毒剂三类。

二、化学消毒剂的选择与使用

（一）化学消毒剂的选择

消毒剂产品的问世，为预防和控制动物疫病起到了重要的作用。理想的化学消毒剂应具备：杀菌谱广，作用速度快；性能稳定，便于大量储存和运输；易溶于水，不着色，无残留，不污染环境；受有机物、酸碱和环境因素影响小；无毒、无味、无刺

激，无腐蚀性，无致畸、致癌、致突变作用；不易燃易爆，使用安全；有效浓度低，可大量生产，使用方便，价格低廉等特点。目前，还没有一种能够完全符合上述要求的消毒剂。因此，根据消毒剂和消毒对象的性质及环境选择合适的消毒剂是消毒工作成败的关键。在选择购买时应注意以下几个方面。

1. 选择合格的消毒产品　我国消毒产品的生产和销售实行审批制度，凡获批准的消毒产品在其使用说明书和标签上均有批准文号，无批准文号的产品千万不要购买。

2. 根据消毒对象选择消毒剂　消毒剂的种类很多，用途和用法也不尽相同，杀菌能力不同，对物品的损坏也有所不同。例如，有对皮肤黏膜消毒的，有对物体表面消毒的，有对空气消毒的，有对分泌物或排泄等消毒的。购买消毒剂时，应根据消毒目的进行选购。因为不同用途的消毒剂审批时所考察的项目不同，所以选购时要看清其用途。目前，多用途的消毒剂越来越多，如过氧乙酸、二氧化氯、含氯消毒剂等，使用范围比较广，可根据需要选择。但对于书籍、电器等污染物品的消毒处理则需选用环氧乙烷，以免损坏。

3. 根据消毒目的选择消毒剂　常规消毒用中低效消毒剂，终末消毒、疫情发生时用高效消毒剂，并考虑加大使用浓度和消毒密度。

4. 根据病原微生物的特性选择消毒剂　污染微生物的种类不同，对不同消毒剂的耐受性也不同。如细菌芽孢必须用杀菌力强的灭菌剂或高效消毒剂处理，才能取得较好效果。结核分枝杆菌对一般消毒剂的耐受力比其他细菌强。肠道病毒对过氧乙酸的耐受力与细菌繁殖体相近，但季铵盐类对之无效。肉毒梭菌易为碱破坏，但对酸耐受力强。至于其他细菌繁殖体和病毒、螺旋体、支原体、衣原体、立克次氏体，对一般消毒处理耐受力均差。微生物对各类化学消毒剂的敏感性如表 1. 2。

表 1.2 微生物对各类化学消毒剂的敏感性

消毒剂	G⁺菌	G⁻菌	抗酸菌	亲脂病毒	亲人病毒	真菌	芽孢
季受盐类	++++	+++	-	+	-	-	-
氯已定	++++	+++	-	+	-	-	-
碘伏	++++	++++	-	-	-	-	-
醇类	++++	++++	++	++	-	-	-
酚类	++++	++++	++	++	-	+	-
双长链季铵盐	++++	++++	++	++	++	+	-
含氯类	++++	++++	+++	++	++	+++	++
过氧化物	++++	++++	++	++	++	++	++
环氧乙烷	++++	++++	++	++	++	+++	++
醛类	++++	++++	+++	++	+++	+	++

注：++++表示高度敏感；+++表示中度敏感；++表示敏感；+表示抑制或可杀灭；-表示抵抗。

5. 注意消毒剂的保质期 超过保质期的产品消毒作用可能会减弱甚至消失。因此，购买时要留意产品的生产日期和保质期。

（二）化学消毒剂的使用

1. 化学消毒剂的使用方法 化学消毒剂的使用方法很多，常用的方法有以下几种。

（1）浸泡法：选用杀菌谱广、腐蚀性弱，水溶性消毒剂，将物品浸没于消毒剂内，在标准的浓度和时间内，达到消毒目的。浸泡消毒时，消毒液连续使用过程中，消毒有效成分不断消耗，因此需要注意有效成分浓度变化，应及时添加或更换消毒液。当使用低效消毒剂浸泡时，需注意消毒液被污染的问题，从而避免疫源性感染。

（2）擦拭法：选用易溶于水、穿透性强的消毒剂，擦拭物

品表面或动物体表皮肤、黏膜、伤口等处。在标准的浓度和时间里达到消毒灭菌目的。

（3）喷洒法：将消毒液均匀喷洒在被消毒物体上。如用5%来苏儿溶液喷洒消毒畜禽舍地面等。

（4）喷雾法：将消毒液通过喷雾形式对物体表面、畜禽舍或动物体表进行消毒。

（5）发泡（泡沫）法：此法是自体表喷雾消毒后，开发的又一新的消毒方法。所谓发泡消毒，就是把高浓度的消毒液用专用的发泡机制成泡沫散布在畜禽舍内面及设施表面。主要用于水资源贫乏的地区或为了避免消毒后的污水进入污水处理系统破坏活性污泥的活性以及自动环境控制的畜禽舍，一般用水量仅为常规消毒法的1/10。采用发泡消毒法，对一些形状复杂的器具、设备进行消毒时，由于泡沫能较好地附着在消毒对象的表面，故能得到较为一致的消毒效果，且由于泡沫能较长时间附着在消毒对象表面，延长了消毒剂作用时间。

（6）洗刷法：用毛刷等蘸取消毒剂溶液在消毒对象表面洗刷。如外科手术前术者的手用洗手刷在0.1%新洁尔灭溶液中洗刷消毒。

（7）冲洗法：将配制好的消毒液冲入直肠等部位或冲湿物体表面进行消毒。这种方法消耗大量的消毒液，一般较少使用。

（8）熏蒸法：通过加热或加入氧化剂，使消毒剂呈气体或烟雾，在标准的浓度和时间里达到消毒灭菌目的。适用于畜禽舍内物品及空气消毒精密贵重仪器和不能蒸、煮、浸泡消毒的物品的消毒。环氧乙烷、甲醛、过氧乙酸以及含氯消毒剂均可通过此种方式进行消毒，熏蒸消毒时环境湿度是影响消毒效果的重要因素。

（9）撒布法：将粉剂型消毒剂均匀地撒布在消毒对象表面。如含氯消毒剂可直接用药物粉剂进行消毒处理，通常用于地面消毒。消毒时，需要较高的湿度使药物潮解才能发挥作用。

化学消毒剂的使用方法应依据化学消毒剂的特点、消毒对象的性质及消毒现场的特点等因素合理选择。多数消毒剂既可以浸泡、擦拭消毒，也可以喷雾处理，根据需要选用合适的消毒方法。如只在液体状态下才能发挥出较好消毒效果的消毒剂，一般采用液体喷洒、喷雾、浸泡、擦拭、洗刷、冲洗等方式。对空气或空间进行消毒时，可使用部分消毒剂进行熏蒸。同样消毒方法对不同性质的消毒对象，效果往往也不同。如光滑的表面，喷洒药液不易停留，应以冲洗、擦拭、洗刷、冲洗为宜。较粗糙表面，易使药液停留，可用喷洒、喷雾消毒。消毒还应考虑现场条件。在密闭性好的室内消毒时，可用熏蒸消毒，密闭性差的则应用消毒液喷洒、喷雾、擦拭、洗刷的方法。

2. 化学消毒剂使用注意事项 化学消毒剂使用前应认真阅读说明书，搞清消毒剂的有效成分及含量，看清标签上的标示浓度及稀释倍数。消毒剂均以含有效成分的量表示，如含氯消毒剂以有效氯含量表示，60%二氯异氰尿酸钠为原粉中含60%有效氯，20%过氧乙酸指原液中含20%的过氧乙酸，5%新洁尔灭指原液中含5%的新洁尔灭。对这类消毒剂稀释时不能将其当成100%计算使用浓度，而应按其实际含量计算。使用量以稀释倍数表示时，表示1份的消毒剂以若干份水稀释而成，如配制稀释倍数为1 000倍时，即在每升水中加1毫升消毒剂。

使用量以“%”表示时，消毒剂浓度稀释配制计算公式为：$C_1V_1=C_2V_2$（C_1为稀释前溶液浓度，C_2为稀释后溶液浓度，V_1为稀释前溶液体积，V_2为稀释后溶液体积）。

应根据消毒对象的不同，选择合适的消毒剂和消毒方法，联合或交替使用，以使各种消毒剂的作用优势互补，做到全面彻底地消灭病原微生物。

不同消毒剂的毒性、腐蚀性及刺激性均不同，如含氯消毒

剂、过氧乙酸、二氧化氯等对金属制品有较大的腐蚀性，对织物有漂白作用，慎用于这种材质物品，如果使用，应在消毒后用水漂洗或用清水擦拭，以减轻对物品的损坏。预防性消毒时，应使用推荐剂量的低限。盲目、过度使用消毒剂，不仅造成浪费损坏物品，也会大量地杀死许多有益微生物，而且残留在环境中的化学物质越来越多，成为新的污染源，对环境造成严重后果。

大多数消毒剂有效期为 1 年，少数消毒剂不稳定，有效期仅为数月，如有些含氯消毒剂溶液。有些消毒剂原液比较稳定，但稀释成使用液后不稳定，如过氧乙酸、过氧化氢、二氧化氯等消毒液，稀释后不能放置时间过长。有些消毒液只能现生产现用，不能储存，如臭氧水、酸性氧化电位水等。

配制和使用消毒剂时应注意个人防护，注意安全，必要时应戴防护眼镜、口罩和手套等。消毒剂仅用于物体及外环境的消毒处理，切忌内服。

多数消毒剂在常温下于阴凉处避光保存。部分消毒剂易燃易爆，保存时应远离火源，如环氧乙烷和醇类消毒剂等。千万不要用盛放食品、饮料的空瓶灌装消毒液，如使用必须撤去原来的标签，贴上一张醒目的消毒剂标签。消毒液应放在儿童拿不到的地方，不要将消毒液放在厨房或与食物混放。万一误用了消毒剂，应立即采取紧急救治措施。

3. 化学消毒剂误用或中毒后的紧急处理　大量吸入化学消毒剂时，要迅速从有害环境撤到空气清新处，更换被污染的衣物，对手和其他暴露皮肤进行清洗，如大量接触或有明显不适的要尽快就近就诊；皮肤接触高浓度消毒剂后要及时用大量流动清水冲洗，用淡肥皂水清洗，如皮肤仍有持续疼痛或刺激症状，要在冲洗后就近就诊；化学消毒剂溅入眼睛后应立即用流动清水持续冲洗不少于 15 分钟，如仍有严重的眼花、局部疼痛、畏光、流泪等症状，要尽快就近就诊；误服化学消毒剂中毒时，成年人要立即口服牛奶200毫升，也可服用生蛋清3~5个。一般还要催吐、洗胃。含碘消毒剂中毒可立即服用大量米汤、淀粉浆等，出现严重胃肠道症状者，应立即就近就诊。

三、常用化学消毒剂

20世纪50年代以来，世界上出现了许多新型化学消毒剂，逐渐取代了一些古老的消毒剂。碘释放剂、氯释放剂、长链季铵、双长链季铵、戊二醛、二氧化氯等都是20世纪50—70年代逐渐发展起来的。进入20世纪90年代消毒剂在类型上没有重大突破，但组配复方制剂增多。国际市场上消毒剂商品名目繁多。美国人医与兽医用的消毒剂品名有1 400多种，但其中92%是由14种成分配制而成。我国消毒剂市场发展也很快，消毒剂的商品名已达50~60种，但按成分分类只有7~8种。

（一）醛类消毒剂

醛类消毒剂是使用最早的一类化学消毒剂，这类消毒剂抗菌谱广、杀菌作用强，具有杀灭细菌、芽孢、真菌和病毒的作用；性能稳定、容易保存和运输、腐蚀性小，而且价格便宜。广泛应用于畜禽舍的环境、用具、设备的消毒，尤其对疫源地芽孢消毒。近年来，利用醛类与其他消毒剂的协同作用以减少或消除其刺激性，提高其消毒效果和稳定性，研制出以醛类为主要成分的复方消毒剂，是当前研究的方向。由广东省农业科学院兽医研究所研制的长效清［主要成分为甲醛和三（羟甲基）硝基甲烷］便是一种复方甲醛制剂，对各类病原体有快速杀灭作用，消毒池内可持续效力达7天以上。

1. 甲醛 又称蚁醛，有刺激性气味，特臭，久置发生浑浊。易溶于水和醇，水中有较好的稳定性。37%~40%的甲醛溶液称为福尔马林。制剂主要有福尔马林（37%~40%甲醛）和多聚甲醛（91%~94%甲醛）。适用于环境、笼舍、用具、器械、污染

物品等的消毒；常用的方法为喷洒、浸泡、熏蒸。一般以2%的福尔马林消毒器械，浸泡1～2小时。5%～10%福尔马林溶液喷洒畜禽舍环境或每立方米空间用福尔马林25毫升，水12.5毫升，加热（或加等量高锰酸钾）熏蒸12～24小时后开窗通风。本品对眼睛和呼吸道有刺激作用，消毒时穿戴防护用具（口罩、手套、防护服等），熏蒸时人员、动物不可停留于消毒空间。

2. 戊二醛　为无色挥发性液体，其主要产品有碱性戊二醛、酸性戊二醛和强化中性戊二醛。杀菌性能优于甲醛2～3倍，具有高效、广谱、快速杀灭细菌繁殖体、细菌芽孢、真菌、病毒等微生物。适用于器械、污染物品、环境、粪便、圈舍、用具等的消毒。可采取浸泡、冲洗、清洗、喷洒等方法。2%的碱性水溶液用于消毒诊疗器械，熏蒸用于消毒物体表面。2%的碱性水溶液杀灭细菌繁殖体及真菌需10～20分钟，杀灭芽孢需4～12小时，杀灭病毒需10分钟。使用戊二醛类消毒灭菌后的物品应用清水及时去除残留物质；保证足够的浓度（不低于2%）和作用时间；灭菌处理前后的物品应保持干燥；本品对皮肤、黏膜有刺激作用，亦有致敏作用，应注意对操作人员的保护；注意防腐蚀；可以带动物使用，但空气中最高允许浓度为0.05毫克/千克；戊二醛在pH值小于5时最稳定，在pH值为7～8.5时杀菌作用最强，可杀灭金黄色葡萄球菌、大肠杆菌、肺炎双球菌和真菌，作用时间只需1～2分钟。兽医诊疗中不能加热消毒的诊疗器械均可采用戊二醛消毒（浓度为0.125%～2.0%）。本品对环境易造成污染，英国现已停止使用。

（二）卤素及含卤化合物类消毒剂

卤素及含卤化合物类消毒剂主要有含氯消毒剂（包括次氯酸盐，各种有机氯消毒剂）、含碘消毒剂（包括碘酊、碘仿及各种不同载体的碘伏）和海因类卤化衍生物消毒剂。

1. 含氯消毒剂　是指在水中能产生具有杀菌作用的活性次

氯酸的一类消毒剂，包括传统使用的无机含氯消毒剂，如次氯酸钠（10%～12%）、漂白粉（25%）、粉精（次氯酸钙为主，80%～85%）、氯化磷酸三钠（3%～5%）等和有机含氯消毒剂，如二氯异氰尿酸钠（60%～64%）、三氯异氰尿酸（87%～90%）、氯铵 T（24%）等，品种达数十种。

由于无机氯制剂的性质不稳定、难储存、强腐蚀等缺点，近年来国内外研究开发出性质稳定、易储存、低毒、含有效氯达60%～90%的有机氯，如二氯异氰尿酸钠、三氯异氰尿酸、三氯异氰尿酸钠、氯异氰尿酸钠，它们是世界卫生组织公认的消毒剂。随着畜牧养殖业的飞速发展，以二氯异氰尿酸钠为原料制成的多种类型的消毒剂已得到了广泛的开发和利用。

含氯消毒剂的优点是广谱、高效、价格低廉、使用方便，对细菌、芽孢和种病毒均有较好的灭菌能力，其杀菌效果取决于有效氯的含量，含量越高，杀菌力越强。含氯消毒剂在低浓度时即可有效地杀灭牛结核分枝杆菌、肠杆菌、肠球菌、金黄色葡萄球菌。含氯复合制剂可以对各种病毒，如口蹄疫病毒、猪传染性水疱病病毒、猪轮状病毒、猪传染性胃肠炎病毒、鸡新城疫病毒和鸡法氏囊病病毒等具有较强的杀灭作用。其缺点是在养殖场应用时受有机质、还原物质和 pH 值的影响大，在 pH 值为 4 时，杀菌作用最强；pH 值在 8 以上，可失去杀菌活性。受日光照射易分解，温度每升高 10℃，杀菌时间可缩短 50%～60%。含氯消毒剂的广泛使用也带来了环境保护问题，有研究表明有机氯有致癌作用。

（1）漂白粉：又称含氯石灰、氯化石灰。白色颗粒状粉末，主要成分是次氯酸钙，含有效氯 25%～32%，在一般保存过程中，有效氯每月可减少 1%～3%。杀菌谱广，作用强，对细菌、芽孢、病毒等均有效，但不持久。漂白粉干粉可用于地面和人、畜排泄物的消毒，其水溶液用于厩舍、畜栏、饲槽、车辆、饮

水、污水等消毒。饮水消毒用0.03%~0.15%，喷洒、喷雾用5%~10%乳液，也可以用干粉撒布。用漂白粉配制水溶液时应先加少量水，调成糊状，然后边加水边搅拌配成所需浓度的乳液使用，或静置沉淀，取澄清液使用。漂白粉应保存在密闭容器内，放在阴凉、干燥、通风处。漂白粉对织物有漂白作用，对金属制品有腐蚀性，对组织有刺激性，操作时应做好防护。

漂粉精为白色粉末，比漂白粉易溶于水且稳定，成分为次氯酸钙，含杂质少，含有效氯80%~85%。使用方法、范围与漂白粉相同。

（2）次氯酸钠：无色至浅黄绿色液体，存在铁时呈红色，含有效氯10%~12%。为高效、快速、广谱消毒剂，可有效杀灭各种微生物，包括细菌、芽孢、病毒、真菌等。饮水的消毒，每立方米水中加药30~50毫克，作用30分钟；环境消毒，每立方米水中加药20~50克搅匀后喷洒、喷雾或冲洗；食槽、用具等的消毒，每立方米水中加药10~15克搅匀后刷洗并作用30分钟。本品对皮肤、黏膜有较强的刺激作用。水溶液不稳定，遇光和热都会加速分解，闭光密封保存有利于其稳定性。

（3）氯胺T：又称氯亚明，化学名称为对甲基苯磺酰氯胺钠。荷兰英特威公司在我国注册的这种消毒剂，商品名为海氯（halamid）。消毒作用温和持久，对组织刺激性和受有机物影响小。0.5%~1%溶液，用于食槽、器皿消毒；3%溶液，用于排泄物与分泌物消毒；0.1%~0.2%溶液，用于黏膜、阴道、子宫冲洗；1%~2%溶液，用于创伤消毒；饮水消毒，每立方米用2~4毫克。与等量铵盐合用，可显著增强消毒作用。

（4）二氯异氰尿酸钠：又称优氯净，商品名为抗毒威。白色晶体，性质稳定，含有效氯60%~64%，本品广谱、高效、低毒、无污染、储存稳定、易于运输、水溶性好、使用方便、使用范围广，为氯化异氰脲酸类产品的主导品种。

（5）三氯异氰尿酸：白色结晶粉末，微溶于水，易溶于丙酮和碱溶液，是一种高效的消毒杀菌漂白剂，含有效氯 89.7%。具有强烈的消毒杀菌与漂白作用，其效率高于一般的氯化剂，特别适合于水的消毒杀菌。水中溶解后，水解为次氯酸和氰尿酸，无二次污染，是一种高效、安全的杀菌消毒剂和漂白剂。用于饮用水的消毒杀菌处理及畜牧、水产、传染病疫源地的消毒杀菌。

2. 含碘消毒剂　含碘消毒剂包括碘及以碘为主要杀菌成分制成的各种制剂。常用的有碘、碘酊、碘甘油、碘伏等。常用于皮肤、黏膜消毒和手术器械的灭菌。

（1）碘酒：又称碘酊，是一种温和的碘消毒剂溶液，兽医上一般配成 5%（*W/V*）。常用于免疫、注射部位、外科手术部位皮肤以及各种创伤或感染的皮肤或黏膜消毒。

（2）碘伏：碘伏高效、快速、低毒、广谱，兼有清洁剂之作用。对各种细菌繁殖体、芽孢、病毒、真菌、结核分枝杆菌、螺旋体、衣原体及滴虫等有较强的杀灭作用。碘伏要求在 pH 值 2~5 范围内使用，如 pH 值为 2 以下则对金属有腐蚀作用。其灭菌浓度 10 毫升/升（1 分钟），常规消毒浓度 15~75 毫克/升。碘伏易受碱性物质及还原性物质影响，日光也能加速碘的分解，因此环境消毒受到限制。

3. 海因类卤化衍生物消毒剂　近年来，在寻找新型消毒剂过程中发现，二甲基海因（5，5-二甲基乙内酰脲，DMH）的卤化衍生物均有很好的杀菌作用，针对病毒、藻类和真菌有杀因、二溴海因、溴氯海因等，其中二溴海因效果最好。本类消毒剂应贮存在阴凉、干燥的环境中，严禁与有毒、有害物品混放，以免污染。

（1）二溴海因（DBDMH）：为白色或淡黄色结晶性粉末，微溶于水，溶于氯仿、乙醇等有机溶剂，在强酸或强碱中易分解，干燥时稳定，有轻微的刺激气味。本品是一种高效、安全、

广谱杀菌消毒剂，具有强烈杀灭细菌、病毒和芽孢的效果，且具有杀灭水体不良藻类的功效。可广泛用于畜禽场所及用具、水产养殖业、饮水、水体消毒。一般消毒，250～500毫克/升，作用10～30分钟；特殊污染消毒，500～1 000毫克/升，作用20～30分钟；诊疗器械用1 000毫克/升，作用1小时；饮水消毒，根据水质情况，加溴量2～10毫克/升；用具消毒，用1 000毫克/升，喷雾或超声雾化10分钟，作用15分钟。

（2）二氯海因（DCDMH）：为白色结晶粉末，微溶于水，溶于多种有机溶剂与油类，在水中加热易分解，工业品有效氯含量70%以上，氯气味比三氯异氰尿酸或二氯异氰尿酸钠小得多，其消毒最佳pH值为5～7，消毒后残留物可在短时间内生物降解，对环境无任何污染。主要作为杀菌、灭藻剂，可有效杀灭各种细菌、真菌、病毒、藻类等，可广泛用于水产养殖、水体、器具、环境、工作服及动物体表的消毒杀菌。

（3）溴氯海因（BCDMH）：为淡琥珀色结晶性粉末，可进一步加工成片剂，气味小，微溶于水，稍溶于某些有机溶剂，干燥时稳定，吸潮时易分解。本产品主要用作水处理剂、消毒杀菌剂等，具有高效、广谱、安全、稳定的特点，能强烈杀灭真菌、细菌、病毒和藻类。在水产养殖中也有广泛的运用。使用本品后，能改善水质，使水中氨、氮下降，溶解氧上升，维护浮游生物优良种群，且残留物短期内可生物降解完全，无任何环境污染。使用本品时不受水体pH值和水质肥瘦影响，且具有缓释性，有效性持续长。

（三）氧化剂类消毒剂

此类消毒剂具有强氧化能力，各种微生物对其十分敏感，可将所有微生物杀灭。是一类广谱、高效的消毒剂，特别适合饮水消毒。主要有过氧乙酸、过氧化氢、臭氧、二氧化氯、高锰酸钾等。它们的优点是消毒后在物品上不留残余毒性，由于化学性质不稳定须现用现配，且因其氧化能力强，高浓度时可刺激、损害皮肤黏膜，腐蚀物品。

1. 过氧乙酸 过氧乙酸是一种无色或淡黄色的透明液体，易挥发、分解，有很强的刺激性醋酸味，易溶于水和有机溶剂。市售有一元包装和二元包装两种规格，一元包装可直接使用；二元包装，它是指由 A、B 两个组分分别包装的过氧乙酸消毒剂，A 液为处理过的冰醋酸，B 液为一定浓度的过氧化氢溶液。临用前一天，将 A 和 B 按 A：B=10：8（*W/W*）或 12：10（*V/V*）混合后摇匀，第二天过氧乙酸的含量高达 18%~20%。若温度在 30℃左右混合后 6 小时浓度可达 20%，使用时按要求稀释用于浸泡、喷雾、熏蒸消毒。配制液应在常温下 2 天内用完，4℃下使用不得超过 10 天。过氧乙酸常用于被污染物品或皮肤消毒，用 0.2%~0.5%过氧乙酸溶液，喷洒或擦拭表面，保持湿润，消毒 30 分钟后，用清水擦净；0.1%~0.5%的溶液可用于消毒蛋外壳；手、皮肤消毒，用 0.2%过氧乙酸溶液擦拭或浸洗 1~2 分钟；在无动物环境中可用于空气消毒，用 0.5%过氧乙酸溶液，每立方米空间 20 毫升，气溶胶喷雾，密闭消毒 30 分钟，或用 15%过氧乙酸溶液，每立方米空间 7 毫升，置瓷或玻璃器皿内，加入等量的水，加热蒸发，密闭熏蒸（室内相对湿度在 60%~80%），2 小时后开窗通风；车、船等运输工具内外表面和空间，可用 0.5%过氧乙酸溶液喷洒至表面湿润，作用 15~30 分钟。温度越高杀菌力越强，但温度降至-20℃时，仍有明显杀菌作用。过氧乙酸稀释后不能放置时间过长，须现用现配，因其有强腐蚀性，较大的刺激性，配制、使用时应戴防酸手套、防护镜，严禁用金属制容器盛装。成品消毒剂须避光 4℃保存，容器不能装满，严禁暴晒。在搬运、移动时，应注意小心轻放，不要拖拉、摔碰、摩擦、撞击。

2. 过氧化氢 又称双氧水，为强腐蚀性、微酸性、无色透

明液体，深层时略带淡蓝色，能与水任何比例混合，具有漂白作用。可快速灭活多种微生物，如致病性细菌、细菌芽孢、酵母、真菌孢子、病毒等，并分解成无害的水和氧。气雾用于空气、物体表面消毒，溶液用于饮水器、饲槽、用具、手等消毒。畜禽舍空气消毒时使用 1.5%～3%过氧化氢喷雾，每立方米 20 毫升，作用 30～60 分钟，消毒后进行通风。10%过氧化氢可杀灭芽孢。温度越高杀菌力越强，空气的相对湿度在 20%～80%时，湿度越大，杀菌力越强，相对湿度低于 20%，杀菌力较差，浓度越高杀菌力越强。过氧化氢有强腐蚀性，避免用金属制容器盛装；配制、使用时应戴防护手套、防护镜，须现用现配；成品消毒剂避光保存，严禁暴晒。

3. 臭氧　是一种强氧化剂，具有广谱杀灭微生物的作用，溶于水时杀菌作用更为明显，能有效地杀灭细菌、病毒、芽孢、包囊、真菌孢子等，对原虫及其卵囊也有很好的杀灭作用，还兼有除臭、增加畜禽舍内氧气含量的作用，用于空气、水体、用具等的消毒。饮水消毒时，臭氧浓度为 0.5～1.5 毫克/升，水中余臭氧量 0.1～0.5 毫克/升，维持 5～10 分钟可达到消毒要求；在水质较差时，用 3～6 毫克/升。国外报告，臭氧对病毒的灭活程度与臭氧浓度高度相关，而与接触时间关系不大。随浓度的升高，臭氧的杀菌作用加强。但与其他消毒剂相比，臭氧的消毒效果受温度影响较小。臭氧在人医上已广泛使用，但在兽医上则是一种新型的消毒剂。在常温和空气相对湿度 82%的条件下，臭氧对在空气中的自然菌的杀灭率为 96.77%，对物体表面的大肠杆菌、金黄色葡萄球菌等的杀灭率为 99.97%。臭氧的稳定性差，有一定腐蚀性，受有机物影响较大，但使用方便、刺激性低、作用快速、无残留污染。

4. 二氧化氯　二氧化氯在常温下为黄绿色气体或红色爆炸性结晶，具有强烈的刺激性，对温度、压力和光均较敏感。目前，发达国家已将二氧化氯应用到几乎所有需要杀菌消毒的领域，二氧化氯被世界卫生组织列为 AI 级高效安全灭菌消毒剂，是世界粮农组织推荐使用的优质环保型消毒剂，正在逐步取代醛类、酚类、氯制剂类、季铵类，为一种高效消毒剂。国外 20 世纪 80 年代在畜牧业上推广使用，国内已有此类产品生产、出售，如氧氯灵、超氯（菌毒王）等。

本品适用于畜禽活动场所的环境、场地、栏舍、饮水及饲喂用具等方面消毒。能杀灭各种细菌、病毒、真菌等微生物及藻类、原虫，目前尚未发现能够抵抗其氧化性而不被杀灭的微生物，本品兼有去污、除腥、除臭之功能，是养殖行业理想的灭菌消毒剂，现已较多地用于牛奶场、家禽养殖场的消毒。用于环境、空气、场地、笼具喷洒消毒，浓度为 200 毫克/升；禽畜饮水消毒，0.5 毫克/升；饲料防霉，每吨饲料用浓度 100 毫克/升的消毒液 100 毫升，喷雾；笼物、动物体表消毒，200 毫克/升，喷雾至种蛋微湿；预防各种细菌、病毒传染，500 毫克/升，喷洒；烈性传染病及疫源地消毒，1 000 毫克/升，喷洒。

5. 酸性氧化电位水 是由日本于20 世纪 80 年代中后期发明的高氧化还原电位（1 100 毫伏）、低 pH 值（2.3～2.7）、含少量次氯酸（溶解氯浓度 20～50 毫克/升）的一种新型消毒水。我国在 20 世纪 90 年代中期引进了酸性氧化电位水，我国第一台酸性氧化电位水发生器已由清华紫光研制成功。酸性氧化电位水最先应用于医药领域，以后逐步扩展到食品加工、农业、餐饮、旅游、家庭等领域。酸性氧化电位水杀菌谱广，可杀灭一切病原微生物（细菌、芽孢、病毒、真菌、螺旋体等）；作用速度快，数十秒钟完全灭活细菌，使病毒完全失去抗原性；使用方便，取之即用，无须配制；无色、无味、无刺激；无毒、无害、无任何毒副作用，对环境无污染；价格低廉；对易氧化金属（铜、铝、铁等）有一定腐蚀性，对不锈钢和碳钢无腐蚀性，因此浸泡器械时

间不宜过长；在一定程度上受有机物的影响，因此，清洗创面时应大量冲洗或直接浸泡，消毒时最好事先将被消毒物用清水洗干净；稳定性较差，遇光和空气及有机物可还原成普通水（室温开放保存 4 天；室温密闭保存 30 天；冷藏密闭保存可达 90 天），最好近期配制使用；贮存时最好选用不透明、非金属容器；应密闭、遮光保存，40℃以下使用。

6. 高锰酸钾 强氧化剂，可有效杀灭细菌繁殖体、真菌、细菌芽孢和部分病毒。主要用于皮肤黏膜消毒，100~200 毫克/升；物体表面消毒，1 000~2 000 毫克/升；饲料饮水消毒，50~100 毫克/升；浸洗种蛋和环境消毒，浓度 5 000 毫克/升。

（四）烷基化气体消毒剂

烷基化气体消毒剂是一类主要通过对微生物的蛋白质、DNA 和 RNA 的烷基化作用而将微生物灭活的消毒灭菌剂。对各种微生物均可杀灭，包括细菌繁殖体、芽孢、分枝杆菌、真菌和病毒；杀菌力强；对物品无损害或都将其列入管制对象。主要包括环氧乙烷、乙型丙内酯、环氧丙烷、溴化甲烷等，其中环氧乙烷应用比较广泛，其他在兽医消毒上应用不广。

环氧乙烷在常温常压下为无色气体，具有芳香的醚味，当温度低于 10. 8℃时，气体液化。环氧乙烷液体无色透明，极易溶于水，遇水产生有毒的乙二醇。环氧乙烷可杀灭所有微生物，而且细菌繁殖体和芽孢对环氧乙烷的敏感性差异很小，穿透力强，对大多数物品无损害，属于高效消毒剂。常用于皮毛、塑料、医疗器械、用具、包装材料、畜禽舍、仓库等的消毒或灭菌，而且对大多数物品无损害。杀灭细菌繁殖体，每立方米空间用 300~400 克作用 8 小时；杀灭污染霉菌，每立方米空间用700~950 克作用 8~16 小时；杀灭细菌芽孢，每立方米空间用 800~1 700 克作用 16~24 小时。环氧乙烷气体消毒时，最适宜的相对湿度是 30%~50%，温度以 40~54℃为宜，不应低于 18℃，消毒时间越长，消毒效果越好，一般为 8～24 小时。

消毒过程中注意防火防爆，防止消毒袋、柜泄露，控制温、湿度，不用于饮水和食品消毒。工作人员发生头晕、头痛、呕吐、腹泻、呼吸困难等中毒症状时，应立即移离现场，脱去被污染衣物，注意休息、保暖，加强监护。如环氧乙烷液体沾染皮肤，应立即用大量清水或 3% 硼酸溶液反复冲洗。皮肤症状较重或不缓解，应去医院就诊。眼睛污染者，于清水冲洗 15 分钟后点四环素可的松眼膏。

（五）酚类消毒剂

酚类消毒剂为一种最古老的消毒剂，19 世纪末出现的商品名为来苏儿的消毒剂，就是酚类消毒剂。目前国内兽医消毒用酚类消毒剂的代表品种是 20 世纪 80 年代我国从英国引进的复合酚类消毒剂——农福，国内也出现了许多类似产品，如菌毒敌、农富复合酚、菌毒净、菌毒灭、畜禽安等。其有效成分是烷基酚，是从煤焦油中高温分离出的焦油酸，焦油酸中含的酚是混合酚类，所以又称复合酚。由广东省农业科学院兽医研究所研制的消毒灵是国内第一个符合农福标准的复合酚消毒。这类消毒剂适用于禽舍、畜舍环境消毒，对各种细菌灭菌力强，对带膜病毒具有灭活能力，但对结核分枝杆菌、芽孢、无囊膜病毒（如法氏囊病毒、口蹄疫病毒）和霉菌杀灭效果不理想。酚类消毒剂受有机物影响小，适用于养殖环境消毒。酚类消毒剂的 pH 值越低，消毒效果越好，遇碱性物质则效力受影响。由于酚类化合物有气味滞留，对人畜有毒，不宜用作养殖期间消毒，对畜禽体表消毒也受到限制。另外，国外也研制出可专门用于杀灭鸡球虫的邻位苯基酚。

1. 石炭酸 又称苯酸，为带有特殊气味的无色或淡红色针状、块状或三棱形结晶，可溶于水或乙醇。性质稳定，可长期保存。可有效杀灭细菌繁殖体、真菌和部分亲脂性病毒。用于物体

表面、环境和器械浸泡消毒，常用浓度为3%~5%。本品具有一定毒性和不良气味，不可直接用于黏膜消毒；能使橡胶制品变脆变硬；对环境有一定污染。近年来，由于许多安全、低毒、高效的消毒剂问世，石炭酸这种古老的消毒剂已很少应用。

2. 煤酚皂溶液 又称来苏儿，黄棕色至红棕色黏稠液体，为甲醛、植物油、氢氧化钠的皂化液，含甲酚50%。可溶于水及醇溶液，能有效杀灭细菌繁殖体、真菌和大部分病毒。1%~2%溶液用于手、皮肤消毒3分钟，目前已较少使用；3%~5%溶液用于器械、用具、畜禽舍地面、墙壁消毒；5%~10%溶液用于环境、排泄物及实验室废弃细菌材料的消毒。本品对黏膜和皮肤有腐蚀作用，需稀释后应用。因其杀菌能力相对较差，且对人畜有毒，有气味滞留，有被其他消毒剂取代的趋势。

3. 复合酚 是一种新型、广谱、高效、无腐蚀性的复合酚类消毒剂，国内同类商品较多。主要用于环境消毒，常规预防消毒稀释配比1：300，病原污染的场地及运载车辆可用1：100喷雾消毒。严禁与碱性药品或其他消毒液混合使用，以免降低消毒效果。

（六）季铵盐类消毒剂

季铵盐类消毒剂为阳离子表面活性剂，具有除臭、清洁和表面消毒的作用。

季铵盐类消毒剂性能稳定，pH值在6~8时，受pH值变化影响小，碱性环境能提高药效，还有低腐蚀、低刺激性、低毒等特点，对有机质及硬水还有一定抵抗力。早期季铵盐对病毒灭活力差，但是双长链季铵盐，除对各种细菌有效外，对马立克病毒、新城疫病毒、猪瘟病毒等均有良好的效果。但季铵盐对芽孢及无囊膜病毒（如法氏囊病毒、口蹄疫病毒等）效力差。此类消毒剂的配伍禁忌多，使用范围受限制。季铵盐类消毒剂如果与其他消毒剂科学组成复方制剂，可弥补上述不足，形成一种既能杀灭细菌又能杀灭病毒的安全无刺激性的复方消毒制剂。目前，季铵盐类多复合戊二醛，制成复合消毒剂，从而克服了季铵盐的不足，将在兽医上有广泛的应用前景。

1. 苯扎溴铵 又称新洁尔灭或溴苄烷铵，为淡黄色胶状液体，具有芳香气味，极苦，易溶于水和乙醇，溶液无色透明，性质较稳定，价格低廉，市售产品的浓度为5%。0.05%~0.1%的水溶液用于手术前洗手消毒、皮肤消毒和黏膜消毒，0.15%~2%水溶液用于畜禽舍空间喷雾消毒，0.1%用于种蛋消毒等。本品现配现用，须确保容器清洁，不可用作器械消毒，不宜作污染物品、排泄物的消毒。

度米芬又称消毒宁，为白色或微黄色的结晶片剂或粉剂，味微苦而带皂味，能溶于水或乙醇，性能稳定。其杀菌范围及用途与新洁尔灭相似。

2. 百毒杀 为双链季铵盐类消毒剂，双长链季铵盐代表性化合物主要有溴化二甲基二癸基铵（百毒杀）和氯化二甲基二癸基铵（1210消毒剂），具有毒性低，无刺激性，无不良气味等特点，推荐使用剂量对人、畜禽绝对无毒，对用具无腐蚀性，消毒力可持续10~14天。饮水消毒，预防量按有效药量的10 000~20 000倍稀释；疫病发生时可按5 000~10 000倍稀释。畜禽舍及环境、用具消毒，预防消毒按3 000倍稀释，疫病发生时按1 000倍稀释；鸡体喷雾消毒、种蛋消毒可按3 000倍稀释；孵化室及设备可按2 000~3 000倍稀释喷雾消毒。

（七）醇类消毒剂

醇类消毒剂具有杀菌作用，随着相对分子质量的增加，杀菌作用增强，但相对分子质量过大水溶性降低，反而难以使用，实际工作中应用最广泛的是乙醇。

1. 乙醇 又称酒精，为无色透明液体，有较强的酒气味，在室温下易挥发、易燃。可快速、有效地杀灭多种微生物，如细

菌繁殖体、真菌和多种病毒，但不能杀灭细胞芽孢。市售的医用乙醇浓度，按质量计算为 92.3%（*W/W*），按体积计算为 95%（*V/V*）。乙醇最佳使用浓度为 70%（*W/W*）或 75%（*V/V*）。配制 75%（*V/V*）乙醇方法：取一适当容量的量杯（筒），量取 95%（*V/V*）乙醇 75 毫升，加蒸馏水至总体积为 95 毫升，混匀即成；配制 70%（*W/W*）乙醇方法：取一容器，称取 92.3%（*W/W*）乙醇 70 克，加蒸馏水至总重量为 92.3 克，混匀即成。常用于皮肤消毒、物体表面消毒、皮肤消毒脱碘、诊疗器械和器材擦拭消毒。近年来，较多使用 70%（*W/W*）乙醇与氯己定、新洁尔灭等复配的消毒剂，效果有明显的增强作用。

2. 异丙醇　为无色透明易挥发可燃性液体，具有类似乙醇与丙酮的混合气味。其杀菌效果和作用机制与乙醇类似，杀菌效力比乙醇强，但毒性比乙醇高，只能用于物体表面及环境消毒。可杀灭细菌繁殖体、真菌、分枝杆菌及灭活病毒，但不能杀灭细菌芽孢。常用 50%~70%（*V/V*）水溶液擦拭或浸泡 5~60 分钟。国外常将其与洗必泰配伍使用。

（八）胍类消毒剂

此类消毒剂中，氯己定（洗必泰）已得到广泛的应用。近年来，国外又报道了一种新的胍类消毒剂，即盐酸聚六亚甲基胍消毒剂。

1. 氯己定　又称洗必泰，为白色结晶粉末，无臭但味苦，微溶于水和乙醇，溶液呈碱性。杀菌谱与季铵盐类相似，具有广谱抑菌作用，对细菌繁殖体、真菌有较强的杀灭作用，但不能杀灭细菌芽孢、结核分枝杆菌和病毒。因其性能稳定、无刺激性、腐蚀性低、使用方便，是一种用途较广的消毒剂。0.02%~0.05%水溶液用于饲养人员、手术前洗手消毒浸泡 3 分钟；0.05%水溶液用于冲洗创伤；洗必泰（0.5%）在乙醇（70%）作用及碱性条件下可使其灭菌效力增强，可用于术部消毒。但有机质、肥皂、硬水等会降低其活性。配制好的水溶液最好 7 天内用完。

2. 盐酸聚六亚甲基胍 为白色无定形粉末，无特殊气味，易溶于水，水溶液无色至淡黄色。对细菌和病毒有较强的杀灭作用，作用快速，稳定性好，无毒、无腐蚀性，可降解，对环境无污染。用于饮水、水体消毒除藻及皮肤黏膜和环境消毒，一般浓度为 2 000~5 000 毫克/升。

（九）其他化学消毒剂

1. 乳酸 是一种有机酸，为无色澄明或微黄色的黏性液体，能与水或醇任意混合。本品对伤寒杆菌、大肠杆菌、葡萄球菌及链球菌具有杀灭和抵制作用。黏膜消毒浓度为 200 毫克/升，空气熏蒸消毒为 1 000 毫克/升。

醋酸为无色透明液体，有强烈酸味，能与水或醇任意混合。其杀菌和抑菌作用与乳酸相同，但比乳酸弱，可用于空气消毒。

2. 氢氧化钠 为碱性消毒剂的代表产品。浓度为 1%时主要用于玻璃器皿的消毒，2%~5%时，主要用于环境、污物、粪便等的消毒。本品具有较强的腐蚀性，消毒时应注意防护，消毒 12 小时后用水冲洗干净。

3. 生石灰 又称氧化钙，为白色块状或粉状物，加水后产热并形成氢氧化钙，呈强碱性。本品可杀死多种病原菌，但对芽孢无效，常用 20%石灰乳溶液进行环境、圈舍、地面、垫料、粪便及污水沟等的消毒。生石灰应干燥保存，以免潮解失效；石灰乳应现用现配，最好当天用完。

第四节　鸡场常用消毒方法

一、饮水消毒法

饮水是鸡群疾病传播的一个重要途径。病鸡可通过饮水系统将致病的病毒或细菌传给健康的鸡，从而引发呼吸系统、消化系统疾病。如果在饮水中加入适量的消毒药物就可以杀死水中带有的细菌和病毒。饮水消毒主要可控制大肠杆菌、沙门杆菌、葡萄球菌、支原体及一些病毒性病原微生物。同时对控制饮水系统中的黏液细菌也极为有效。

饮水消毒可以选择的消毒剂种类很多，常用的有氯制剂、复合季铵盐类等。消毒药可以直接加入蓄水池或水箱中，用药量应以最远端饮水器或水槽中的有效浓度达到该类消毒药的最适饮水浓度为宜。

饮水消毒时还要注意，高浓度的氯可引起鸡腹泻，生产力下降，尤其在雏鸡阶段不能用超过 10×10^{-6}的氯制剂饮水。而且氯对霉菌无作用，如果鸡只发生嗉囊霉菌病时，需在水中加碘消毒，浓度为 12×10^{-6}。同时，在饮水免疫、滴口免疫及喷雾免疫的前后 2 天，或饮水中加入其他有配伍禁忌的药物时，应暂停饮水消毒。除此之外，饮水消毒在整个饲养期不应间断。

二、喷雾消毒法

喷雾消毒是指用化学消毒药物按规定比例稀释，装入喷雾器内，对鸡舍四壁、地面、饲槽、圈舍周围地面、运动场以及活禽交易市场、鸡体表面、运载车辆等进行的消毒。常用于带鸡消毒和净舍消毒。

喷雾消毒时，必须准确把握消毒液的浓度，保证消毒液的用量并彻底喷雾到各处，不留死角，均匀喷雾；消毒液要使用多种并经常更换使用，但不可同时混用；尽量用较热的溶剂溶解消毒药品，彻底溶解消毒药物能提高消毒效果。

三、熏蒸消毒法

熏蒸消毒法是对特定可封闭空间及内部进行表面消毒所使用的方法。它是利用福尔马林（40%的甲醛溶液）与高锰酸钾发生化学反应，快速释放出甲醛气体，经过一定时间杀死病原微生物，是一种消毒效果非常理想的消毒方法。熏蒸消毒最大的优点是熏蒸药物能均匀地分布到禽舍的各个角落，消毒全面彻底且省时省力，特别适用于禽舍内空气污染的消毒。甲醛能使菌体蛋白质变性凝固和溶解菌体类脂，可以杀灭物体表面和空气中的细菌繁殖体、芽孢下真菌和病毒。

（一）操作方法

1. 熏蒸前的准备工作

（1）密闭鸡舍：熏蒸消毒的鸡舍必须冲洗干净，除熏蒸人员出入的门以外，其余门窗都应关闭封好，保证鸡舍的密闭性。

（2）药品配合：福尔马林（40%的甲醛溶液）28 毫升/米^{3}空间、高锰酸钾 14 克/米^{3}空间、水 10 毫升/米^{3}空间。若为刚发过病的鸡舍，可用 3 倍的消毒浓度，即每立方米空间用福尔马林 42 毫升，高锰酸钾 21 克。

（3）熏蒸器具：足够深足够容积的耐热的容器。

（4）药品的分装和放置：根据鸡舍的长度，药品的数量，容器的数量分成几组，每组保持一定间隔，能够均匀排放，每组药品数量一致，高锰酸钾和福尔马林的比例为 1 ∶ 2，并对应放置好。

（5）鸡舍温度和湿度：福尔马林熏蒸要求适宜的温度为

25℃，相对湿度60%~70%，在冬季进行熏蒸消毒时，应对鸡舍提前预温，并洒水提高湿度。

2. 熏蒸时的操作　将熏蒸人员分成几组，依次从舍内至门口排列好，在倒福尔马林时应严格按照从舍内向门口的顺序依次倒入高锰酸钾中，下一组人员应在第一组人员撤到他们身后时开始操作，倒完后迅速撤离，在最后一组倒完后，迅速关闭鸡舍门，并封严。

3. 熏蒸时间　建议时间不低于48小时，48小时后打开门窗通风，降低舍内甲醛气味，待气味消除后准备进雏。

（二）熏蒸消毒注意事项

1. 禽舍要密闭完好　甲醛气体含量越高，消毒效果越好。为了防止气体逸出舍外，在禽舍熏蒸消毒之前，一定要检查禽舍的密闭性，对门窗无玻璃或玻璃不全者装上玻璃，若有缝隙，应贴上塑料布、报纸或胶带等，以防漏气。

2. 盛放药液的容器要耐腐蚀、体积大　高锰酸钾和福尔马林具有腐蚀性，混合后反应剧烈，释放热量，一般可持续10~30分钟，因此，盛放药品的容器应足够大，并耐腐蚀。

3. 配合其他消毒方法　甲醛只能对物体的表面进行消毒，所以在熏蒸消毒之前应进行机械性清除和喷洒消毒，这样消毒效果会更好。

4. 提供较高的温度和湿度　一般舍温不应低于18℃，相对湿度以60%~80%为好，不宜低于60%。当舍温在26℃，相对湿度在80%以上时，消毒效果最好。

5. 药物的剂量、浓度和比例要合适　福尔马林毫升数与高锰酸钾克数之比为2：1。一般按福尔马林30毫升/米^3、高锰酸钾15克/米^{3}和常水15毫升/米^{3}计算用量。

6. 消毒方法适当，确保安全　操作时，先将水倒入陶瓷或搪瓷容器内，然后加入高锰酸钾，搅拌均匀，再加入福尔马林，人即离开，密闭鸡舍。用于熏蒸的容器应尽量靠近门，以便操作人员能迅速撤离。操作人员要避免甲醛与皮肤接触，消毒时必须空舍。

7. 维持一定的消毒时间 要求熏蒸消毒 24 小时以上，如不急用，可密闭 2 周。

8. 熏蒸消毒后逸散气体 消毒后鸡舍内甲醛气味较浓、有刺激性，因此，要打开鸡舍门窗，通风换气 2 天以上，等甲醛气体完全逸散后再使用。如急需使用时，可用氨气中和甲醛，按空间用氯化铵 5 克/米^3、生石灰 10 克/米^3、75℃热水 10 毫升/米^3，混合后放入容器内，即可放出氨气（也可用氨水来代替，用量按 25%氨水 15 毫升/米^3 计算）。30 分钟后打开鸡舍门窗，通风30~60 分钟后即可进鸡。

四、浸泡消毒法

浸泡消毒法指将待消毒物品全部浸没于规定药物、规定浓度的消毒剂溶液内，或将被病原污染的动物浸泡于规定药物、规定浓度的消毒剂溶液内，按规定时间进行浸泡，以杀灭其表面附着的病原体而进行消毒的处理方法，适用于种蛋、蛋托、棚架、手术器械等实施消毒与灭菌。

对导管类物品应使管腔内同时充满消毒剂溶液。消毒或灭菌至要求的作用时间，应及时取出消毒物品用清水或无菌水清洗，去除残留消毒剂。对污染有病原微生物的物品应先浸泡消毒，清洗干净，再消毒或灭菌处理；对仅沾染污物的物品应清洗污垢再浸泡消毒或灭菌处理；使用可连续浸泡消毒的消毒液时，消毒物品或器械应洗净沥干后再放入消毒液中。

五、生物发酵消毒法

生物消毒法适用于粪便、污水和其他废弃物的无害化处理。

常用发酵池法和堆粪法。

发酵池法适用于养殖场稀粪便的发酵处理。根据粪便的多少，用砖或水泥砌成圆形或方形的池子，要求距离养殖场200米以外，远离居民、河流、水源等地方。池底要夯实、铺砖、抹灰，不漏水不透风。先在池底放一层干粪，然后将每天清理的粪便污物等倒入池内。快满时在表面盖一层干粪或杂草，再封上泥土，盖上盖板，以利于发酵和保持卫生。根据季节不同，经1~3个月发酵即可出粪清池。此间可两个或多个发酵池轮换使用。

堆粪法适用于干固粪便的发酵消毒处理。要求距离养殖场200米以外，远离居民、河流、水源等的地方设立堆粪场，在地面挖一浅沟，深20厘米左右，宽1.5~2米，长度不限，依据粪便多少而定。先在底部放一层干粪，然后将清理的粪便污物等堆积起来。堆到1~1.5米高时，在表面盖一层干粪或稻草，并使整个粪堆干湿适当便于发酵，再封上10厘米厚的泥土，密封发酵。夏季经2个月、冬季经3个月以上的发酵即可出粪清坑。

第五节　鸡场不同消毒对象的消毒

一、带鸡消毒

带鸡消毒就是在鸡群日常饲养过程中，使用浓度适当、灭菌高效、刺激性弱的消毒药液对鸡舍内环境进行的一种消毒工作。它利用水泵的增压作用将消毒液雾化，使其均匀喷洒在舍内整个空间，附着在物体表面，发挥接触性杀菌作用，降低舍内环境的病原含量，阻断疾病的传播和感染。

（一）带鸡消毒的功效

1. 降低病原微生物含量　传染病发生的首要条件就是环境

中存在一定含量的致病病原，因此控制传染源是疾病防控的关键工作之一。带鸡消毒能有效杀灭致病病原，每天通过带鸡消毒减少鸡舍内病原微生物含量，使其维持在无害的水平范围内，避免疾病在鸡群间传播。

2. 提高鸡舍内空气质量 鸡舍内通常粉尘较大，易诱发鸡的呼吸道疾病。带鸡消毒时，水雾可以加速悬浮在空气中的尘埃等固形物凝集沉降，使舍内地面、笼架、设备等粉尘源得到控制，减缓粉尘继续产生，达到净化空气的目的。

3. 舍内环境加湿降温 冬春季节空气干燥，带鸡消毒可以增加空气湿度，消毒液不断蒸发到空气中，补充舍内水气，能缓解干燥的空气对鸡只呼吸道黏膜的损伤；夏季高温，通过带鸡消毒，能有效降低舍内设备和环境的温度，利用鸡只体表消毒液的传导和蒸发，达到为鸡只降温的作用。

（二）带鸡消毒的具体操作

1. 消毒前准备 带鸡消毒前一定要清扫鸡舍，使消毒剂发挥理想的消毒效果。环境过脏，存在的粉尘、粪污等污染物将会大量消耗消毒液中的有效消毒成分，减少消毒药的药效。

2. 消毒液的配制 消毒药的用量按相关使用说明的推荐浓度与需配制的消毒药液量计算，用水量根据鸡舍的空间大小估算。不同季节，消毒用水量应灵活掌握，一般每立方米需要 50~100 毫升水，天气炎热干燥时用量应偏大，按上限计算；天气寒冷或舍内环境较好时用量偏少，按下限计算。

3. 消毒顺序 带鸡消毒按照从上至下，从进风口到排风口的顺序，从上至下即从房梁、墙壁到笼架，再到地面消毒；从进风口到排风口，即顺着空气流动的方向消毒。重点对通风口和通风死角严格消毒，此处容易被污染，又不易清除，是控制传染源的关键部位。

4. 消毒时间 每天的 11:00~15:00 气温高时适合带鸡消毒。

要具体结合舍温情况，灵活掌握消毒时间，舍温高时，放慢消毒速度、延长消毒时间，发挥防暑降温作用；舍温低时，加快消毒速度、缩短消毒时间，减小对鸡只的冷应激。

5. 消毒方法　消毒降尘时，水雾应喷洒在距离顶笼鸡只 1 米处，消毒液均匀落在笼具、鸡只体表和地面，鸡只羽毛微湿即可；消毒物品时，可直接喷洒，如地面、墙壁、房梁、饮水管与通风小窗，注意不能直接对鸡只和带电设备喷洒。消毒后应增加通风，以降低湿度，特别在闷热的夏季更有必要。

6. 消毒频率　雏鸡自身抵抗力差，每天需要带鸡消毒 2 次；育成鸡和蛋鸡根据舍内环境污染程度，每天或隔天消毒 1 次。在用活苗免疫前后 24 小时之内禁止带鸡消毒，否则会影响免疫效果。

（三）注意事项

1. 消毒药的选用　带鸡消毒的药物应选择对人和鸡无害、刺激性小、易溶于水、杀菌或杀毒效果好、对物品和设备无腐蚀或腐蚀小的消毒药。一般至少选择 2~3 种消毒药轮换使用。常用的消毒药有季氨盐类、碘制剂和络合醛类。每种消毒药的特点各不相同，季氨盐类属阳离子表面活性剂，主要作用于细菌；碘制剂利用其氧化能力杀灭病毒的作用较强；络合醛类可凝固菌体蛋白，对细菌、病毒均有较好的作用。

在日常消毒时，几种消毒剂应交替使用，如长效抑菌和快速杀菌的交替、对细菌敏感和对病毒敏感的交替。因为长期使用一种消毒剂会使某些细菌出现耐药性，交替使用可使每种消毒剂优势互补。

2. 消毒液的配制　消毒药要完全溶于水并混合均匀，粉剂和乳剂可将药物先溶解好再加水稀释。每种消毒药都有其发挥功效的最佳浓度范围，并非药物浓度越大消毒效果越好，超出规定范围，一则消毒效率下降，二则浪费药物，三则对鸡群和人体造成损害。所以浓度配比要科学合理，要按照生产厂家推荐的浓度使用，有条件的养殖场也可通过试验确定合适的使用浓度。

消毒液要现用现配，不能提前配好，也不能剩下留用，防止消毒药液在放置的过程中药效下降。消毒前，应一次性将所需的消毒液全部兑好，药液不够时暂停消毒，重新配制，严禁一边加水一边消毒，这样会造成消毒药浓度不均匀，影响消毒效果。

3. 消毒用水的温度控制 在一定范围内，消毒药的杀菌能力与温度成正比，试验表明：夏季消毒效果比冬季稍好。消毒液温度每提高10℃，杀菌能力约增加1倍，所以配制消毒液时最好用温水，温度增高，杀菌效果增加，特别是舍温较低的冬季，但是水温最高不能超过45℃。

总之，带鸡消毒是日常饲养工作的重要组成部分，应长期坚持，不能时有时无、时紧时松。通过长期不懈的坚持，可以减少鸡群各种疾病的发生，保证鸡群健康。

二、鸡舍消毒

（一）空鸡舍消毒

鸡群转出或淘汰后，鸡舍会受到不同程度的污染，需要加强空舍期间管理，以减少、杀灭舍内潜在的细菌、病毒和寄生虫，隔断上下批次间病原微生物传播，为转入鸡群及周边鸡群提供安全的环境，在保证空舍时间（最少要达20天）基础上，重点要做好鸡舍清理、冲洗、消毒等关键环节管理。

1. 鸡舍清理 鸡舍清理的时间宜早，一般在上批鸡转出或淘汰后1~2天开始。将料塔、饲料储存间及料槽清理干净，以避免饲料浪费。将鸡舍内的鸡粪清出舍外，保证冲洗效果。按照从上到下的原则对屋顶、坨架、房梁、墙壁、风机、进风口、排风口等处的尘土、蜘蛛网进行清扫。

对饮水系统（如饮水管、减压阀）、供电系统（配电箱、开

关、电线)、笼具等设备设施进行清扫。

对舍内的风机、电器设备控制开关、闸盒等进行包裹或做其他保护。

鸡舍整理时尽量不要将设施和物品移出舍外，要在舍内进行统一整理、冲洗和消毒。如设施或物品必须移出，则在移出前进行严格的清扫和消毒，以防止细菌或病毒污染其他区域。

2. 鸡舍冲洗　鸡舍整理完毕后 2～3 天可对鸡舍进行冲洗。冲洗时按照先上后下、先里后外的原则，保证冲洗效果和工作效率，同时还可以节约成本。冲洗的顺序为：顶棚、笼架、料槽、粪板、进风口、墙壁、地面、储料间、休息室、操作间、粪沟，防止已经冲洗好的区域被再度污染，墙角、粪沟等角落是冲洗的重点，避免形成“死角”；冲洗的废水通过鸡舍后部排出舍外并及时清理或发酵处理，防止其对场区和鸡舍环境造成污染。

对饮水管与笼具接触处、线槽、料槽、电机、风机等冲洗不到或不易冲洗的部位进行擦洗。进入鸡舍的人员必须穿干净工作服、工作鞋；擦洗时使用清洁水源和干净抹布；及时对抹布进行清洗；洗抹布的污水不能在鸡舍内排放或泼洒，要集中到鸡舍外排放。

冲洗整理完毕后，对工作效果要进行检查，储料间、鸡笼、粪板、粪沟、设备的控制开关、闸盒、排风口等部位均要进行检查（每个部位至少取 5 个点以上)，保证无残留饲料、鸡粪及鸡毛等污物。对于冲洗不合格的，应立即组织人员重新冲洗并再次进行检查，直到符合要求。

3. 鸡舍消毒　将水管拆卸下来，放出残余的水并用高压水枪冲洗，冲洗水箱等应用洗洁球或海绵擦洗，待全部擦洗干净后用 1%～2% 稀盐酸水溶液充满水线，浸泡 24 小时，放出浸泡液后冲洗干燥。

火焰消毒在鸡舍冲洗干燥后进行，主要针对笼具、地面等耐高温部位，目的是杀灭各种微生物及虫卵。

喷洒消毒在火焰消毒的当天或第2天进行，舍外墙壁用白灰喷撒消毒，舍内屋顶、地面、笼具及设备，用季铵盐类、络合醛类等消毒液全面喷洒消毒。特殊情况下，可用驱虫药物喷洒，消灭舍内残留的寄生虫和虫卵。

熏蒸消毒在喷洒消毒当天进行，消毒前将所需物及工具移入，将鸡舍的进出风口、门窗、风机等封严，用甲醛熏蒸，保证熏蒸时间在24小时以上，进鸡前1~3天可进行通风换气并对熏蒸的残留药品清理和冲洗。

微生物监测为确认消毒效果，可以进行微生物监测，如不能达到要求，需要重新对鸡舍进行消毒。

（二）其他各种鸡舍消毒

1. 育雏舍和雏鸡舍消毒 首先要进行彻底的清扫，将鸡粪、污物、蛛网等铲除，清扫干净。屋顶、墙壁、地面用水反复冲洗，待干燥后，喷洒消毒药和杀虫剂，烟道消毒（可用3%克辽林）后，再用10%的生石灰乳刷白，有条件的可用酒精喷灯对墙缝及角落进行火焰消毒。

密封性能较好的育雏舍，在进鸡前3~5天用福尔马林溶液进行熏蒸消毒。熏蒸前窗户、门缝要密封好，堵住通风口。将洗刷干净的育雏用具、饮水器、料槽（桶）等全部放进育雏舍一起熏蒸消毒。熏蒸24~48小时后打开门窗，排除剩余的甲醛气体后再进雏。

通常情况下不提倡对雏鸡进行熏蒸消毒，但在发生脐炎、白痢分枝杆菌病等疫病的鸡场，可实施熏蒸消毒。

如时间仓促，可在喷洒消毒剂后结合紫外线灯照射消毒1~2小时。进雏后每天清扫地面1~2次，并喷洒消毒剂，10日龄后参照带鸡消毒。

2. 产蛋鸡舍消毒 进入产蛋期后，机体消耗比较大，此时

就给各种病原菌可乘之机，所以我们在日常工作中应加强对鸡舍环境的控制，采取带鸡消毒的方法，一是通过消毒达到对环境病原菌的控制；二是通过消毒达到夏季降温的目的。建议 2 种或 3 种消毒剂交叉使用，防止环境中的病原菌产生抗药性，使消毒工作达不到应有的效果。具体操作时，不能直冲鸡体喷洒，要求雾滴降落到鸡体表，程度以鸡体表潮湿为准。一般每周消毒2~3次。有条件的可以每天坚持消毒。

3. 种鸡舍消毒 生活区办公室、食堂、宿舍及其周围环境每周大消毒一次。生产区内的鸡舍内走道、工作间每天打扫干净，每天喷雾消毒一次；公共场所、鸡舍外道路、空地等地方每周消毒两次。售鸡、转群周转区中，周转鸡舍、出鸡场地、磅秤及周围环境每售一批鸡后大消毒一次。生产区正门消毒池水每周更换不少于三次，洗手盆的消毒水每天更换一次，保持有效浓度。鸡舍消毒池与盆每天更换一次，保持有效浓度。进入生产区的车辆车身必须彻底用高压喷枪进行消毒，随车人员消毒方法同生产人员一样，随车所有物品（包括蛋筛、蛋箱等）必须严格消毒后才能进入。更衣室、工作服、便服每天紫外线消毒三次，工作服清洗时用消毒水消毒。鸡舍消毒、鸡群带鸡消毒每天各一次（怀疑有疾病的鸡群应加强消毒），冬季消毒要控制好温度与湿度，防止腹泻。任何人进出生产区必须更衣换鞋，脚踏消毒池，消毒盆洗手，工作服只准许在生产区内穿，不准带出，且衣服和鞋子必须经常清洗消毒。场内鸡笼每次使用前后必须严格消毒，各分场之间不允许使用，外来鸡笼不能进场。

鸡舍内水线、电线、灯罩、风机、鸡笼、料槽、吊顶、窗户墙壁等要每天定时定人打扫灰尘，必要时可擦洗。大小水箱每次用药后要清洗，小水箱需每天清洗擦拭。所有育雏、育成、产蛋鸡舍，除接种活疫苗前后 3 天内不用消毒外，其余时间都要进行带鸡喷雾消毒，一般育雏前 3 周可 3~4 天消毒一次，以后夏季每天2~3次，其余时间每天1~2次，消毒用量为夏季每次50~80毫升/米^3，其他时间每次20~50毫升/米^3，冬季应使用温水，消毒剂可选择无刺激性、无腐蚀性的。消毒不能代替卫生，因此消毒前必须先打扫鸡舍的卫生。

每天下班前10分钟开始，所有在鸡舍工作的人员统一进行，鸡舍门口、周围、场内道路的消毒工作，可用2%~3%的氢氧化钠等，消毒后用干石灰撒地面。场门口消毒池应每周更换2~3次，鸡舍门口消毒池及舍内洗手盆内的消毒液每天更换一次。鸡舍外2米铲除杂草并平整地面，便于清洁消毒。鸡舍2米外的杂草每月剔除一次，减少蚊虫的滋生。场区周围道路及生活区内环境每周清扫后喷洒消毒药水之后再撒干石灰。场内、外排水沟道路每旬清理一次，清理消毒后，沟边撒干石灰。每栋鸡舍在清粪后应彻底清扫消毒，清粪工具车辆应在清洗消毒后再到下一鸡舍使用。鸡粪需定点堆放，清除后及时清扫消毒。病死鸡经兽医人员解剖鉴定后用密闭包装袋包裹，送至指定地点进行无害化处理。场内、外所有垃圾必须袋装后集中处理。

鸡场至生活区道路及生活区内道路、场地、沟渠应每周进行清扫整理。生活区垃圾箱应密闭，垃圾必须入箱并及时清运。生活区（包括员工集体宿舍、娱乐场所）所有范围内每月进行一次彻底大扫除，并进行消毒。

孵化厂区环境卫生参照种鸡场进行并与种鸡场同步。

（三）鸡舍外环境消毒

对鸡舍外的院落、道路和某些死角，每周进行1~2次消毒，易在早、晚进行。消毒剂可使用烧碱、漂白粉或84消毒液等。

先彻底清扫院落和道路上的垃圾、污物，再用喷雾器喷洒消毒剂。

三、鸡场进出口消毒

鸡场尤其是种鸡场或具有适度规模的鸡场，在圈养饲养区出入口处应设紫外线消毒间和消毒池。鸡场的工作人员和饲养人员在进入圈养饲养区前，必须在消毒间更换工作衣、鞋、帽，穿戴整齐后进行紫外线消毒 10 分钟，再经消毒池进入鸡场饲养区内。育雏舍和育成舍门前出入口也应设消毒槽，门内放置消毒缸(盆)。饲养员在饲喂前，先将洗干净的双手放在盛有消毒液的消毒缸（盆）内浸泡消毒几分钟。

消毒池和消毒槽内的消毒液，常用 2%氢氧化钠溶液或 20%石灰乳以及其他消毒剂配成的消毒液。浸泡双手的消毒液通常用 0. 1%新洁尔灭或 0. 05%百毒杀溶液。鸡场通往各鸡舍的道路也要每天用消毒药剂进行喷洒。各鸡舍应结合具体情况采用定期消毒和临时性消毒。鸡舍的用具必须固定在饲养人员各自管理的鸡舍内，不准相互通用，同时饲养人员也不能相互串舍。

除此以外，鸡场应谢绝参观。外来人员和非生产人员不得随意进入圈养饲养区，场外车辆及用具等也不允许随意进入鸡场，凡进入圈养饲养区内的车辆和人员及其用具等必须严格消毒，杜绝外来的病原体带入场内。

有很多疾病是经进鸡舍人员的鞋带入的。做好入舍人员的鞋消毒，对预防肉鸡传染病效果非常明显。养鸡场门口设脚消毒槽，冬季用生石灰，其他季节用 3%氢氧化钠溶液；消毒槽内放消毒垫比较适用，选用海绵、麻袋片、饲料袋等均可；每天更换或添加 1~2 次消毒液；养鸡场门口设消毒槽，要持之以恒，长期使用，要改变消毒槽只给服务人员使用的错误做法。

四、车辆消毒

运输饲料、产品等的车辆，是经常出入鸡场的运输工具。这类车辆与出入的人员比较，不但体积大，而且所携带的病原微生物也多，因此对车辆更有必要进行消毒。为了便于消毒，大、中型养鸡场可在大门口设置与门同等宽的自动化喷雾消毒装置。小型鸡场设喷雾消毒器，对出入车辆的车身和底盘进行喷雾消毒。消毒槽（池）内铺草垫浸以消毒液，供车辆通过时进行轮胎消毒。

车辆消毒应选用对车体涂层和金属部件无损伤的消毒剂，具有强酸性的消毒剂不适合用于车辆消毒。消毒槽（池）的消毒剂，最好选用耐有机物、耐日光、不易挥发、杀菌谱广、杀菌力强的消毒剂，并按时更换，以保持消毒效果。车辆消毒一般可使用博灭特、百毒杀、强力消毒王、优氯净、过氧乙酸、氢氧化钠、抗毒威及农福等。

五、废弃物消毒与处理

鸡场产生的废弃物有粪尿、垫草、死鸡、羽毛、污水等。及时合理地处理这些废弃物，可减少疾病的发生和传染，降低环境污染，还可合理利用变废为宝。

（一）污水的消毒与处理

鸡场的污水来自于鸡舍冲洗用水、饮水系统的渗漏水、雨水、夏季舍内降温用水、职工生活用水，这些水大部分被病原体污染，并含有高浓度的有机物，如果不进行处理而随意排放，会造成周围环境的严重污染，并有可能使传染病流行。

消毒鸡场污水，可用沉淀法、过滤法、化学药品处理法等。首先，通过筛滤作用，除去污水表面较大的悬浮物，利用沉淀法使密度较大的物质沉入污水底部，达到固液分离，然后在污水中加入某些化学混凝剂，与污水中的可溶性物质结合，形成难溶的沉淀物，加快沉降速度，然后再在污水中加入化学药品（如含氯消毒剂、漂白粉或生石灰）进行消毒。消毒剂的用量视污水量而

定。消毒后，将闸门打开，使污水流出。

利用微生物的代谢活动，将污水中的有机物分解为简单的无机物，也可以达到去除有机物的目的。

处理后的污水，要符合 GB 18596—2001 标准，可作冲洗辅助用水或排放，但不得排入敏感水域或有特殊功能的区域。

（二）粪尿的消毒与处理

鸡的粪尿中含有一些病原微生物和寄生虫卵，尤其是患有传染病的鸡，病原微生物数量更多。如果不进行消毒处理，会发酵产气（硫化氢、氨气等有害气体），这些气体浓度达到一定程度，就会刺激鸡体引发呼吸道疾病；同时，有害气体扩散到鸡舍周边，也会造成环境污染，招致蚊蝇滋生，传播疫病容易造成污染和传播疾病。因此，对鸡粪尿应该进行严格的消毒处理，每天早晚各清理一次，并及时运离鸡舍、水源，进行无害化处理。

1. 干燥法　经自然干燥或人工干燥、灭菌、粉碎后，用于其他动物的饲料。

2. 发酵法　常采用生物热发酵方法：在距鸡场 200 米以外无居民、河流及水井而且土质干涸的地方，挖几个圆形或长方形的发酵池，坑壁、坑底拍打结实，最好用砖砌后再抹水泥，以防渗水。然后将每天清除的粪便及污物等倒入池内，直到快满时，在粪便表面铺上一层杂草，上面用一层泥土封好，经过 1~3 个月可达到消毒目的，取出后作肥料用。

（三）尸体消毒与处理

鸡场每天都可能会发生死鸡现象，无论鸡是死于传染病还是普通病，对鸡尸体都要进行及时处理和消毒。要安排专人每天集中收集病死鸡，集中存放在排风口处密闭的容器中，等待处理。

处理鸡尸体有深埋、腐败、焚烧等方法。深埋是将鸡尸体投入尸坑，撒上一层漂白粉或生石灰，盖土深埋；腐败就是把尸体投入专用的深达 9 米以上的腐败坑井，让其慢慢发酵分解；对发生新城疫、禽流感的病死鸡，要在专用焚化炉中焚烧处理。

处理完毕后，要对容器进行清洗消毒。

（四）其他污物的处理

垃圾、羽毛等污物按粪便处理法处理。蛋壳、毛蛋等孵化废弃物经干燥、粉碎、消毒后，用作动物性饲料。免疫接种完成后剩余的疫苗、过期的疫苗均应消毒后废弃。目前，我国还没有统一的疫苗处理办法，灭活苗可直接进行深埋处理，冻干苗以及稀释后的剩余活苗经装瓶后高压蒸汽灭菌处理。灭菌后的玻璃疫苗瓶可回收重复利用。

六、种蛋、孵化室及其他设备消毒

（一）种蛋消毒

种蛋的外壳上一般都不同程度地带有病菌。如果种蛋入孵前不进行消毒，不但影响孵化效果，而且还会将白痢、伤寒和支原体感染等疾病传染给雏鸡。因此，种蛋入孵前必须进行严格的消毒。

常用消毒方法有以下几种：

1. 新洁尔灭消毒法 此药具有较强的除污和消毒作用，可凝固蛋白质和破坏病菌体的代谢过程，从而达到消毒灭菌的目的。种蛋消毒时，可用5%的新洁尔灭原液，加50倍的水配制成0.1%浓度的溶液，用喷雾器喷洒种蛋表皮即可。

2. 漂白粉液消毒法 将种蛋浸入含有活性氯1.5%的漂白粉溶液中3分钟，取出沥干后即可装盘。应注意此种消毒方法必须在通风处进行。

3. 熏蒸消毒法 每天集中收集4次，每次收集挑选后放在指定熏蒸间用甲醛熏蒸消毒，甲醛和高锰酸钾的用量同空鸡舍消毒。挑选健康种蛋，剔除那些被粪便污染的种蛋。在选蛋码盘后，将蛋车推进熏蒸室密闭熏蒸30分钟。

4. 臭氧发生器消毒法 把臭氧发生器放置在消毒柜或小房

内，放入种蛋后关闭所有气孔，使室内的氧气变成臭氧，达到消毒目的。

（二）孵化室和孵化设备消毒

孵化前 1 周，要对孵化室和孵化设备进行一次彻底消毒。清扫孵化室，擦洗孵化设备和用具，用甲醛熏蒸消毒孵化室。

种蛋所接触的设备、用具都要消毒，使用后的蛋托、码蛋盘、出雏筐、存雏筐用高压泵清水冲洗干净再放入 2%的火碱水中浸泡 30 分钟，然后用清水冲净。种蛋车、操作台及用具用后也要清理消毒，照蛋落盘后对臭蛋桶要清理消毒，地面用 2%的氢氧化钠水冲洗。注射器使用后应清理干净并高压消毒或开水煮 30 分钟，针头每注射 1 000 羽换一个。孵化机及蛋架用后用高压泵清水冲洗干净，用消毒液擦拭，再用清水冲净，最后把干净的码蛋盘、出雏筐放入孵化机内用甲醛熏蒸 30 分钟。出雏机及出雏室是雏鸡的产房，需要的卫生消毒特别严格，而此地又是绒毛多最难清理的地方，所以一定要严格认真仔细地清理每个角落，不能有死角。发完鸡后存雏室一定要冲洗干净，包括房顶、四壁、窗户、水暖管道等，再把干净卫生的存雏筐放入室内，用甲醛熏蒸 30 分钟，避免交叉感染。

七、兽医诊室消毒

鸡场里设置的诊疗室、化验室，是病原微生物集中或密度较高的地方，必须搞好消毒。室内要安装紫外线灯，定期照射消毒。所用器械和用具在使用前后，都要用消毒液清洗消毒或用高压灭菌器灭菌，解剖的尸体及送来化验的病料，要进行焚烧或高压灭菌处理。

八、发病鸡舍的消毒

在有病鸡的鸡舍内，消毒工作十分重要，但是不可与普通鸡舍的消毒程序一致，有效的消毒方法如下：可移动的设备和用具先消毒后，再移到舍外日晒；鸡舍封闭，禁止无关人员进入；垫料用强消毒液喷洒消毒，整个区域不能与其他鸡接触；将垫料移到舍外烧或埋，不能与鸡群接触。

第二章　鸡场的防疫

第一节　场址的合理选择和布局

一、场址确定与建场要求

养鸡场要建在背风向阳，地势高燥，排水方便，离公路、河流、村镇、居民区、工厂、学校500米以外的上风向处，特别是距离畜禽屠宰场、肉类加工厂要更远一些。

大型综合养殖场要保证生产区与生活区严格分开；原种鸡场、种鸡场、孵化厂、商品鸡场必须分开，并相距500米以外，各场之间应有隔离设施。兽医室、病理剖检室、病死鸡焚尸炉和粪便处理场都应设在距离鸡舍200米外的下风向处。粪便要在场外进行发酵处理。对一些中小型农村养鸡场，最好远离村镇和其他养鸡场。

养鸡场大门、生产区入口要建与门口同宽，长是汽车轮一周半以上的消毒池。各鸡舍门口要建与门口同宽，长1.5米的消毒池。生产区门口还要建更衣消毒室和淋浴室。对农村养鸡场，至少应在生产区门口建一消毒池和更衣消毒室，进入鸡场前进行消毒并更换鸡场专用工作服和鞋。

鸡场周围建围墙和防疫沟，以防闲杂人员以及动物进入，鸡场应建深水井和水塔，用管道将水直接送入鸡舍。

农村小型养鸡场，限于条件，除场址选择应与以上要求相同外，其他方面不可能完全依照上述要求进行安排。但也应按照防疫要求将饲料库、育雏鸡舍、育成鸡舍、蛋鸡舍、病死鸡及粪便处理场依次从上风向到下风向排列。控制鸡舍间距在鸡舍高度的5倍宽度以上。鸡场可进行适当绿化，在不影响通风的基础上，在鸡舍间种植一些树冠大、树干高的树种，同时在舍间地面种植草坪。也可在鸡舍前种植棚架植物，但对其下部枝叶应注意疏剪。这样既可以改善鸡场内小气候，起到吸尘灭菌、净化空气的作用；又可在夏季减少热辐射，降低鸡舍内温度，防止鸡中暑。鸡场周围应设围墙，并将生活区与鸡舍分开。

二、场区规划及场内布局

鸡场主要分场前区、生产区及隔离区等。场地规划时，主要考虑人、禽卫生防疫和工作方便，根据场地地势和当地全年主风向，按顺序安排以上各区。

对鸡场进行总平面布置时，主要考虑卫生防疫和工艺流程两大因素。场前区中的职工生活区应设在全场的上风向和地势较高地段，依次为生产技术管理区。生产区设在这些区的下风和较低处，但应高于隔离区，并在其上风向。

（一）场前区

场前区包括行政和技术办公室、饲料加工及料库、车库、杂品库、更衣消毒和洗澡间、配电房、水塔、职工宿舍、食堂等，是担负鸡场经营管理和对外联系的场区，应设在与外界联系方便的位置。大门前设车辆消毒池，两侧设门卫和消毒更衣室。

鸡场的供销运输与外界联系频繁，容易传播疾病，故场外运输应严格与场内运输分开。负责场外运输的车辆严禁进入生产区，其车棚、车库也应设在场前区。

场前区、生产区应加以隔离。外来人员最好限于在场前区活动，不得随意进入生产区。

（二）生产区

1. 整体布局　生产区包括各种鸡舍，是鸡场的核心。因此其规划、布局应给予全面、细致的研究。

综合性鸡场最好将各种年龄或各种用途的鸡各自设立分场，分场之间留有一定的防疫距离，还可用树林形成隔离带，各个分场实行全进全出制。专业性鸡场的鸡群单一，鸡舍功能只有一种，管理比较简单，技术要求比较一致，生产过程也易于实现机械化。

为保证防疫安全，无论是专业性养鸡场还是综合性养鸡场，鸡舍的布局应根据主风方向与地势，按下列顺序设置：孵化室、幼雏舍、中雏舍、后备鸡舍、成鸡舍，也就是孵化室在上风向，成鸡舍在下风向。这样能使幼雏舍得到新鲜的空气，减少发病机会，同时也能避免成鸡舍排出的污浊空气造成疫病传播。

孵化室与场外联系较多，宜建在靠近场前区的入口处；大型鸡场可单设孵化场，设在整个养鸡场专用道路的入口处，小型鸡场也应在孵化室周围设围墙或隔离绿化带。

育雏区或育雏分场与成年鸡区，应隔一定的距离，防止交叉感染。综合性鸡场两群雏鸡舍功能相同、设备相同时，可在同一区域内培育，做到整进整出。由于种雏和商品雏繁育代次不同，必须分群分养，以保证鸡群的质量。

综合性鸡场，种鸡群和商品鸡群应分区饲养，种鸡区应放在防疫上的最优位置，两个小区中的育雏育成鸡舍又优于成年鸡的位置，而且育雏育成鸡舍与成年鸡舍的间距要大于本群鸡舍的间距，并设沟、渠、墙或绿化带等隔离障。

各小区内的饲养管理人员、运输车辆、设备和使用工具要严格控制，防止互串。各小区间既要求联系方便，又要求有防疫隔离。

2. 鸡舍布局

（1）鸡舍的排列：鸡舍排列的合理性关系到场区小气候、鸡舍的采光、通风、建筑物之间的联系、道路和管线铺设的长短、场地的利用率等。鸡舍群一般采取横向成排（东西）、纵向呈列（南北）的行列式，即各鸡舍应平行整齐呈梳状排列，不能相交。鸡舍群的排列要根据场地形状、鸡舍的数量和每幢鸡舍的长度，酌情布置为单列、双列或多列式。生产区最好按方形或近似方形布置，应尽量避免狭长形布置，以避免饲料、粪污运输距离加大，饲养管理工作联系不便，道路、管线加长，建场投资增加。

鸡舍群按标准的行列式排列与地形地势、气候条件、鸡舍朝向选择等发生矛盾时，也可将鸡舍左右错开、上下错开排列，但要注意平行的原则，避免各鸡舍相互交错。当鸡舍长轴必须与夏季主风向垂直时，上风行鸡舍与下风行鸡舍应左右错开呈“品”字形排列，这就等于加大了鸡舍间距，有利于鸡舍的通风；若鸡舍长轴与夏季主风方向所成角度较小时，左右列应前后错开，即顺气流方向逐列后错一定距离，也有利于通风。

（2）鸡舍的朝向：鸡舍的朝向要依据地理位置、气候环境等来确定。适宜的朝向应满足鸡舍日照、温度和通风的要求。

在我国，鸡舍应采取南向或稍偏西南或偏东南为宜，冬季利于防寒保温，而夏季利于防暑。

这种朝向需要人工光照进行补充，需要注意遮光，如加长出檐、窗面涂暗等减少光照强度。如同时考虑地形、主风向及其他条件，可以作一些朝向上的调整，向东或向西偏转15°配置，南方地区从防暑考虑，以向东偏转为好；北方地区朝向偏转的自由度可稍大些。

（3）鸡舍的间距：鸡舍间距的确定主要从日照、通风、防

疫、防火和节约用地等方面考虑，根据具体的地理位置、气候、地形地势等因素做出。

一般防疫要求的间距应是檐高的3~5倍，开放式鸡舍应为5倍，封闭式鸡舍一般为3倍。

鸡舍南向或南偏东、偏西一定角度时，应使南排鸡舍在冬季不遮挡北排鸡舍的日照，具体计算时一般以保证在冬至日上午9时至下午15时这6小时内，北排鸡舍南墙有满日照，即要求南、北两排鸡舍间距不小于南排鸡舍的阴影长度。经测算，在北京地区，鸡舍间距应为前排鸡舍高2.5倍，黑龙江的齐齐哈尔则需3.7倍，江苏地区1.5~2倍。

鸡舍采用自然通风，且鸡舍纵墙垂直于夏季主风向，间距应为鸡舍高度的4~5倍；如风向与鸡舍纵墙有一定的夹角（30°~45°），涡风区缩小，间距可短些。一般鸡舍间距取舍高的3~5倍时，可满足下风向鸡舍的通风需要。鸡舍采用横向机械通风时，其间距因防疫需要也不应低于舍高3倍；采用纵向机械通风时间距可以适当缩小，1~1.5倍即可。

防火间距取决于建筑物的材料、结构和使用特点，可参照我国建筑防火规范。鸡舍建筑一般为砖墙、混凝土屋顶或木质屋顶并做吊顶，耐火等级为二级或三级，防火间距为8~10米。

总之，鸡舍间距不小于鸡舍高度的3~5倍时，可以基本满足日照、通风、卫生防疫、防火等要求。一般密闭式鸡舍间距为10~15米；开放式鸡舍间距约为鸡舍高度的5倍。

（三）隔离区

隔离区包括病、死鸡隔离、剖检、化验、处理等房舍和设施、粪便污水处理及贮存设施等，是养鸡场病鸡、粪便等污物集中之处，是卫生防疫和环境保护工作的重点，该区应设在全场的下风向和地势最低处，且与其他两区的卫生间距不小于50米。

贮粪场的设置应考虑鸡粪既便于由鸡舍运出，又便于运到田间施用。

病鸡隔离舍应尽可能与外界隔绝，且其四周应有天然的或人工的隔离屏障，设单独的通路与出入口。病鸡隔离舍及处理病死鸡的尸坑或焚尸炉等设施，应距鸡舍300~500米，且后者的隔离更应严密。

（四）养鸡场的道路

生产区的道路应净道和污道分开，以利卫生防疫。净道用于生产联系和运送饲料、产品，污道用于运送粪便污物和死鸡。场外的道路不能与生产区的道路直接相通。场前区与隔离区应分别设与场外相通的道路。

场内道路应不透水，材料可视具体条件选择柏油、混凝土、砖、石或焦渣等，路面断面的坡度为1%~3%。道路宽度根据用途和车宽决定，通行载重汽车并与场外相连的道路需3.5~7米，通行电瓶车、小型车、手推车等场内用车辆需1.5~5米，只考虑单向行驶时可取其较小值，但需考虑回车道、回车半径及转弯半径。生产区的道路一般不行驶载重车，但应考虑消防状况下对路宽、回车和转弯半径的需要。道路两侧应留绿化和排水明沟位置。

（五）养鸡场的排水

排水设施是为排出场区雨、雪水，保持场地干燥、卫生。一般可在道路一侧或两侧设明沟，沟壁、沟底可砌砖、石，也可将土夯实做成梯形或三角形断面，再结合绿化护坡，以防塌陷。如果鸡场场地本身坡度较大，也可以采取地面自由排水，但不宜与舍内排水系统的管沟通用。隔离区要有单独的下水道和将污水排至场外的污水处理设施。

（六）场区绿化

鸡场植树、种草绿化，对改善场区小气候、净化空气和水质、降低噪声等有重要意义。在进行鸡场规划时，必须规划出绿

化地，其中包括防风林、隔离林、行道绿化、遮阳绿化、绿地等。

防风林应设在冬季主风的上风向，沿围墙内外设置，最好是落叶树和常绿树搭配，高矮树种搭配，植树密度可稍大些；隔离林设在各场区之间及围墙内外，应选择树干高、树冠大的乔木；行道绿化是指道路两旁和排水沟边的绿化，起到路面遮阳和排水沟护坡的作用；遮阳绿化一般设于鸡舍南侧和西侧，起到为鸡舍墙、屋顶、门窗遮阳的作用；绿地是指鸡场内裸露地面的绿化，可植树、种花、种草，也可种植有饲用价值或经济价值的植物，如果树、苜蓿、草坪、草皮等，将绿化与养鸡场的经济效益结合起来。

国内外一些集约化的养殖场尤其是种禽场为了确保卫生防疫安全有效，场区内不种一棵树，其目的是不让鸟儿有栖息之处，以防病原微生物通过鸟粪等杂物在场内传播，继而引起传染病。场区内除道路及建筑物之外全部铺种草坪，仍可起到调节场区内小气候、净化环境的作用。

三、鸡舍环境控制设计

适宜的鸡舍小气候和饲养密度对保证鸡群正常发育，增强鸡的抗病能力，提高其生产性能是至关重要的。

（一）适宜的温、湿环境设计

适宜的温、湿环境既可以提高鸡群的饲料转化率，又可以防止环境应激所造成的不利影响。鸡不同的生长阶段，对温、湿度的要求也有所不同。对于雏鸡，由于其体温调节机能要到 20 日龄后才渐趋完善，故育雏阶段主要是保温、保湿，但也应防止煤气中毒和空气污浊诱发支原体病、大肠杆菌病。实践证明，鸡白痢的发生率与育雏最初两周的温、湿度关系密切，温度过低或温度过高都会使发病率大大增加。而育雏室的空气条件差，往往会使鸡群在1周龄后即发生支原体病，表现为流眼泪和轻度咳嗽，这种现象在秋、冬、春季表现尤为突出。育雏期间鸡舍适宜的温、湿度及高低极限值见表2.1。

表2.1　育雏期的适宜温度（℃）、相对湿度（%）及高低极限值

周龄	0	1~3天	2	3	4	5	6
适宜温度	33~35	30~33	28~30	26~28	24~26	21~24	18~21
极限温度	高38.5 低27.5	37 21	34.5 17	33 14.5	31 12	30 10	29.5 8.5
适宜相对湿度	70	70	70	65	65	60	60
极限相对湿度	高75 低40	75 40	75 40	75 40	75 40	75 40	75 40

对于育成鸡和产蛋鸡，在一般饲养条件下，适宜的温度范围为13~23℃，相对湿度范围为60%~65%。气温过高、过低对鸡的生长和生产性能都会造成不良影响，甚至成为诱发某些疾病的因素。高温条件下，青年母鸡性成熟延迟，疫苗免疫效果降低，免疫有效期缩短；成年母鸡产蛋率下降，蛋壳品质降低，甚至引起中暑而大批死亡。有资料显示，气温高达33℃持续数日，在未采取有效防热应激措施的鸡场，产蛋率由90%左右平均下降到65%左右。另外，高温、高湿条件下有利于病原微生物的繁殖，从而通过饲料、饮水、垫料等途径感染鸡群，加上热应激的影响，极易造成胃肠道菌群平衡破坏，诱发肠道疾病。这也是夏季、秋初细菌性疾病、寄生虫病发病率较高的原因所在。在低温条件下主要造成饲料利用率降低、产蛋率下降，特别是气温突然下降或持续低温下影响尤为明显，有时甚至会诱发某些传染病，如传染性支气管炎。故冬季应注意保温和通风兼顾，这样才能提高鸡群的饲料转化率，充分发挥鸡的生产性能。

因此，北方地区建造鸡舍时，可在墙体中间层加入保温隔热材料或在墙壁外表面贴上保温隔热板，舍内设计燃煤热风炉、燃气热风炉或暖气供暖；育雏阶段用电热育雏伞、育雏器或燃煤炉供温。炎热的夏季，可利用通风设施和水帘降温加湿。

（二）通风换气设计

鸡的体温高，代谢旺盛，呼吸频率高，呼吸时排出大量的二氧化碳，加上鸡舍内垫料、粪便发酵所排出的有害气体（如氨气、硫化氢、甲烷、粪臭素等），以及空气中的尘埃和微生物，容易诱发鸡群发病，如引起鸡的结膜炎、支气管炎、败血支原体等疾病的发生，提高肉鸡腹水症的发病率。所以在勤清粪的基础上，必须通风换气，使鸡舍内空气中氨气的浓度在 20 微升/升以下，硫化氢的浓度在 25 微升/升以下，二氧化碳的浓度在 1 500 微升/升以下，一般以人进入鸡舍后无憋闷、刺眼、刺鼻感为宜。

通风换气除可起到上述排污作用之外，还可保证舍内空气流通，调整鸡舍温度，使鸡舍内环境均匀一致。在夏季，保持一定的通风量，可以在鸡体周围形成气流，有利于体热的散失，减少中暑的发病率。

鸡舍的通风方式有自然通风和机械通风两种。根据房舍的类型和当地的气候环境设计通风设施，可单独设计和利用机械通风，或机械通风和自然通风相结合，不要单独设计和利用自然通风。进风口和出风口设计要合理，防止出现死角和贼风等恶劣的小气候。

自然通风按风向在侧墙设计一定数量、大小和适宜高度的通风窗口，在通风窗口上安装卷帘或活动窗。在保障通风的同时，通风窗口还要有利于采光及其他各项卫生措施的落实。自然通风的鸡舍跨度以 6~7.5 米为宜，最大不要超过 9 米。夏季舍内外温差较小的地区，在房顶设计通风筒是必要的，风筒设计要高出屋顶 60~100 厘米，上面要设置遮雨风帽，风筒的舍内部分也不应小于60厘米，为了便于调节，其内应安装保温调节板，便于随时启闭。

机械通风是在山墙、侧墙或屋脊安装风机，靠机械动力强制进行鸡舍内外空气的交换。分为正压通风和负压通风两种方式。一般采用纵向通风方式，排风机全部集中在鸡舍污道一端的山墙上或山墙附近的两侧墙上，进风口则开在净道端的山墙上或山墙附近的两侧墙上，使进入鸡舍的空气均沿鸡舍纵轴流动，由风机将舍内污浊的空气排出舍外。

通风量应按鸡舍夏季最大通风值设计、计算风机的排气量，安装风机时最好大、小风机结合，以适应不同季节的需要。过长的鸡舍，为了使舍内通风均匀，可在鸡舍中间两侧墙上加开进风口。

（三）光照设计

光照是一切生物生长发育和繁殖所必需的。合理的光照制度和光照强度不但可以促进家禽的生长发育，提高机体的免疫力和抗病能力，而且对家禽的生殖功能起着极为重要的作用，可使青年鸡适时达到性成熟，并适时开产，维持产蛋鸡稳定的高产性能。光照强度过大，易引起鸡群骚动不安、神经质和啄癖等现象；光照强度和光照时间的突然变化，会引起产蛋率大幅度下降；光照不足则造成青年鸡生殖系统发育延迟，产蛋鸡产蛋率降低，蛋壳强度下降，并出现瘫鸡。

光照设计采用自然光照和人工光照相结合，整个鸡舍光照要均匀一致。自然光照的强度取决于窗户面积，人工光照可以补充自然光照的不足，一般采用电灯作为光源，根据不同日龄鸡的光照要求和不同季节的自然光照时间进行控制。

（四）排污设计

排污设计主要是清粪设施，目前规模化鸡场一般都采用机械清粪设施，有牵引式刮板清粪机和传送带式清粪装置。

粪便清出后集中堆积到堆粪场，生物发酵成有机肥还田利用，也可作沼气原料。堆粪场设在生产区较远下风口，用专用车辆经污道运送，运送后车辆进行彻底消毒。

第二节　搞好药物预防

在我国饲养环境条件下，免疫和环境控制虽然是预防与控制疾病的主要手段，但在实际生产中，还存在许多可变因素，如季节变化、转群、免疫等因素容易造成鸡群应激，导致生产指标波动或疾病的暴发。因此在日常管理中，养殖户需要通过预防性投药和针对性治疗，以减少条件性疾病的发生或防止继发感染，确保鸡群高产、稳产。

一、用药目的

1. 预防性投药　当鸡群存在以下应激因素时需预防性投药。

（1）环境应激：季节变换，环境突然变化，温度、湿度、通风、光照突然改变，有害气体超标等。

（2）管理应激：限饲、免疫、转群、换料、缺水、断电等。

（3）生理应激：雏鸡抗体空白期、开产期、产蛋高峰期等。

2. 条件性疾病的治疗　当鸡群因饲养管理不善，发生条件性疾病时，如大肠杆菌病、呼吸道疾病、肠炎等，及时针对性投放敏感药物，使鸡群在最短时间内恢复健康。

3. 控制疾病的继发感染　任何疫病都是严重的应激危害因素，可诱发其他疾病同时发生。如鸡群发生病毒性疾病、寄生虫病、中毒性疾病等，易造成抵抗力下降，容易继发条件性疾病，此时通过预防性药物，可有效降低损失。

二、药物的使用原则

1. 预防为主、治疗为辅 要坚持预防为主的原则，制订科学的用药程序，搞好药物预防、驱虫等工作。有的传染病只能早期预防，不能治疗，要做到有计划、有目的适时使用疫（菌）苗进行预防，及时搞好疫（菌）苗的免疫注射，搞好疫情监测。尽量避免蛋鸡发病用药，确保鸡蛋健康安全、无药物残留。必要时可添加作用强、代谢快、毒副作用小、残留最低的非人用药品和添加剂，或以生物制剂作为治病的药品，控制疾病的发生发展。

要坚持治疗为辅的原则。确需治疗时，在治疗过程中，要做到合理用药，科学用药，对症下药，适度用药，只能使用通过认证的兽药和饲料厂生产的产品，避免产生药物残留和中毒等不良反应。尽量使用高效、低毒、无公害、无残留的“绿色兽药”，不得滥用。

2. 确切诊断，正确掌握适应证 对于养鸡生产中出现的各种疾病要正确诊断，了解药理，及时治疗，对因对症下药，标本兼治。目前养鸡生产中的疾病多为混合感染，极少是单一疾病，因此用药时要合理联合用药，除了用主药，还要用辅药，既要对症，还要对因。

对那些不能及时确诊的疾病，用药时应谨慎。由于目前鸡病太多、太复杂，疾病的临床症状、病理变化越来越不典型，混合感染，继发感染增多，很多病原发生抗原漂移、抗原变异，病理材料无代表性，加上经验不足等原因，鸡群得病后不能及时确诊的现象比较普遍。在这种情况下应尽量搞清是细菌性疾病、病毒性疾病、营养性疾病还是其他原因导致的疾病，只有这样才能在用药时不会出现较大偏差。在没有确诊时用药时间不宜过长，用药 3~4 天无效或效果不明显时，应尽快停（换）药，并确诊。

3. 适度剂量，疗程要足　剂量过小，达不到预防或治疗效果；剂量过大，增加成本、造成浪费、药物残留、中毒等；同一种药物不同的用药途径，其用药剂量也不同；同一种药物用于治疗的疾病不同，其用药剂量也应不同。用药疗程一般3~5天，一些慢性疾病，疗程应不少于7天，以防复发。

4. 用药方式不同，其方法不同　饮水给药要考虑药物的溶解度、鸡的饮水量、药物稳定性和水质等因素，给药前要适当停水，有利于提高疗效；拌料给药要采用逐级稀释法，以保证混合均匀，以免局部药物浓度过高而导致药物中毒。同时注意交替用药或穿梭用药，以免产生耐药性。

5. 注意并发症，有混合感染时应联合用药　现代鸡病的发生多为混合感染，并发症比较多，在治疗时经常联合用药，一般使用两种或两种以上药物，以治疗多种疾病。如治疗鸡呼吸道疾病时，抗生素结合抗病毒的药物同时使用，效果更好。

6. 根据不同季节、日龄与发育特点合理用药　冬季防感冒、夏季防肠道疾病和热应激。夏季饮水量大，饮水给药时要适当降低用药浓度；而采食量小，拌料给药时要适当增加用药浓度。育雏、育成、产蛋期要区别对待，选用适宜不同时期的药物。

7. 接种疫苗期间慎用免疫抑制药物　鸡只在免疫期间，有些药物能抑制鸡的免疫效果，应慎用。如磺胺类、四环素类、甲砜霉素等。

8. 用药时辅助措施不可忽视　用药时还应加强饲养管理，因许多疾病是因管理不善造成的条件性疾病，如大肠杆菌病、寄生虫病、葡萄球菌病等，在用药的同时还应加强饲养管理，搞好日常消毒工作，保持良好的通风，适宜的密度、温度和光照，只有这样才能提高总体疗效。

9. 根据养鸡生产的特点用药　鸡只对磺胺类药的平均吸收率较其他动物要高，故不宜用量过大或时间过长，以免造成肾脏损伤。鸡只缺乏味觉，故对苦味药、食盐颗粒等照食不误，易引起中毒。鸡只有丰富的气囊，气雾用药效果更好。鸡只无汗腺，用解热镇痛药抗热应激，效果不理想。

10. 对症下药 不同的疾病用药不同，同一种疾病也不能长期使用同一种药物进行治疗，最好通过药敏试验有针对性地投药。

同时，要了解目前临床上常用药和敏感药。目前常用药物有抗大肠杆菌、沙门杆菌药，抗病毒药，抗球虫药等，选择药物时，应根据疾病类型有针对性地使用。

三、常用的给药途径及注意事项

1. 拌料给药 给药时，可采用分级混合法，即把全部的用药量拌加到少量饲料中（俗称“药引子”），充分混匀后再拌加到计算所需的全部饲料中，最后把饲料来回折翻最少 5 次，以达到充分混匀的目的。

拌料给药时，严禁将全部药量一次性加入到所需饲料中，以免造成混合不匀而导致鸡群中毒或部分鸡只吃不到药物。

2. 饮水给药 选择可溶性较好的药物，按照所需剂量加入水中，搅拌均匀，让药物充分溶解后饮用。对不易溶解的药物可采用适当加热或搅拌的方法，促进药物溶解。

饮水给药方法简便，适用于大多数药物，特别是能发挥药物在胃肠道内的作用；药效优于拌料给药。

3. 注射给药 分皮下注射和肌内注射两种方法。药物吸收快，血药浓度迅速升高，进入体内的药量准确，但容易造成组织损伤、疼痛、潜在并发症、不良反应出现迅速等，一般用于全身性感染疾病的治疗。

但应当注意，刺激性强的药物不能做皮下注射；药量多时可分点注射，注射后最好用手对注射部位轻度按摩；多采用腿部肌

内注射，肌内注射时要做到轻、稳、不宜太快，用力方向应与针头方向一致，勿将针头刺入大腿内侧，以免造成瘫痪或死亡。

4. 气雾给药　将药物溶于水中，并用专用的设备进行气化，通过鸡的自然呼吸，使药物以气雾的形式进入体内。适用于呼吸道疾病给药；对鸡舍环境条件要求较高；适合于急慢性呼吸道病和气囊炎的治疗。

因呼吸系统表面积大，血流量多，肺泡细胞结构较薄，故药物极易吸收。特别是可以直接进入其他给药途径不易到达的气囊。

第三节　杀虫、灭鼠和控制鸟类

鸡场进行杀虫、灭鼠以消灭传染媒介和传染源，也是防疫的一项重要内容，鸡舍附近的垃圾、污水沟、乱草堆，常是昆虫、老鼠滋生的场所，因此经常清理垃圾、杂物和乱草堆，搞好鸡舍外的环境卫生，对预防某些疫病具有十分重要的实际意义。

一、杀虫

某些节肢动物如蚊、蝇、虻等和体外寄生虫如螨、虱、蚤等生物，不但骚扰正常的鸡，影响其生长和产蛋，而且还携带病原体，直接或间接传播疾病。因此，要设法杀灭。

杀虫先做好灭蚊蝇工作。保持鸡舍的良好通风，避免饮水器漏水，经常清除鸡粪，减少蚊蝇繁殖的机会。

使用蝇毒磷（0.02%～0.05%）等杀虫药，每月在鸡舍内外和蚊蝇滋生的场所喷洒 2 次。黑光灯是一种专门用来灭蝇的装于特制的金属盒里的电光灯，灯光为紫色，苍蝇有趋向这种光的特性，而向黑光灯飞扑，当它触及带有负电荷的金属网即被电击而死。

二、灭鼠

老鼠在藏匿条件好、食物充足的情况下，每年可产6~8窝幼仔，每窝4~8只，一年可以猛增几十倍，繁殖速度快得惊人。养鸡场的小气候适于鼠类生长，众多的管道孔穴为老鼠提供了躲藏和居住的条件，鸡的饲料又为它们提供了丰富的食物，因而一些对鼠类失于防范的鸡场，往往老鼠很多，危害严重。养鸡场的鼠害主要表现在四个方面：一是咬死咬伤鸡苗；二是偷吃饲料，咬坏设备；三是传播疾病，老鼠是鸡新城疫、球虫病、鸡慢性呼吸道病等许多疾病的传播者；四是侵扰鸡群，影响鸡的生长发育和产蛋，甚至引起应激反应使鸡死亡。

1. 建鸡场时要考虑防鼠设施　墙壁、地面、屋顶不要留有孔穴等鼠类隐蔽处所，水管、电线、通风孔道的缝隙要严格堵塞，门窗的边框要与周围接触严密，门的下缘最好用铁皮包裹，水沟口、换气孔要安装孔径小于3厘米的铁丝网。

2. 随时注意防止老鼠进入鸡舍　发现防鼠设施破损要及时修理。鸡舍不要有杂物堆积。出入鸡舍随手关门。在鸡舍外留出至少2米的开放地带，便于防鼠，因为鼠类一般不会穿越如此宽阔的空间。不能无限度地扩大两栋鸡舍间的植物绿化带，即鸡舍周围不种植植被或只种植低矮的草，这样可以确保老鼠无处藏身。清除场区的草丛、垃圾，不给老鼠留有藏身条件。

3. 断绝老鼠的食源、水源　饲料要妥善保管，喂鸡抛撒的饲料要随时清理。切断老鼠的食源、水源。投饵灭鼠。

4. 灭鼠方法　灭鼠要采取综合措施，使用捕鼠夹、捕鼠笼、粘鼠胶等捕鼠方法和利用杀鼠剂灭鼠。

杀鼠剂可选用敌鼠钠盐、杀鼠灵等。其中敌鼠钠盐、杀鼠灵对鸡毒性较小，使用比较安全。毒饵要投放在老鼠出没的通道，

长期投放效果较好。

敌鼠钠盐价格比较低，对鸡比较安全。老鼠中毒后行动比较困难时仍然继续取食，一般老鼠食用毒饵后 3～4 天内会安静地死去。敌鼠钠盐可溶于乙醇、沸水，配制 0.025%毒饵时，先取 0.5 克敌鼠钠盐溶于适量的沸水中（水温不能低于 80℃），溶解后加入 0.01%糖精或 2%～5%糖，加入食用油效果更好，同时加入警戒色，再泡入 1 千克饵料（大米、小麦、玉米糁、红薯丝、胡萝卜丝、水果等均可）。而后搅拌均匀，阴干；过一段时间再搅拌，使饵料吸收药液，待药液全部吸收后晾干即成。毒饵现用现配效果更好，如上午投放毒饵，要在头一天下午拌制；下午投放毒饵，可在当天早晨拌制。

在我国南方，为防毒谷发芽发霉，可将敌鼠钠盐的乙醇溶液用谷重 25%的沸水稀释后浸泡稻谷，到药液全部吸收为止，效果良好。

三、控制鸟类

鸟类与鼠类相似，不但偷食饲料、骚扰动物，还能传播大量疫病，如口蹄疫、新城疫、流感等。控制鸟类对防制传染病有重要意义。控制鸟类的主要措施是在圈舍的窗户、换气孔等处安装铁丝网或纱窗，以防止各种鸟类的侵入。

第四节　抓好防疫管理

一、制定并执行严格的防疫制度

完善的防疫制度的制定和可靠执行是衡量一个鸡场饲养管理水平的关键问题，也是有效防止鸡病流行的主要手段之一。因此，建议养鸡场在防疫制度方面应做到以下几点：①订立具体的兽医防疫卫生制度并明文张贴，作为全场工作人员的行为准则。②生产区门口设消毒池，其中消毒液应及时更换，进入鸡场要更换专门工作服和鞋帽，经消毒池消毒后方可进入。③鸡场谢绝参观，不可避免时，应严格按防疫要求消毒后方可进入；农家养鸡场应禁止其他养殖户、鸡蛋收购商和死鸡贩子进入鸡场，病鸡和死鸡经疾病诊断后应深埋，并做好消毒工作，严禁销售和随处乱丢。④车辆和循环使用的集蛋箱、蛋盘进入鸡场前应彻底消毒，以防带入疾病。最好使用一次性集蛋箱和蛋盘。⑤保持鸡舍的清洁卫生，饲槽、饮水器应定期清洗，勤清鸡粪，定期消毒。保持鸡舍空气新鲜，光照、通风、温湿度应符合饲养管理要求。⑥进鸡前后和雏鸡转群前后，鸡舍及用具要彻底清扫、冲洗及消毒，并空置一段时间。⑦定期进行鸡场环境消毒和鸡舍带鸡消毒，通常每周可进行 2~3 次消毒，疫病发生期间，每天带鸡消毒 1 次。⑧重视饲料的贮存和日粮的全价性，防止饲料腐败变质，供给全价日粮。⑨适时进行药物预防，并根据本场病例档案和当地疾病的流行情况，制定适于本场的免疫程序，选用可靠的疫苗进行免疫。⑩清理场内卫生死角，消灭老鼠、蚊蝇，清除蚊、蝇滋生地。

二、采取“自繁自养”和“全进全出”的饲养制度

所谓“自繁自养”，就是指一个规模饲养场除了种鸡需要从场外引进以更换淘汰的种鸡外，所有饲养的鸡均由本场自己繁殖、孵化、培育。这种饲养方式，可以阻断因频繁引进苗鸡而带入疫病的传染途径；同时也能因种鸡、苗鸡自养而降低生产成本。采用这一方式的前提是，养鸡场规模较大，饲养者必须具备饲养种鸡和苗鸡孵化的条件和技术。采用此方式的生产资本投入较大，对饲养管理人员文化科技素质要求高。

“全进全出”的饲养制度是有效防止疾病传播的措施之一。“全进全出”使得鸡场能够做到净场和充分的消毒，切断了疾病传播的途径，从而避免患病鸡只或病原携带者将病原传染给日龄较小的鸡群。当前有些地区农村养鸡场很多，有的村庄养鸡数量可达几十万只。各养殖户各自为政，很难进行统一的防疫和管理，这可能是近年来疾病流行较为严重的原因之一。

三、保证雏鸡质量

高质量的雏鸡是保证鸡群具有较好的生长和生产性能的关键，因此应从无传染病、种鸡质量好、鸡场防疫严格、出雏率高的鸡场进雏鸡。同一批入孵、按期出雏、出雏时间集中的雏鸡成活率高，易于饲养。从外观上要选择绒毛光亮，喙、腿、趾水灵，大小一致，出生重符合品种要求的雏鸡。检查雏鸡时，腹部柔软，卵黄吸收良好，脐部愈合完全，绒毛覆盖整个腹部则为健雏。若腹大、脐部有出血痕迹或发红呈黑色、棕色或钉脐者，腿、喙、眼干燥有残疾者均应淘汰。

进雏前应将鸡舍温度调到 33℃左右，并注意通风换气，以防煤气中毒。进雏后应做好雏鸡的开食开饮工作。一般在出壳后 24 小时左右开始饮水，这样有利于促进胃肠蠕动、蛋黄吸收和排除胎粪，增进食欲，利于开食。初饮水中应加入 5%的葡萄糖，同时加抗生素、多维电解质水溶粉，饮足 12 小时。一般开始饮水 3 小时后，即可开食，注意开始就供给全价饲料，以防出现营养缺乏症。

四、搞好饲料原料质量检测

把好饲料原料质量关是保证供给鸡群全价营养日粮、防止营养代谢病和霉菌毒素中毒病发生的前提条件。大型集约化养鸡场可将所进原料或成品料分析化验之后，再依据实际含量进行饲料的配合，严防购入掺假、发霉等不合格的饲料，造成不必要的经济损失。小型养鸡场和专业户最好从信誉高、有质量保证的大型饲料企业采购饲料。自己配料的养殖户，最好能将所用原料送质检部门化验后再用，以免造成不可挽回的损失。

五、避免或减轻应激

多种因素均可对鸡群造成应激，其中包括捕捉、转群、断喙、免疫接种、运输、饲料转换、无规律的供水供料等生产管理因素以及饲料营养不平衡或营养缺乏、温度过高或过低、湿度过大或过小、不适宜的光照、突然的音响等环境因素。实践中应尽可能通过加强饲养管理和改善环境条件，避免和减轻以上应激因素对鸡群的影响，防止应激造成鸡群免疫效果不佳、生产性能和抗病能力降低。如不可避免应激时，可于饲料或饮水中添加大剂量的维生素 C（每吨饲料中加入 100~200 克）或抗应激制剂（如每吨饲料添加 0.1%的琥珀酸盐或 0.2%的延胡索酸），也可以用多维电解质饮水，以减轻应激对鸡群的影响。

根据本场或本地区传染病发生的规律性，定期使用药物预防和疫苗接种是预防疾病发生的主要手段之一，但应杜绝滥用或盲目用药或疫苗，以免造成不良后果。

六、淘汰残次鸡，优化鸡群素质

鸡群中的残次个体，不但没有生产价值或生产价值不大，而且往往带菌（或病毒），是疾病的传染源之一。因此，淘汰残次鸡，一方面可以维护整群鸡的健康，另一方面又可以降低饮料消耗，提高整个鸡群的整齐度和生产水平。这些残次个体包括发育不良鸡、病鸡、有疾病后遗症的鸡、低产或停产鸡等。

七、建立完善的病例档案

病例档案是鸡场赖以制订合理的药物预防和免疫接种程序的重要依据，也是保证鸡场今后防疫顺利进行的重要参考资料。病例档案应包括以下内容：①引进鸡的品种、时间、入舍鸡数和种鸡场联系地址。②所使用的免疫程序、疫苗来源；已进行的药物预防的时间、药物种类。③发生疾病的时间、病名、病因、剖检记录、发病率、死淘率及紧急处理措施。

八、认真检疫

鸡场检疫的主要任务是杜绝病鸡入场，对本场鸡群进行监测，及早发现疫病，及时采取控制措施。

1. 引进鸡群和种蛋的检疫　从外面引进雏鸡或种蛋时，必须了解该种鸡场或孵化场的疫情和饲养管理情况，要求无垂直传播的疾病如白痢、霉形体病等。有条件地进行严格的血清学检查，以免将鸡病带入场内。进场后严格隔离观察，一旦发现疫情，立即进行处理。只有通过检疫和消毒，隔离饲养20~30天确认无病才准进入统舍。

2. 平时定期检疫与监测　对危害较大的疫病，根据本场情况应定期进行监测。如常见的鸡新城疫、产蛋下降综合征可采用血凝抑制试验检测鸡群的抗体水平；马立克病、传染性法氏囊病、禽霍乱采用琼脂扩散试验检测；鸡白痢可采用平板凝集法和试管凝集法进行检测。种鸡群的检疫更为重要，是鸡群净化的一个重要步骤，如对鸡白痢的定期检疫，发现阳性鸡只立即淘汰，逐步建立无白痢的种鸡群。除采血进行监测之外，有实验室条件的，还可定期对网上粪便、墙壁灰尘抽样进行微生物培养，检查病原微生物的存在与否。

3. 有条件的，可对饲料、水质和舍内空气进行监测　每批购进的饲料，除对饲料能量、蛋白质等营养成分进行检测外，还应对其含沙门杆菌、大肠杆菌、链球菌、葡萄球菌、霉菌及其他有毒成分进行检测；对水中含细菌指数的测定；对鸡舍空气中含氨气、硫化氢和二氧化碳等有害气体浓度的测定等。

第三章　鸡场的免疫

第一节　鸡场常用疫苗

一、疫苗的概念

疫苗是利用病毒、细菌、寄生虫本身或其产物，设法除去或减弱它对动物的致病作用而制成的一种生物制品，用它接种动物后，能够使其获得对此种病原的免疫力。严格地讲，它包括用细菌、支原体、螺旋体等制成的菌苗；用病毒、衣原体、立克次体等制成的疫苗；用寄生虫制成的虫苗。

二、疫苗的种类

（一）传统疫苗

传统疫苗是指用整个病原体如病毒、衣原体等接种动物、鸡胚或组织培养生长后，收获处理而制备的生物制品；由细菌培养物制成的称为菌苗。传统疫苗在防制肉鸡传染病中起到重要的作用。传统疫苗主要包括减毒活苗和灭活疫苗，如生产上常用的新城疫Ⅰ系、Ⅲ系、Ⅳ系疫苗。根据肉鸡场的实际情况选择使用不同的疫苗。

养鸡场需要通过实施生物安全体系、预防保健和免疫接种三种途径，来确保鸡群健康生长。在整个疾病防控体系中，三者通过不同的作用点起作用。生物安全体系主要通过隔离屏障系统，切断病原体的传播途径，通过清洗消毒减少和消灭病原体，是控制疾病的基础和根本；预防保健主要针对病原微生物，通过预防投药，减少病原微生物数量或将其杀死；免疫接种则针对易感动物，通过针对性的免疫，增加机体对某个特定病原体的抵抗力。三者相辅相成，以达到共同抗御疾病的目的。

（二）亚单位疫苗

利用微生物的某种表面结构成分（抗原）制成不含有核酸、能诱发机体产生抗体的疫苗，称为亚单位疫苗。亚单位疫苗是将致病菌主要的保护性免疫原存在的组分制成的疫苗。这类疫苗不是完整的病原体，是病原体的一部分物质。

（三）基因工程疫苗

使用DNA重组生物技术，把天然的或人工合成的遗传物质定向插入细菌、酵母菌或哺乳动物细胞中，使之充分表达，经纯化后而制得的疫苗。应用基因工程技术能制出不含感染性物质的亚单位疫苗、稳定的减毒疫苗及能预防多种疾病的多价疫苗。

三、疫苗的选择

疫苗的种类很多，其适用的范围和优缺点各异，不可乱用和滥用。疫苗的选择应遵循以下几条原则。

（1）根据当地或本场以往疾病的流行情况选用疫苗。当地或本场从未发生过的疾病一般可以不接种此类疫苗，尤其是一些毒力较强的活毒疫苗，如传染性喉气管炎疫苗，以免造成散毒。

（2）所选疫苗应由本地所流行的疫病的轻重和血清型而定。流行较轻时，可选用比较温和的疫苗；流行较严重时，则选用毒力比较强的疫苗。疫苗最好与本地流行疫病的血清型相同。

（3）根据母源抗体的高低选择疫苗。如传染性法氏囊病，

若雏鸡无母源抗体，应选用低毒力的疫苗免疫；如有母源抗体，则选用中等毒力的疫苗。

（4）初次免疫应选用毒力较弱的疫苗，而再次接种时，应选用毒力较强的疫苗。

（5）当鸡群有潜在法氏囊炎时，尽可能先治疗然后再用疫苗，否则易导致法氏囊炎的暴发。

（6）当鸡群有慢性呼吸道疾病时，不宜作新城疫疫苗、传染性支气管炎疫苗、传染性喉气管炎疫苗，最好先用药治疗后再用。

四、疫苗的保存和运输

鸡的常用疫苗包括病毒苗和细菌苗两种。病毒苗是由病毒类微生物制成，用来预防病毒性疫病的生物制品，如新城疫Ⅰ系、Ⅳ系，传染性支气管炎 H120、H52 等。细菌苗则是由细菌类微生物制成的生物制品，如传染性鼻炎苗、致病性大肠杆菌苗等，用来预防相应细菌性疾病的感染和发生。

鸡的各种疫苗，不同于一般的化学药品或制剂，是一种特殊的生物制品。因此，其保存、运输和使用有其特殊的方法和要求，必须遵循一定的科学原则来进行。

（一）疫苗的保存

疫苗属于生物制品，保存时总的原则是：分类、避光、低温、冷藏，防止温度忽高忽低，并做好各项入库登记。

1. 分门别类存放

（1）不同剂型的疫苗应分开存放。如弱毒类冻干苗（新城疫Ⅰ系、Ⅳ系，传染性支气管炎 H120、H52 等）与灭活疫苗（如新城疫灭活疫苗等）应分开，各在不同的温度环境下存放。

（2）相同剂型疫苗，应做好标记放置，便于存取。如弱毒类冻干苗在相同温度条件下存放，应各成一类，各放一处，做好标记，以免混乱。

2. 避光保存 各种疫苗在保存、运输或使用时，均必须避开强光，不可在日光下暴晒，更不可在紫外线下照射。

3. 低温冷藏 生物制品都需要低温冷藏。不同疫苗类型，其保存温度是不相同的。弱毒类冻干苗，需要-15℃保存，保存期根据各厂家的不同，一般不超过1~2年；一些进口弱毒类冻干苗，如法倍灵等，需要2~8℃保存，保存期一般为1年；组织细胞苗，如马立克疫苗，需保存在-196℃的液氮中，故常将该苗称作液氮苗。所有生物制品保存时，应防止温度忽高忽低，切忌反复冻融。

4. 做好各项入库登记 各种疫苗或生物制品，入库时都必须做好各项记录。登记内容包括疫苗名称、种类、剂型、单位头份、生产日期、有效期、保存温度、批号等；此外，价格、数量、存放位置也应纳入登记项目中，便于检查、存取、查询。

发放或使用疫苗时，应认真检查，勿错发、漏发，过期苗禁发，并做好相应记录，做到先存先用，后存后用；有效期短的先用，有效期长的后用。

（二）疫苗的运输

疫苗的存放地与使用地常常不在同一个地方，都有一个或近或远的距离，因此，疫苗的运输包括长途运输和短途运送。但无论距离远近，运输时都必须以避光、低温冷藏为原则，需要一定的冷藏设备才能完成。

1. 短距离运输 可以用泡沫箱或保温瓶，装上疫苗后还要加装适量的冰块、冰袋等保温材料，然后立即盖上泡沫箱盖或瓶盖，再用塑料胶布密封严实，才可起运。路上不要停留，尽快赶到目的地，放到冰箱中，避免疫苗解冻或尽快使用。

2. 长途运输 需要有专用冷藏库才可进行长途运输，路上还应时常检查冷藏设备的运转情况，以确保运输安全；若用飞机

托运，更应注意冷藏，要用一定强度和硬度的保温箱来保温冷藏，到达后，注意检查有无破损、冰块融化、疫苗解冻等现象，如无，应立即入库冷藏。

第二节　常用免疫接种方法

蛋鸡疫苗的接种方法一般有点眼、滴鼻、饮水、注射、刺种、气雾等，具体采用什么方法，应根据疫苗的类型、疫苗的特点及免疫程序来选择每次免疫的接种方法。

一般来讲，灭活疫苗也就是俗称的死苗，不能经消化道接种，一般用肌内或皮下注射，疫苗可被机体缓慢吸收，维持较长时间的抗体水平。点眼、滴鼻免疫效果较好，一般用于接种弱毒疫苗，疫苗抗原可直接刺激眼底哈德氏腺和结膜下弥散淋巴组织，另外还能刺激鼻、咽、口腔黏膜和扁桃体等，即可在局部形成坚实的屏障，又能激发全身的免疫系统，而这些部位又是许多病原的感染部位，因而局部免疫非常重要。在新城疫免疫后，点眼和滴鼻产生的抗体效果比饮水接种高 4 倍，而且免疫期也长，但该方法比较烦琐，对大群鸡免疫也比较烦琐。

一、滴鼻点眼法

这是使疫苗通过上呼吸道或眼结膜进入体内的一种免疫方法，适用新城疫、传染性支气管炎及喉气管炎的免疫，这种方法可以避免疫苗被母源抗体中和，应激小，对产蛋率影响小，用于幼雏和产蛋鸡免疫效果良好。生产中应注意逐只进行，以确保每只鸡都得到剂量一致的免疫，从而保证抗体整齐，免疫效果确实。

将疫苗稀释摇匀，用标准滴管各在鸡的眼和鼻孔滴一滴（约

0.05 毫升），让疫苗从鸡气管吸入肺内、渗入眼中。此法适合雏鸡的新城疫Ⅱ、Ⅲ、Ⅳ系疫苗和传染性支气管炎、传染性喉气管炎等弱毒疫苗的接种，它使鸡苗接种均匀、免疫效果较好，是弱毒苗的最佳方法。

点眼通常是最有效的接种活性呼吸道病毒疫苗的方法。点眼免疫时，疫苗可以直接刺激鸡眼部的重要免疫器官——哈德氏腺，从而可以快速地激发局部免疫反应。疫苗还可以从眼部进入气管和鼻腔，刺激呼吸道黏膜组织产生局部细胞免疫和 IgA 等抗体。但此种免疫方法对免疫操作要求比较细致，如要求疫苗滴入鸡眼内并吸收后才能放开鸡。判断点眼免疫是否成功的一种有效方法就是在疫苗液中加入蓝色染料，在免疫后 10 分钟检查鸡的舌根，如果点眼免疫成功，则鸡的舌根会被蓝色染料染成蓝色。

二、饮水免疫法

饮水免疫最为方便，适用于大型鸡群，有些疫苗在饮水免疫时，只有当疫苗接触到口咽黏膜时才引起免疫反应，进入腺胃前的苗毒在较酸的环境中很快死亡，失去作用。饮水免疫的免疫效果很差，一般不适用于初次免疫，常用于鸡群的加强免疫。

稀释疫苗的水量要适宜，不可过多或过少，应参照使用说明和免疫鸡日龄大小、数量及当时的室温来确定，疫苗水应在 1~2 小时内饮完，但为了让每只鸡都能饮到足够量的疫苗，饮水时间应不低于 1 小时，但不能超过 2 小时，一般用量如下：1~2 周龄，8~10 毫升/只；3~4 周龄，15~20 毫升/只；5~6 周龄，20~30 毫升/只；7~8 周龄，30~40 毫升/只；9~10 周龄，40~50 毫升/只。也可在用疫苗前 3 天连续记录鸡的饮水量，取其平均值以确定饮水量。

对于适合用饮水免疫的疫苗，使用饮水法具有省时、高效、简单易行、不惊扰鸡群等优点，因而深受养殖户的欢迎。

1. 所用疫苗必须有高效的弱毒苗 饮水前必须注意疫苗的质量，有效期，疫苗的运输、贮存、保管等，对劣质疫苗、过期的疫苗不可使用。

2. 饮水器清洗 在饮水免疫前，将供水系统，饮水器彻底清洗干净，但不能使用消毒药或洗涤剂，饮水器具不能使用金属制品，最好用瓷器。

3. 饮水免疫所用的水应是生理盐水或清洁的深井水 水中不应含有重金属离子和卤族元素，自来水应煮沸后放置过夜再用，对大型养鸡场，可在自来水中加入去氧剂，每 10 升水中加入 10%的硫代硫酸钠 3～10 毫升，具体用量视水中卤的含量而定。

4. 稀释 疫苗应开瓶倒入水中，用清洁的棍棒搅拌均匀，若室外风大，应在室内进行稀释，最好在稀释液中加入 0.2%～0.5%的脱脂奶粉，以保护疫苗的效价，提高免疫效果，水中加入保护剂 15～20 分钟后再加入疫苗。

5. 停水 饮水前应给鸡停水 3～6 小时，停水时间长短应视天气冷热和饲料干湿度灵活掌握，天气热或喂干粉料时，停水时间短一些。

6. 调整饮水器数量 饮水前必须按照鸡群数量多少、鸡龄大小调整饮水器数量，使 80%～90%的鸡能同时饮到足够的疫苗水，鸡群大，饮水器不足可分批进行，做到随稀随饮，防止过早稀释的疫苗在拖延过程中失效。

7. 水要适量 稀释疫苗的水要适量，不可过多或过少，应参照使用说明和免疫鸡日龄大小、数量及当时的室温来确定，疫苗水应在 2 小时内饮完。

8. 避高温和阳光 炎热季节，饮水免疫应在清晨进行，应避免高温时进行，疫苗稀释液不可暴露在阳光下。

9. 停用药物及消毒剂 饮水免疫前后两天，合计 5 天（最好是 7~10 天）内饲料中不得加入能杀死疫苗（病毒或细菌）的药物及消毒剂。

10. 适合的疫苗 疫苗的接种途径与免疫效果有直接关系，并非所有疫苗都适合饮水免疫，如油乳剂灭活苗只能采用注射法免疫，对不适合饮水法免疫的疫苗用饮水法免疫，可能会导致免疫失败。

三、注射免疫法

用此法免疫，疫苗剂量准确，见效快，注射法包括皮下（颈部）注射和肌内（胸肌）注射两种。马立克疫苗用皮下注射法，其他灭活苗均用肌内注射法。注射法免疫比较费时费力，抓鸡时对鸡群的干扰应激也比较大。

1. 皮下注射法 将疫苗稀释，捏起鸡颈部皮肤刺入皮下，防止伤及鸡颈部血管、神经。此法适合鸡马立克疫苗接种。

注射前，操作人员要对注射器进行常规检查和调试，每天使用完毕后要用75%的乙醇对注射器进行全面的擦拭消毒。注射操作的控制重点为检查注射部位是否正确，注射渗漏情况、出血情况和注射速度等。同时也要经常检查针头情况，建议每注射500~1 000 羽更换一次针头。注射用灭活疫苗须在注射前 5 ~ 10 小时取出，使其慢慢升至室温，操作时注意随时摇动。要控制好注射免疫的速度，速度过快，容易造成注射部位不准确，灭活疫苗渗漏比例增加，但如果速度过慢也会影响到整体的免疫进度。另外，针头粗细也会对注射结果产生影响，针头过粗，对颈部组织损伤的概率增大，免疫后出血的概率也就越大。针头太细，注射器在推射疫苗过程中阻力增大，疫苗注射到颈部皮下的位置与针孔位置太近，渗漏的比例会增加。

2. 肌内注射法 将稀释后的疫苗，用注射针注射在鸡腿、胸或翅膀肌肉内。注射腿部应选在腿外侧无血管处，顺着腿骨方

向刺入，避免刺伤血管神经；注射胸部应将针头顺着胸骨方向，选中部并倾斜 30 度刺入，防止垂直刺入伤及内脏；2 月龄以上的鸡可注射翅膀肌肉，要选在翅膀根部肌肉多的地方注射。此法适合新城疫 I 系疫苗、灭活疫苗及禽霍乱弱毒苗或灭活苗。

要确保疫苗被注射到鸡的肌肉中，而不是羽毛中间、腹腔或肝脏。有些疫苗，比如细菌苗通常建议皮下注射。

四、刺种免疫法

将疫苗稀释，充分摇匀，用蘸笔或接种针蘸取疫苗，在鸡翅膀内侧无血管处刺种。需 3 天后检查刺种部位，若有小肿块或红斑则表示接种成功，否则需重新刺种。该方法通常用于接种鸡痘疫苗或鸡痘与脑脊髓炎二联苗，接种部位多为翅膀下的皮肤。

翼膜刺种鸡痘疫苗时，要避开翅静脉，并且在免疫 7～10 天后检查“出痘”情况以防漏免。接种后要对所有的疫苗瓶和鸡舍内的刺种器具做好清理工作，防止鸡只的眼睛或嘴接触疫苗而导致这些器官出现损伤。

五、喷雾免疫法

喷雾免疫是操作最方便的免疫方法，局部免疫效果好，抗体上升快、均匀度好。但喷雾免疫对喷雾器的要求比较高，如 1 日龄雏鸡采用喷雾免疫时必须保证喷雾雾滴直径在 100～150 微米，否则雾滴过小会进入雏鸡肺内引起严重的呼吸道反应。而且喷雾免疫对所用疫苗也有比较高的要求，否则喷雾免疫的副反应会比较严重。实施喷雾免疫操作前应重点对喷雾器进行详细检查，喷雾操作结束后要对机器进行彻底清洗消毒，而在下一次使用前应用蒸馏水对上述消毒后的部件反复多次冲洗，以免残留的乙醇影响疫苗质量，同时也要加强对喷雾器的日常维护。喷雾免疫当天停止带鸡消毒，免疫前一天必须做好带鸡消毒工作，以净化鸡舍环境，提高免疫效果。

六、涂肛免疫法

此外，接种传染性喉气管炎、传染性气管炎强毒苗等疫苗时，往往还会用到涂肛免疫法。先提起鸡的两脚，使鸡肛门向上，将肛门黏膜翻出，滴上 1~2 滴疫苗，或用接种刷蘸取疫苗刷 3~5 下。

第三节　免疫计划与免疫程序

当前，鸡疫病多发，控制难度加大。除了要严格实施生物安全措施外，免疫接种是十分有效的防控措施。

鸡的免疫接种是用人工的方法将有效的生物制品（疫苗、菌苗）引入鸡体内，从而激发机体产生特异性的抵抗力，使其对某一种病原微生物具有抵抗力，避免疫病的发生和流行。对于种鸡，不但可以预防其自身发病，而且还可以提高其后代雏鸡母源抗体水平，提高雏鸡的免疫力。由此可见，对鸡群有计划地免疫预防接种是预防和控制传染病（尤其是病毒性传染病）最为重要的手段。

一、免疫计划的制订与操作

制订免疫计划是为了接种工作能够有计划地顺利进行以及对外交易时能提供真实的免疫证据，每个鸡场都应因地制宜根据当地疫情的流行情况，结合鸡群的健康状况、生产性能、母源抗体水平和疫苗种类、使用要求以及疫苗间的干扰作用等因素，制订切实可行的适合本场的免疫计划。在此基础上选择适宜的疫苗，并根据抗体监测结果及突发疾病对免疫计划进行必要的调整，提

高免疫质量。

一般地，可根据免疫程序和鸡群的现状资料提前 1 周拟定免疫计划。免疫计划应该包括鸡群的种类、品种、数量、年龄、性别、接种日期、疫苗名称、疫苗数量、免疫途径、免疫器械的数量和所需人力等内容。表 3.1 所示是某商品蛋鸡 60 日龄新城疫的免疫计划（供参考）。

表 3.1　商品蛋鸡（60 日龄）新城疫免疫计划

鸡群状况	品种	伊莎褐
	用途	商品蛋鸡
	数量（羽）	2 400
	接种疫苗的日龄（天）	60
疫苗	名称、生产厂家和批次	新城疫 I 系
	免疫途径	肌内注射
	数量（瓶）	5（每瓶 500 羽）
稀释液	生理盐水（毫升）	2 500（按每羽 1 毫升稀释）
免疫器械	名称和数量	连续注射器 4 把、6 号针头 5 盒
消毒用品	乙醇棉球（瓶）	3
	镊子（把）	3
	新洁尔灭（瓶）	2
人力和分工	6 人，每 3 人一组	
免疫时间	原定免疫时间	2015. 03. 25
时间	实际免疫时间	
负责人签名		

要重视免疫接种的具体操作，确保免疫质量。技术人员或场长必须亲临接种现场，密切监督接种方法及接种剂量，严格按照各类疫苗使用说明进行规范化操作。个体接种必须保证一只鸡不漏掉，每只鸡都能接受足够的疫苗量，产生可靠的免疫力，宁肯

浪费部分疫苗，也绝不能有漏免鸡；注射针头最好一鸡一针头，坚决杜绝接种感染以免影响抗体效价生成。群体接种省时省力，但必须保证免疫质量，饮水免疫的关键是保证在短时间内让每只鸡都确实地饮到足够的疫苗水；气雾免疫技术要求严格，关键是要求气雾粒子直径在规定的范围内，使鸡周围形成一个局部雾化区。

二、免疫程序的制订原则

鸡有多种传染病，大多数传染病都有可以预防的疫苗，而且某些传染病还有两种或两种以上的疫苗，每一种疫苗的性质和免疫途径又不尽相同，免疫期长短不一。因此，制订免疫程序要全面考虑多种因素的影响，如当地（本疫区）疫病的流行情况、本场以往的发病情况、母源抗体水平、鸡的品种和用途、疫苗的种类、鸡的日龄等。因此各养鸡场不可能制订统一的免疫程序。即使已制订好的免疫程序，在有些情况下也应随着时间的推移和疫病的变化情况不断地进行调整和完善，不是一成不变的。

免疫程序的内容主要包括疫病名称、疫苗名称、接种途径和每种疫苗接种的日龄等。有时候，免疫程序也是某些企业的商业机密，使用这个程序是需要付费的。

免疫程序的制订要因地而异、因季节而异。适合自家养殖场的免疫程序才是最好的免疫程序。所以，制订免疫程序时要结合养殖场的发病史、养殖场所在地的疫病流行情况以及所处季节的疾病流行情况，参考常规免疫程序，灵活制订。

（一）鸡场及周围疫病流行情况

当地鸡病的流行情况、危害程度、鸡场疫病的流行病史、发病特点、多发日龄、流行季节、鸡场间的安全距离等都是制订和设计免疫程序时首先综合考虑的因素，如传染性法氏囊病多发病于 3~5 周龄等。

（二）免疫后产生保护所需时间及保护期

疫苗免疫后因疫苗种类、类型、接种途径、毒力、免疫次数、鸡群的应激状态等不同而产生免疫保护所需时间及免疫保护期差异很大，如新城疫灭活苗注射后需 15 天才具有保护力，免疫期为 6 个月。所以虽然抗体的衰减速度因管理水平、环境的污染差异而不同，但盲目过频的免疫或仅免疫一次以及超过免疫保护期长时间不补免都是很危险的。

（三）疫苗毒力和类型

很多免疫程序只列出应免疫的疫病名称，而没有写出具体的疫苗类型。疫苗有多种分类方法，就同一种疫病的疫苗来说，可有中毒、弱毒、灭活苗之分；同时又有单价和多价之别。每类疫苗免疫以后产生免疫保护所需的时间、免疫保护期、对机体的毒副作用是不同的：一般而言，毒力强副作用大，免疫后产生免疫保护需要的时间短而免疫保护期长；毒力弱则相反；灭活苗免疫后产生免疫保护需要的时间最长，但免疫后能获得较整齐的抗体滴度水平。

（四）免疫干扰和免疫抑制因素

多种疫苗同时免疫，或一种疫苗免疫后由于对免疫器官的损伤从而影响其他疫苗的免疫效果。例如，新城疫单苗和传染性支气管炎单苗同时使用会相互干扰而影响免疫效果；中等毒力法氏囊疫苗免疫后，由于对法氏囊的损伤从而影响其他疫苗的免疫效果。因此，在没有弄清是否有干扰存在情况下，两种疫苗的免疫时间最好间隔 5~7 天。

（五）母源抗体的水平及干扰

母源抗体在保护机体免受侵害的同时也影响免疫抗体的产生，从而影响免疫效果。在母源抗体有保证的情况下，鸡新城疫的首免一般选在 9~10 日龄，法氏囊首免宜在 14~16 日龄。

（六）鸡群健康和用药情况

在饲养过程中，预先制订好的免疫程序也不是一成不变的，而是要根据抗体监测结果和鸡群健康状况及用药情况随时进行调整；抗体监测可以查明鸡群的免疫状况，指导免疫程序的设计和调整。

对发病鸡群，不应进行免疫，以免加剧免疫接种后的反应，但发病时的紧急免疫接种则另当别论；有些药物能抑制机体的免疫，所以在免疫前后尽量不要使用抗生素。

（七）饲养管理水平

在不同的饲养管理方式下，疫病发生的情况及免疫程序的实施也有所差异，在先进的饲养管理方式下，鸡群一般不易遭受强毒的攻击；在落后的饲养管理水平下，鸡群与病原接触的机会较多，同时免疫程序的实施不一定得到彻底落实，此时，对免疫程序的设计就应考虑周全，以使免疫程序更好地发挥作用。

第四节　免疫监测与免疫失败

一、免疫接种后的观察

疫苗和疫苗佐剂都属于异物，除了刺激机体免疫系统产生保护性免疫应答以外，或多或少的也会产生机体的某些病理反应，如鸡只精神状态变差、接种部位出现轻微炎症、产蛋鸡的产蛋量下降等。反应强度随疫苗质量、接种剂量、接种途径以及机体状况而异，一般经过几小时或 1～2 天会自行消失。活疫苗接种后还要在体内生长繁殖、扩大数量，具有一定的危险性。因此，在接种后 1 周内要密切观察鸡群反应，疫苗反应的具体表现和持续时间参看疫苗说明书，若反应较重或发生反应的鸡数量超过正常

比例时，需查找原因，及时处理。

二、免疫监测

在养鸡生产中，长期对血清学监测是十分必要的，这对疫苗选择、疫苗免疫效果的考察、免疫计划的执行是非常有用的。通过血清学监测，可以准确掌握疫情动态，根据免疫抗体水平科学地进行综合免疫预防。在鸡群接种疫苗前后对抗体水平的监测十分必要，免疫后的抗体水平与疾病防御紧密相关。

1. 免疫监测的目的　接种疫苗是目前防御疫病传播的主要方法之一，但影响疫苗效果的因素是多方面的，如疫苗质量、接种方法、动物个体差异、免疫前已经感染某种疾病、免疫时间以及环境因素等均对抗体产生重要影响，给养鸡生产造成巨大的经济损失。因此，在接种疫苗前对母源抗体的监测及接种后是否能产生抗体或合格的抗体水平的监测和评价就具有重要的临床意义和经济意义。

通过对抗体的监测可以做到：

（1）准确把握免疫时机：如在种鸡预防免疫工作中，最值得关注的就是强化免疫的接种时机问题。在两次免疫的间隔时间里，种鸡的抗体水平会随着时间逐渐下降，而在何种水平进行强化免疫是一个令人头疼的问题。因为有过高的抗体水平进行免疫，不仅浪费疫苗，增加了经济成本，而且过高的抗体水平还会中和疫苗，影响疫苗的免疫效果，导致免疫失败；但是在较低的抗体水平进行免疫，又会出现抗体保护真空期，威胁种鸡的健康。试验结果证明，在进行禽流感疫苗免疫时，如果免疫对象的群体抗体滴度过高会导致免疫后抗体水平出现明显下降，抗体上升速度和峰滴度都难以达到期望的水平；免疫时群体抗体滴度低的群体的免疫效果较好。这一结果主要是由于过高的群体抗体滴度会中和疫苗中免疫抗原，导致免疫效果不佳和免疫失败。为达到较好的免疫效果，应选择在群体抗体滴度较低时进行，但考虑到过低的抗体水平（<4log2）会影响到种鸡的群体安全，所以种鸡的禽流感强化免疫应选择在群体抗体滴度4～5log2时进行，这样取得的抗体效价会最好。

（2）及时了解免疫效果：应用本产品对免疫鸡群进行抗体检测，其80%以上结果呈阳性，预示该鸡群平均抗体水平较高，处于保护状态。

（3）及时掌握免疫后抗体动态：实验证明对鸡新城疫抗体的监测中，抗体滴度在4log2鸡群的保护率为50%左右，在4log2以上的保护率可达90%～100%；在4log2以下非免疫鸡群保护率约为9%，免疫过的鸡群约为43%，根据鸡群1%～3%比例抽样，抗体几何平均值达5～9log2，表明鸡群为免疫鸡群，且免疫效果甚佳。对种鸡的要求新城疫抗体水平应在9log2最为理想，特别是5log2以下的鸡群要考虑加强免疫，使种鸡产生坚强的免疫抗体，才能保证种鸡群的健康发展，孵化出健壮的雏鸡；对普通成年鸡群抵抗强毒新城疫的攻击的抗体效价不应小于6log2。

（4）种蛋检疫：卵黄抗体水平一方面能实时反映种鸡群的抗体水平及疫苗免疫效果，另一方面能为子代雏鸡免疫程序的制订提供科学依据。因此建议，有条件的养鸡场，对外购种蛋应按0.2%的比率抽检，进行抗体监测，掌握种蛋的质量，判断子代鸡群对哪些疾病具有保护能力以及有可能引发的疾病流行状况，防止引进野毒造成疾病流行。

2. 监测抽样 随机抽样，抽样率根据鸡群大小而定，一般10 000羽以上鸡群按0.5%抽样，1 000～10 000羽按1%抽样，1 000羽以下不少于3%。

3. 监测方法 新城疫和禽流感均可运用血凝试验（HA）和血凝抑制试验（HI）监测，具体方法参照GB/T 16550—2008《新城疫诊断技术》和GB/T 18936—2003《高致病性禽流感诊断

技术》。

三、免疫失败的原因与注意事项

（一）免疫程序坚定不移，终生不变

有些养殖场户，自始至终使用一个固定的免疫程序，特别是在应用了几个饲养周期，自我感觉还不错的免疫程序，就一味地坚持使用。没有根据当地的流行病学情况和自己鸡场的实际情况，灵活调整并制订适合自己鸡场的免疫程序。

没有一个免疫程序是一成不变、一劳永逸的。制订自己鸡场合理的免疫程序，需要随时根据相应的情况加以调整。

（二）接种途径路子不对

有了好的免疫程序，更要有正确免疫接种的途径，否则仍然可以造成免疫失败。有些养殖场户，嗜呼吸道性的疫苗不用滴鼻接种，鸡痘疫苗不用翼膜刺种，该点眼接种的用注射，该注射接种的用饮水，随便改变接种途径，肯定会影响免疫效果。

鸡的免疫途径有多种，对不同的疫苗应该使用合适的途径进行接种。点眼滴鼻接种适用于新城疫Ⅱ系、Ⅳ系疫苗和传染性支气管炎疫苗的接种；翼下刺种适用于鸡痘疫苗；禽流感、禽霍乱等疫（菌）苗以肌内注射为好；对肉鸡群体免疫，最常用、最简便的方法就是饮水法，新城疫Ⅱ系、Ⅳ系苗，传染性支气管炎H120疫苗、传染性法氏囊弱毒疫苗等都可以使用饮水免疫法；气雾免疫省时省力，而且对某些与呼吸道有亲嗜性的疫苗效果最好，如鸡新城疫各系疫苗、传染性支气管炎弱毒疫苗等。

不同的免疫途径对提高肉鸡机体的免疫力有不同的效果。例如，新城疫的免疫效果最好的是气雾法，其他免疫途径的效果依次是点眼法、滴鼻法、注射法、饮水法。呼吸道类传染病首免最好是滴鼻、点眼和喷雾免疫，这样既能产生较好的免疫应答又能避免母源抗体的干扰。

另外，不同的疫病由于感染门户和免疫门户不同，免疫时所采用的免疫方法也有所不同。如呼吸道疾病一般采用气雾、滴鼻、点眼的方法进行，法氏囊病一般采用消化道免疫方法如滴口和饮水，鸡痘一般采取刺种法，等等。

不同疫苗的免疫使用途径有相对的固定性。如在一般情况下，弱毒苗多采用饮水、点眼、滴鼻、气雾、注射、刺种等途径，而灭活疫苗只能采用注射法。

（三）联合免疫相互干扰，两败俱伤

新城疫与传染性支气管炎、新城疫与鸡痘等，不同疫苗之间存在着一定的干扰现象，二者同时接种或接种时间安排不合理，就会导致二者相互干扰，最终导致免疫失败。

临床上，有些药物能够干扰疫苗的免疫应答。如肾上腺皮质激素、抗生素中的氯霉素、卡那霉素及痢特灵等，如果接种疫苗时同时使用这些药物，就能影响免疫效果。有些养鸡场（户）在使用病毒性疫苗时，在稀释液中加入抗菌药物，引起疫苗病毒失活，效力下降，从而导致免疫失败。

免疫接种时，不同的疫苗需要间隔 5～7 天使用；接种弱毒活苗前后各 3～5 天，停止使用抗生素，避免使用消毒药饮水，或带鸡喷雾消毒；稀释疫苗时不可加入抗菌药物。

（四）忽视应激，免疫抑制

无论采取哪种途径给肉鸡进行免疫接种，都是一种应激因素。如果在接种的同时或在相近的时间内给肉鸡换料、转群，就会加重应激反应，导致免疫失败。

疫苗的不正确使用，可以破坏肉鸡的免疫器官，从而造成免疫抑制，影响免疫效果。

为了降低接种疫苗时对肉鸡的应激，可在接种疫苗的前一天添加抗应激药物，如多维电解质（尤其含维生素 A、维生素 E）、复合无机盐添加剂等，也可以使用维生素 C、维生素 K 或免疫增

强剂等拌料或饮水。接种后，加强饲养管理，适当提高舍温2～3℃。

疫苗接种不是控制肉鸡发病的“王牌”。任何免疫接种程序都必须考虑选择合适的疫苗（包括疫苗毒株和病毒的滴度）、合适的疫苗使用途径、接种对象的日龄和恰当的接种技术。

（五）工作态度草率，敷衍塞责

接种过程中，敷衍塞责，马虎潦草。有的滴鼻、点眼时疫苗还没有滴入眼内或鼻内就将鸡放开，没有足够的疫苗进入眼内或鼻内；捉鸡时方法简单，行为粗暴，给鸡造成很大的应激；为了赶进度，漏免漏防的鸡过多；注射免疫时，针头不更换、消毒不严格，沾染了细菌或病毒；饮水免疫时，疫苗的浓度配制不当，疫苗的稀释和分布不匀，用水量过多，鸡一时喝不完，或用水量过少，有些鸡尚未饮到等，这些都严重影响免疫效果。

免疫操作要选择技术熟练责任心强的人员操作。使用疫苗前，要了解所选疫苗的特性、有效期、冻干瓶真空度以及运输、保存要求等，确保疫苗没有什么问题之后方能选用；疫苗在贮存过程中，要定时检测保存温度，看温度是否恒定，注意存放疫苗的冰箱是否经常停电；按照疫苗说明书上规定的稀释液稀释，稀释倍数要准确；随用随稀释，稀释后的疫苗避免高温及阳光直射，在规定的时间内用完；使用剂量一定要参照说明书使用，大群接种时，为了弥补操作过程中的损耗，应适当增加10%～20%的用量。

大群饲养的肉鸡要进行隔断，每隔断鸡数在1 500只左右，拦好后防止跑鸡，光线适当调得暗些；免疫操作速度要慢，保证免疫质量，防止漏免；放鸡的位置，放些装有垫料的袋子，把鸡放到袋子上，不要直接扔到地上，减少对鸡的应激；夏季免疫时尽量避开一天中最热的时间。

第五节 发生传染病时的紧急处置

传染病的一个显著特点是具有潜伏期，病程的发展有一个过程。由于鸡群中个体体质的不同，感染的时间也不同，临床症状表现得有早有晚，总是部分鸡只先发病，然后才是全群发病。因此，饲养人员要勤于观察，一旦发现传染病或疑似传染病，需尽快进行紧急处理。

一、封锁、隔离和消毒

一旦发现疫情，应将病鸡或疑似病鸡立即隔离，指派专人管理，同时向养鸡场所有人员通报疫情，并要求所有非必须人员不得进入疫区和在疫区周围活动，严禁饲养员在隔离区和非隔离区之间来往，使疫情不致扩大，有利于将疫情限制在最小范围内就地消灭。在隔离的同时，一方面立即采取消毒措施，对鸡场门口、道路、鸡舍门口、鸡舍内及所有用具都要彻底消毒，对垫草和粪便也要彻底消毒，对病死鸡要做无害化处理；另一方面要尽快做出诊断，以便尽早采取治疗或控制措施。最好请兽医师到现场诊断，本场不能确诊时，应将刚死或濒死期的鸡放在严密的容器中，立即送有关单位进行确诊。当确诊或怀疑为严重疫情时，应立即向当地兽医部门报告，必要时采取封锁措施。

治疗期间，最好每天消毒1次。病鸡治愈或处理后，再经过一个该病的潜伏期的时限，并再进行1次全面的大消毒，之后才能解除隔离和封锁。

二、紧急免疫接种

在确诊的基础上，为了迅速控制和扑灭疫病，应对疫区和受

威胁区的鸡群进行应急性的免疫接种，即紧急接种。紧急接种的对象包括：有典型症状或类似症状的鸡群；未发现症状，但与病鸡及其污染环境有过直接或间接接触的鸡群；与病鸡同场或距离较近的其他易感鸡群。接种时最好做到勤换针头，也可将数十个针头浸泡在刺激性较小的消毒液（如0.2%的新洁尔灭）中，轮换使用。紧急接种：包括疫苗紧急接种和被动免疫接种。

1. 紧急免疫接种　实践证明，利用弱毒或灭活苗对发病鸡群或可疑鸡群进行紧急免疫，对提高机体免疫力、防御环境中病原微生物的再感染具有良好效果。如用Ⅳ系弱毒苗饮水，或同时用鸡新城疫油乳剂灭活苗皮下注射，对发生新城疫的鸡群紧急接种是临床上常用的方法。

2. 被动免疫接种（免疫治疗）　这是一种特异性疗法，是采用某种含有特异性抗体的生物制品如高免血清、高免卵黄等针对特定的病原微生物进行治疗。其最大的优点是：对病鸡有治疗作用，对健康鸡有预防作用。如利用高免血清或高免卵黄治疗鸡传染性法氏囊炎。其缺点有：外源性抗体在体内消失较快，一般7~10天仍需进行疫苗免疫；有通过高免血清或卵黄携带潜在病原的可能。因此免疫治疗只能作为防病治病的应急措施，不能因此而忽略其他的预防措施。

3. 药物治疗　治疗的重点是病鸡和疑似病鸡，但对假定健康鸡的预防性治疗亦不能放松。治疗应在确诊的基础上尽早进行，这对及时消灭传染病、阻止其蔓延极为重要。

有条件时，在采用抗生素或化学药品治疗前，最好先进行药敏实验，选用抑菌效果最好的药物，并且首次剂量要大，这样效果较好。

也可利用中草药治疗。不少中草药对某些疫病具有相当好的疗效，而且不产生耐药性，无毒副作用，现已在鸡病防制中占相当地位。

4. 护理和辅助治疗 鸡在发病时，由于体温升高、精神呆滞、食欲减退、采食和饮水减少，造成病鸡摄入的蛋白质、糖类、维生素、矿物质水平等低于维持生命和抵御疾病所需的营养需要。因此必要的护理和辅助治疗有利于疾病的转归。

（1）可通过适当提高舍温、勤在鸡舍内走动、勤搅拌料槽内饲料、改善饲料适口性等方面促进鸡群采食和饮水。

（2）依据实际情况，适当改善饲料中营养物质的含量或在饮水中添加额外的营养物质。如适当增加饲料中能量饲料（如玉米）和蛋白质饲料的比例，以弥补食欲降低所减少的摄入量；增加饲料中维生素 A、维生素 C 和维生素 E 的含量，这对于提高机体对大多数疾病的抵抗力均有促进作用；增加饲料维生素 K 对各种传染病引起的败血症和球虫病等引起的肠道出血都有极好的辅助治疗作用；另外，在疾病期间家禽对核黄素的需求量比正常时高 10 倍，对其他 B 族维生素（烟酸、泛酸、维生素 B_1、维生素 B_{12}）的需要量为正常时的 2～3 倍。因此在疾病治疗期间，适当增加饲料中维生素或在饮水中添加一定量的速补-14 或其他多维电解质一类的添加剂极为必要。

第四章　鸡病的诊断与治疗方法

鸡病的诊断方法包括问诊、群体检查、个体检查、尸体剖检等，这些方法所采用的手段是望、闻、问、切和利用刀、剪及镊子等器械进行尸体解剖来全面地收集有关资料、症状、病理变化，称为临床诊断法。有时，临床诊断难以确诊，就必须进行实验室诊断。

第一节　鸡病诊断中常见的病理变化

一、充血

（一）充血的定义

充血是指小动脉和毛细血管扩张，流入到组织器官中的动脉血量增加，流出的血量正常，使组织器官中的动脉血量增多的一种现象。

（二）充血的病理变化

充血时由于组织器官中动脉含血量增多，外观表现为鲜红色，充血的器官稍增大，温度比正常时稍高，组织器官的功能增强。有时可见鸡的肠壁和肠系膜血管充血，表现为明显的树枝状，鲜红色，养殖户反映的肠子严重出血多属此类（图 4. 1）。

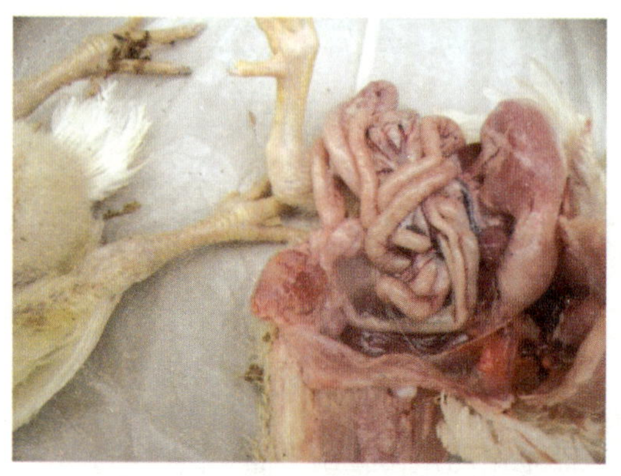

图 4.1　肉鸡猝死，常见肠系膜血管充血

二、瘀血

（一）瘀血的定义

瘀血是由于小静脉和毛细血管回流受阻，血液瘀积在小静脉和毛细血管中，流入正常，流出减少，使组织器官中静脉血含量增多的现象。

（二）瘀血的病理变化

腹水综合征时，肠管、脾脏瘀血（图 4.2）明显，特别是肠管，表现为肠壁呈暗红色，血管明显增粗，充满暗红色血液。鸡传染性喉气管炎、禽流感、新城疫等疾病鸡的全身瘀血，头颈部最容易看到，表现为鸡冠、肉髯、皮肤、食管黏膜、气管黏膜呈暗红色或紫红色。

三、出血

（一）出血的定义

血液流出心脏或血管以外称为出血。

图 4.2 肉鸡腹水综合征，出现肝脏、脾脏瘀血、肿大

（二）出血的病理变化

在多数疾病中发生的出血多表现为点状、斑状或弥漫性出血。色泽呈红色或暗红色。

鸡传染性法氏囊病多表现为腿肌、胸肌、翅肌的条纹状或斑块状出血（图 4.3、图 4.4）；禽流感可发生多处出血，如腺胃、心肌、气管黏膜、肾、肺（图 4.5、图 4.6）等处出血，特征为腿部鳞片下出血。

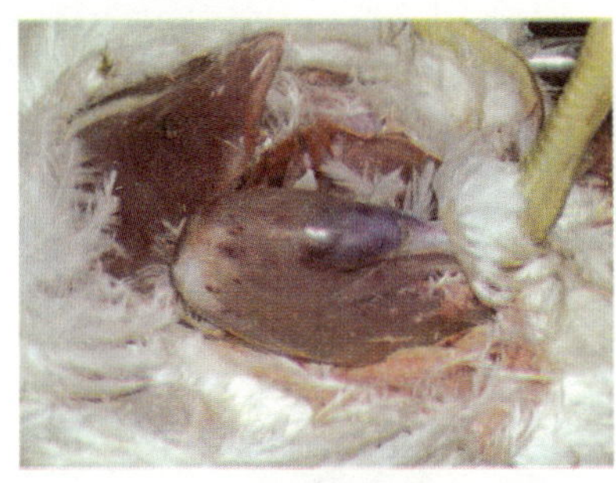

图 4.3 鸡传染性法氏囊病表现的腿肌条纹状或斑点状出血（1）

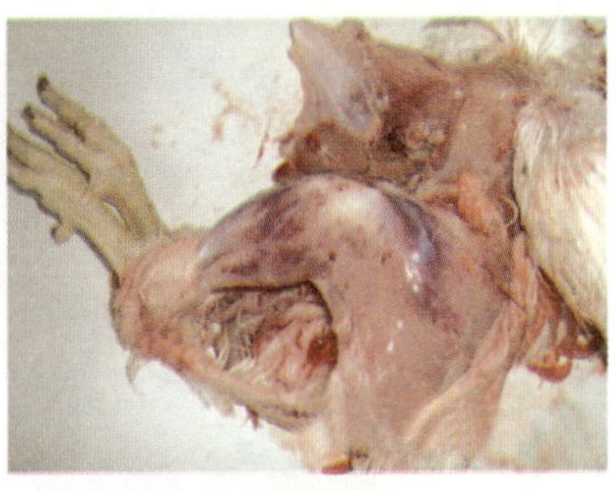

图 4.4 鸡传染性法氏囊病表现的腿肌条纹状或斑点状出血（2）

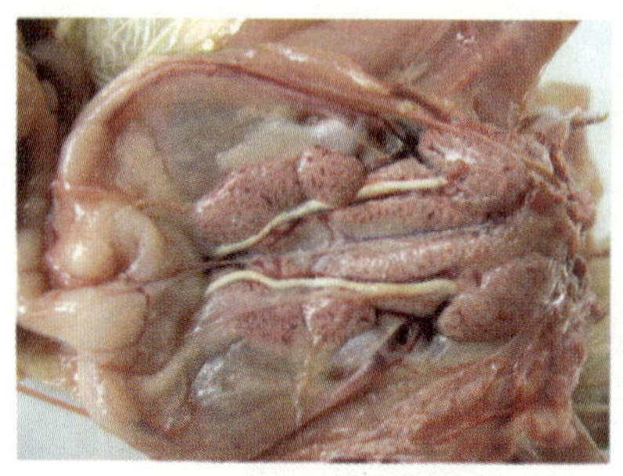

图 4.5　肾脏出血

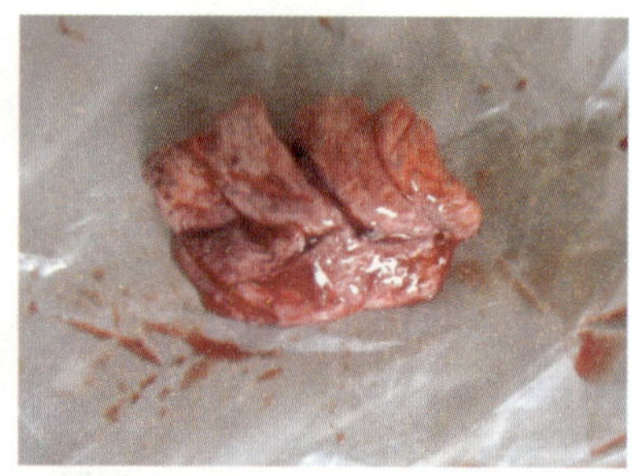

图 4.6　肺出血

四、贫血

(一) 贫血的定义

单位容积血液内红细胞数或血红蛋白低于正常范围，称为贫血。

(二) 贫血的病理变化

贫血可分为局部贫血和全身性贫血。鸡的贫血主要是全身性贫血。鸡贫血时主要表现为冠髯苍白（图 4.7），肌肉苍白等。

图 4.7　鸡传染性贫血表现的冠髯苍白

五、水肿

（一）水肿的定义

组织液在组织间隙蓄积过多的现象称为水肿。

不同的水肿，具体原因不同，如心性水肿、肝性水肿、营养性水肿、炎性水肿等。临床上还可常见到大肠杆菌病的水肿（图 4.8）。

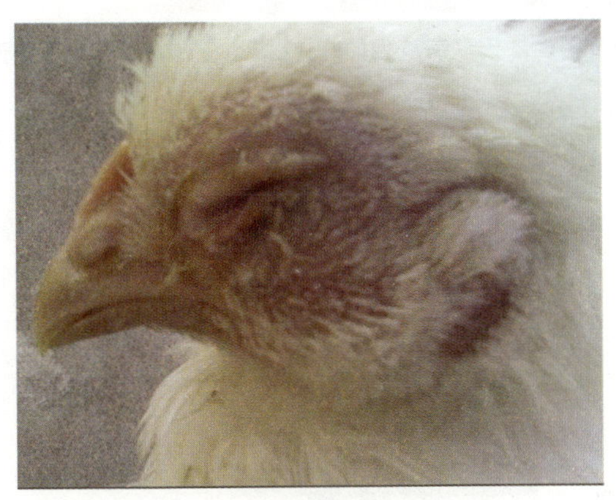

图 4.8　大肠杆菌病表现的肿头肿脸

（二）水肿的病理变化

鸡的水肿表现为局部皮下、肌间呈淡黄色或灰白色胶冻样浸润，如维生素 E-硒缺乏时腹下、颈部等部位呈淡黄色或蓝绿色黏液样水肿；法氏囊病时法氏囊呈淡黄色胶冻样水肿（图 4.9）；腹水综合征则表现为腹腔积水，呈无色或灰黄色；禽流感时肺充血、水肿（图 4.10），面部肿胀，皮下胶冻样渗出（图 4.11）。

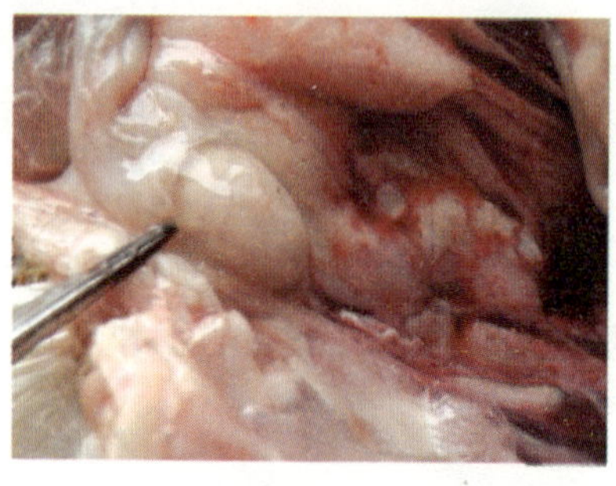

图 4.9　肉鸡传染性法氏囊病表现的法氏囊水肿

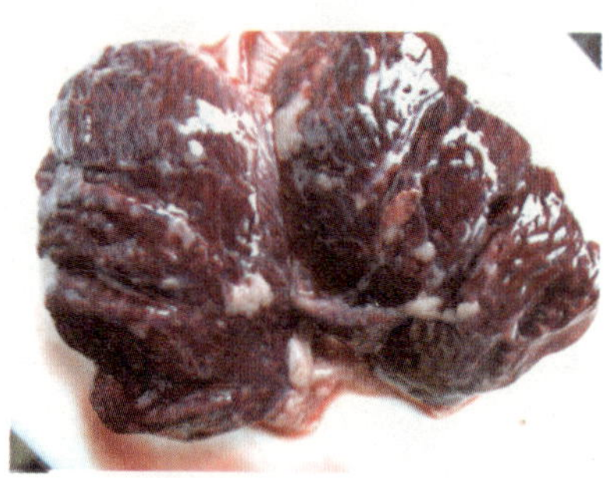

图 4.10　禽流感表现的肺出血、水肿

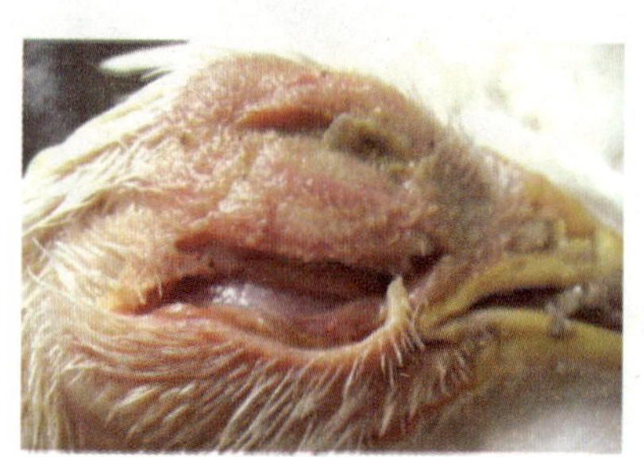

图 4.11　面部肿胀，胶冻样渗出

六、萎缩

（一）萎缩的定义

已经发育到正常大小的组织、器官，由于物质代谢障碍导致体积小、功能减退的过程，称为萎缩。

（二）萎缩的病理变化

在鸡中常见全身性萎缩，表现为生长发育不良，机体消瘦贫血，羽毛松乱无光，冠髯萎缩、苍白，血液稀薄，全身脂肪耗尽，肌肉苍白、减少，器官体积缩小、重量减轻，肠壁菲薄。例如，

肉鸡痛风时，鸡体消瘦，肌肉萎缩（图4.12）。局部萎缩常见于马立克病时受害肢体鸡肉严重萎缩。肾脏萎缩时体积缩小，色泽变淡。

图4.12　肉鸡痛风表现的鸡体消瘦，肌肉萎缩

七、坏死

（一）坏死的定义

活体内局部组织活细胞的病理性死亡称为坏死。

（二）坏死的病理变化

组织坏死的早期外观往往与原组织相似，不易辨认。时间稍长可发现坏死组织失去正常光泽或变为苍白色，混浊（图4.13）；失去正常组织的弹性，捏起或切断后，组织回缩不良；没有正常的血液供应，故皮肤温度降低。

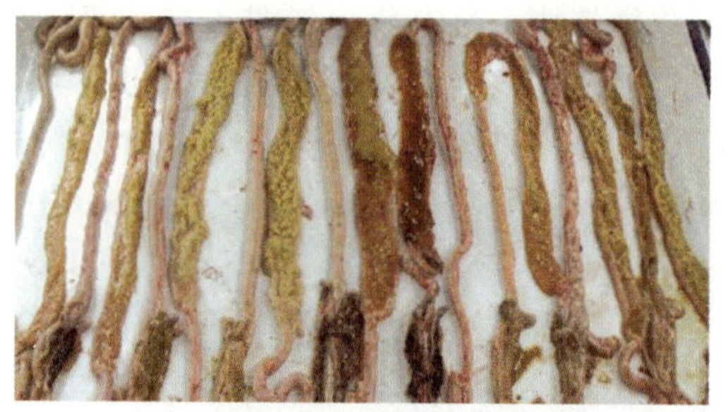

图 4. 13　肉鸡坏死性肠炎表现的肠黏膜坏死

第二节　鸡病的临床诊断方法

一、调查询问

症状是什么？

症状是什么时候开始出现的？

您有先前任何检查的病历吗？

这些症状是否已经持续了一段时间？或者之前就发生过类似的症状？

技术特征是什么？

二、观察群体情况

当评价多个鸡舍和鸡群时，通常先看健康鸡、后看病鸡，再从青年鸡到老年鸡。

整体评价鸡群：有明显症状吗？如果有，有多少只鸡表现症状，症状严重吗？鸡的整齐度如何？

对病鸡和异常鸡进行临床诊断。

在鸡棚内慢慢地走，甚至蹲下来，认真、仔细地观察、检查（图 4.14），把所观察到的每一种症状，按照系统进行分类，如消化系统症状、呼吸系统症状、繁殖系统症状、骨骼肌和神经系统症状、皮肤和羽毛的症状等。这样分类可以排除很多疾病，有助于更准确地诊断。

当然，有时由一种症状不能直接推断出是哪种疾病，这就需要识别多种症状以更好地诊断疾病。一种疾病常常有多种症状，因此很难通过一种症状就确诊是哪种疾病。除了主要症状外，像禽流感和新城疫等呼吸系统疾病也可以引起跛行和腹泻（图 4.15）。

图 4.14　观察鸡群

图 4.15　新城疫引起的绿色腹泻

（一）观察鸡群精神状态

通过对精神状态的观察，了解疾病发展的进程和时期。

1. 正常状态下　鸡对外界刺激反应比较敏感，听觉敏锐，两眼圆睁有神。有一点刺激就头部高抬，来回观察周围动静，严重刺激会引起惊群、发出鸣叫。

当走过鸡群时，观察鸡群是否有足够的好奇心，是平静还是躁动，是否全部站立起来，并发出叫声，眼睛看着你（图 4.16）。那些不能站立的鸡，可能就是弱鸡或病鸡。

图 4.16 警觉的鸡群

2. 病理状态下 在病态时首先反映到精神状态的变化，会出现精神兴奋、精神沉郁和嗜睡。

（1）兴奋：对外界轻微的刺激或没有刺激表现强烈的反应，引起惊群、乱飞、鸣叫，鸡群中出现乱跑的鸡只（图 4.17）。临床多表现为药物中毒，维生素缺乏等。

图 4.17 鸡群中出现乱跑的鸡只

（2）精神沉郁：鸡群对外界刺激反应轻微，甚至没有任何

反应，表现呆立、头颈卷缩、两眼半闭、行动呆滞等（图4.18）。临床上许多疾病均会引起精神沉郁，如雏鸡沙门杆菌感染、禽霍乱、法氏囊炎、新城疫、禽流感、传染性支气管炎、球虫病等。

（3）嗜睡：重度的萎靡、闭眼似睡、站立不动或卧地不起，给以强烈刺激才引起轻微反应甚至无反应（图4.19）。可见于许多疾病后期，往往预后不良。

图4.18　法氏囊炎导致病鸡精神沉郁

图4.19　病鸡嗜睡

（二）观察鸡群采食状况

病理状态主要是采食量过低。发现这种现象，提示饲养者注意以下可能存在的问题。

1. 雏鸡质量问题　雏鸡沙门杆菌（鸡白痢）（图4.20）、大肠杆菌等病菌感染。

2. 饲养管理问题　育雏温度过低或波动太大，鸡舍湿度过大。温度过低极易造成鸡群受凉（图4.21），湿度过大极易造成鸡白痢、球虫病，同时温差过大还会造成“大肚子病”，均会影响采食。

图 4.20 感染鸡白痢的雏鸡

图 4.21 舍内湿度大，温度低，采食量小

3. 饲料问题 饲料原料霉菌（图 4.22、图 4.23）是一个较普遍而又不易解决的问题，一方面，霉菌毒素导致肝脏、肾脏、胰腺变性坏死，肌胃角质膜糜烂，腺胃、肠黏膜损伤，肠道菌群失调，消化不良、拉稀；另一方面，造成鸡免疫抑制，使其他病原体继发感染，特别是新城疫、大肠杆菌等的继发感染。

图 4.22 优质饲料原料玉米

图 4.23 发霉的玉米

4. 饮水问题 饮水不洁、水温过低、供水或水位不足等（图 4.24），均会导致采食量下降，消化不良、拉稀。

5. 用药不当 许多药物（如痢菌净、喹诺酮类药物）早期用量过大，对胃肠道会造成一定的危害，轻者拉料粪，重者胃溃疡，直接影响采食量（图 4.25）。

图 4. 24　给鸡充足的饮水位置

图 4. 25　磺胺类药物中毒时肌胃腺胃交界处出血

6. 疾病原因　肠毒综合征、病毒性疾病（如 H9 型禽流感、新城疫等)、腺胃炎（图 4. 26、图 4. 27）等疾病，都会出现鸡采食量过低或长时间采食量维持在同一水平而不增料的现象。

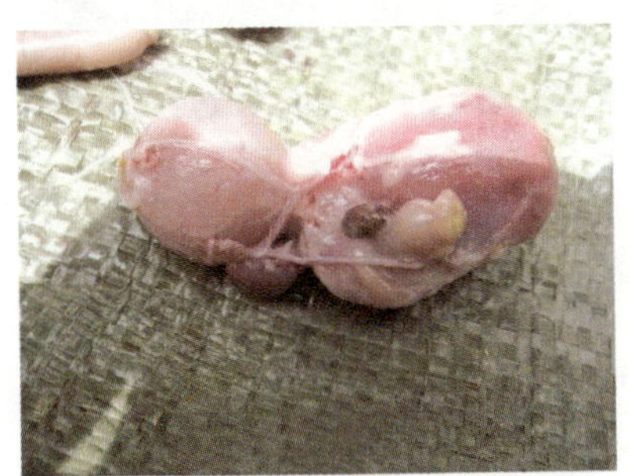

图 4. 26　腺胃肿大如乒乓球

图 4. 27　肌胃角质层糜烂，腺胃乳头水肿

7. 应激反应　雏鸡早期饲养过程中存在众多应激危害因素，如接雏、扩群、免疫、换料、密度过大等，应激反应会导致胃肠功能障碍、菌群失调，进而影响胃肠道的正常消化功能。

（三）观察鸡群粪便变化

1. 正常粪便的形态和颜色　鸡有三种不同种类的粪便：

（1）小肠粪：大量的小肠粪呈逗号状或海螺状，正常的小肠粪表面有裂纹，挤压时干燥（图 4.28）。

（2）盲肠粪：早晨鸡排泄黏糊、湿润、有光泽的盲肠粪，颜色由焦糖色到巧克力褐色（图 4.29）。

（3）肾脏分泌的尿酸盐：不同于哺乳动物，鸡没有膀胱，所以不排尿，但是可以把尿液转变为尿酸结晶，沉积在粪便表面形成一层白色。

图 4.28　正常的小肠粪便呈逗号状

图 4.29　盲肠粪

表格 4.1 所示是异常鸡粪和可能的原因。

表 4.1　异常粪便提示鸡可能的发病原因

粪便表现	提示可能的发病原因
均质稀薄	小肠问题
水串状尿酸盐，粪便呈块状	病毒感染（例如法氏囊炎、肾型传染性支气管炎）
可见未消化的成分（料粪）	消化功能较差
橙红色，黏稠串状	鸡长时间没有采食，或感染小肠球虫
粪便带血	感染球虫

续表

粪便表现	提示可能的发病原因
深绿色鸡粪	食欲减退或严重的急性腹泻，导致鸡粪表面有胆汁盐
黄色稀薄盲肠粪，有气体生成	小肠功能失调或饲喂不当
白色水样鸡粪	感染引起的肾病或不当的采食

（1）温度对粪便的影响：因粪道和尿道相连于泄殖腔，粪尿同时排出，鸡又无汗腺，体表覆盖大量羽毛。因此舍温增高，粪便会变得相对比较稀，特别是夏季会引起水样腹泻（图4.30）；温度偏低，粪便变稠。

图 4.30　舍温增高，鸡排出水样稀便

（2）饲料原料对鸡粪便的影响：若饲料中加入杂饼杂粕（如菜籽粕）、抗生素与药渣，会使粪便发黑；若饲料加入白玉米和小麦，会使粪便颜色变浅变淡。

（3）药物对粪便影响：若饲料中加入腐殖酸钠会使粪便变黑。

2. 粪便异常变化

(1) 粪便颜色变化：

1) 粪便发白：粪便稀而发白如石灰水样（图 4.31），在泄殖腔下羽毛被尿酸盐污染呈石灰水渣样，就要考虑法氏囊炎、肾型传染性支气管炎、雏鸡白痢、钙磷比例不当、维生素 D 缺乏、痛风等。

2) 鱼肠子样粪便（图 4.32）、西瓜瓤样便（图 4.33）：粪便内带有黏液，红色似西红柿酱色，多见小肠球虫、出血性肠炎或肠毒综合征。

3) 发热性鸡病的恢复期：多排出绿色稀薄粪便（图 4.34）。

图 4.31　伴有大量尿酸盐的料粪

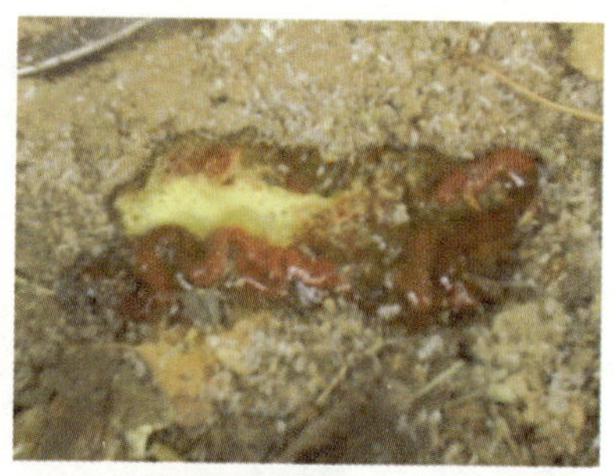
图 4.32　鱼肠子样稀便，伴有多量尿酸盐

图 4.33　伴有大量尿酸盐的西瓜瓤样便

图 4.34　恢复期排出绿色稀薄粪便

（2）粪便性质变化：

1）水样稀便：粪便呈水样，临床多见食盐中毒、卡他性肠炎。

2）粪便中有大量未消化的饲料：粪酸臭，多见消化不良，肠毒综合征（图 4.35、图 4.36）。

3）粪便中带有黏液：粪便中带有大量脱落上皮组织和黏液，粪便腥臭，临床多见坏死性肠炎、流感、热应激等。

图 4.35　稀薄的料粪

图 4.36　料粪

（3）粪便异物：粪便中带有大线虫，临床多见线虫病（图 4.37）。

图 4.37　粪便中带有大线虫

（四）观察鸡群生长发育及生产性能

肉鸡主要观察鸡只生长速度，发育情况及均匀度（图4.38）。若鸡群生长速度正常，则发育良好，整齐度基本一致（图4.39）。突然发病，多见于急性传染病或中毒性疾病；若鸡群发育差，生长慢，整齐度差，临床多见于慢性消耗性疾病、营养缺乏症或抵抗力差而继发其他疾病。

图4.38 鸡群均匀度较差

图4.39 鸡群发育比较整齐

三、个体检查

（一）呼吸系统观察

呼吸道疾病的早期症状相同，通过这些症状不能判断疾病的轻重，需要通过与呼吸道疾病相关的其他症状来判断疾病的严重程度。因此，养鸡户需要把鸡的死亡率是否增加，日增重是否降低，采食或饮水是否减少等信息经常告诉兽医。另外，进一步的实验室检测将会确诊疾病。

鸡的异常声音其实也是一种症状（表4.2）。当进入鸡舍时拍手或大声吹口哨，鸡还是原地不动，则能听到较弱的嘎嘎声和咳嗽声（鸡群水平）。

如果怀疑有呼吸道感染，抓一只鸡把它的胸部放到耳边，听

且感觉是否有异常的呼吸（鸡个体水平）。

表 4.2　声音也是一种症状

声音类型	原因	可能原因
无异常呼吸音，张口呼吸	呼吸道有少量黏液或炎性液体	发热；鸡舍内温度过高；肺部真菌感染；疼痛
异常呼吸音	少量炎性液体轻微刺激黏膜，眼睛潮湿	不良的鸡舍环境气候：氨气浓度高，相对湿度低；免疫疫苗后的反应；病毒感染
喷嚏	上呼吸道黏膜受刺激，同时眼部发炎	病毒或细菌感染；免疫疫苗后的反应
发出嘎嘎声	鼻腔和气管上部的黏膜受刺激，同时有大量的黏液	不良的鸡舍环境导致大肠杆菌感染；如果症状突然则为传染性支气管炎或新城疫
张口呼吸、尖叫	呼吸道炎症，黏稠的黏液，经常会突然窒息	禽流感、新城疫、传染性支气管炎、传染性喉气管炎与大肠杆菌的混合感染

1. 病理状态下呼吸系统异常

（1）张嘴伸颈呼吸：表现呼吸困难，多由呼吸道狭窄引起，临床多见传染性喉气管炎后期、白喉型鸡痘、支气管炎后期（图4.40、图4.41）；小鸡出现张嘴伸颈呼吸多见肺型白痢或霉菌感染。热应激时也会出现张嘴呼吸，应注意区别。

（2）甩血样黏条：在走道、笼具、食槽等处发现有带黏液血条，临床多见喉气管炎。

（3）甩鼻音：听诊时听到鸡群有甩鼻音，临床多见传染性鼻炎、支原体等。

图 4.40 病鸡张口伸颈呼吸（1）

图 4.41 病鸡张口伸颈呼吸（2）

（4）怪叫音：当鸡只喉头部气管内有异物时会发出怪音，临床多见传染性喉气管炎、白喉型鸡痘、球虫病等。

（5）检查鼻腔：用左手固定鸡的头部，先看两鼻腔周围是否清洁，然后用右手拇指和食指挤压两鼻孔，观察鼻孔有无鼻液或异物。

有些呼吸道病还会从鼻孔流出黏液（图 4.42）；厚垫料饲养的肉鸡，有时可发现感冒的病鸡在鼻孔上粘有稻壳（图 4.43）。

图 4.42 鼻孔流出清亮黏液

图 4.43 鼻孔上粘有稻壳

（二）鸡只的外观检查

1. 站立 正常鸡站立时挺拔（图 4.44）。若鸡站立时呈蜷缩状（图 4.45），则体况不佳；一只脚站立时间较长，可能是胃

疼，多见于肠炎、腺胃炎等疾病；跗关节着地（图 4.46），第一征兆就是发生了腿病（如钙缺乏）。

图 4.44　正常鸡站立时挺拔

图 4.45　鸡站立时蜷缩

图 4.46　跗关节着地

图 4.47~图 4.49 所示是发出疾病信号的鸡只。发现这样的鸡只应立即挑出，不然会影响到其他鸡的生长与健康；病鸡是严重的威胁者。

图 4. 47　病鸡（1）

图 4. 48　病鸡（2）

图 4. 49　病鸡（3）

羽毛湿润污秽（图 4. 50），可以提示垫料过于潮湿。

观察中间靠边站的那只“站岗鸡”（图 4. 51），说明鸡群里有大肠杆菌感染。

图 4. 50　羽毛湿润污秽

图 4. 51　“站岗鸡”

鸡群里这只打盹的鸡（图 4. 52），看上去缩头缩脑、反应迟钝、不愿走动、不理不睬、闭目呆立、眼睛无神、尾巴下垂、行动迟缓。一旦发生疫病，这种类型的鸡将是第一批受害者。

图 4. 52　打盹的鸡

按图 4. 53、图 4. 54 所示方法握住鸡只，如果是健康的，你会明显感觉到它在用力挣扎、反抗。

图 4. 53　握鸡（1）

图 4. 54　握鸡（2）

体况良好的鸡，鸡冠直立、肉髯鲜红（图 4. 55）或大鸡冠向一边倒垂（图 4. 56），是正常现象。鸡冠发白（图 4. 57），常见于内脏器官出血、寄生虫病、营养不良或慢性病的后期等情况；鸡冠发绀（图 4. 58），常见于慢性疾病，禽霍乱，传染性喉气管炎等；鸡冠发黑发紫，应考虑鸡新城疫、鸡霍乱、鸡盲肠肝炎、中毒等；肉髯水肿（图 4. 59），多见于慢性霍乱和传染性鼻炎，传染性鼻炎一般两侧肉髯均肿大，慢性禽霍乱有时只有一侧肿大。

图 4. 55　健康鸡鸡冠直立、肉髯鲜红

图 4. 56　健康鸡大鸡冠向一边倒垂

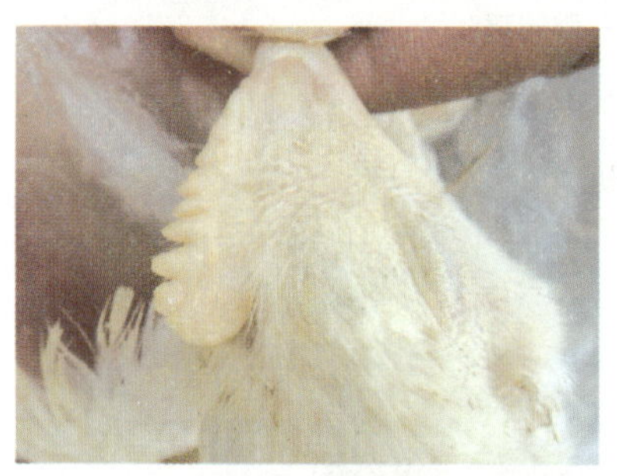

图 4. 57　鸡冠发白

图 4. 58　鸡冠发绀

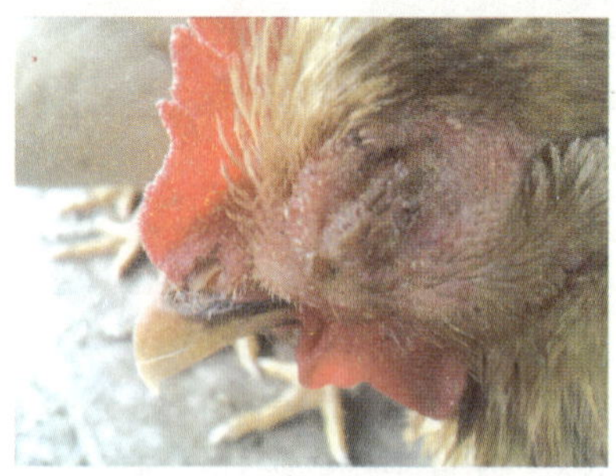

图 4. 59　眼睑、肉髯水肿

观察羽毛颜色和光泽，看是否丰满整洁，是否有过多的羽毛断折和脱落，是否有局部或全身的脱毛或无毛，肛门附近羽毛是否被粪便污染等（图 4.60、图 4.61）。

图 4.60　羽毛丰满整洁

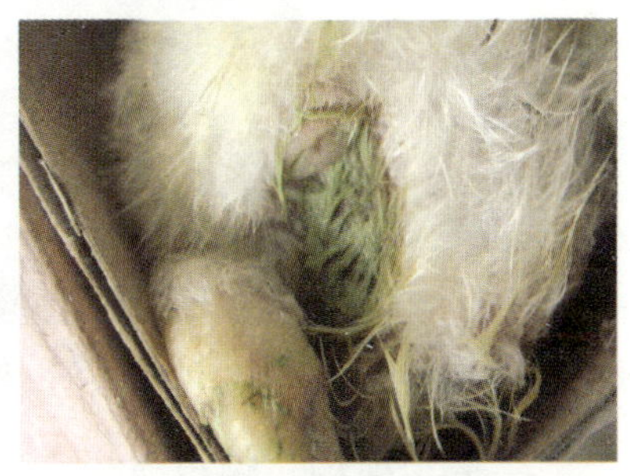

图 4.61　肛门周围羽毛被粪便污染

两翅下垂，羽毛失去光泽，多为慢性营养不良的表现；羽毛倒竖，乍毛，一般为高热、寒战的表现（图 4.62）；羽毛脱落、

图 4.62　鸡群乍毛

光秃，常见于维生素 A 缺乏、体表寄生虫性疾病；皮肤上形成肿瘤，临床多见皮肤型马立克病；皮肤上结痂，多见于皮肤型鸡痘（图 4.63）；脐部愈合差，发黑，腹部较硬，多见沙门杆菌、大肠杆菌、葡萄球菌、绿脓杆菌感染引起的脐炎；皮下形成气肿，严重时像气球吹过一样，临床多见外伤引起气囊破裂进入皮下

引起。

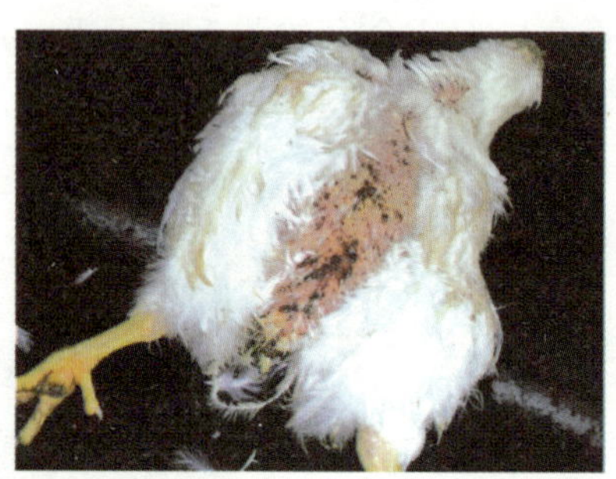

图 4.63　皮肤型鸡痘

2. 脚垫溃疡　脚垫溃疡主要发生在肉鸡。在刚孵出的前 14 天，雏鸡脚部皮肤很薄，之后就会起茧。潮湿鸡舍中的尿酸和氨气影响皮肤，使出现裂纹和炎症。

鸡长大时，潮湿的垫料也会引起脚垫的严重发炎。但是如果刚孵出的几周内雏鸡的脚垫是干燥和清洁的，即使之后垫料潮湿，鸡脚垫出现发炎的可能性也很低。在笼养系统中，特别是在新的鸡笼中，锋利的铁丝会引起脚垫溃疡。

观察脚垫（图 4.64），脚垫上出现红肿或有伤疤和结痂（图 4.65），是垫料太潮湿和有尖锐物的结果。健康的脚垫应该是平

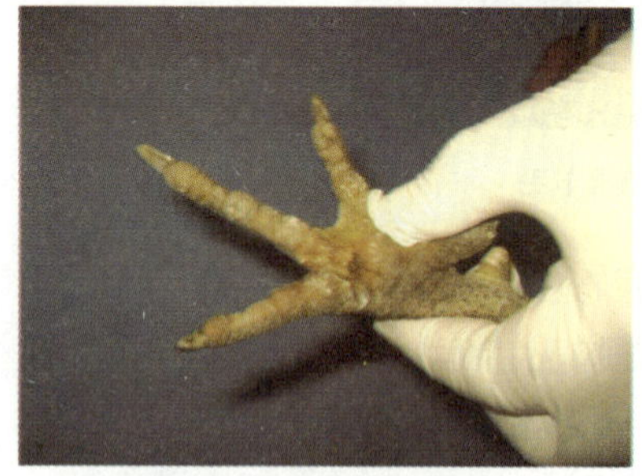

图 4.64　脚垫平滑

图 4.65　脚垫上有结痂

滑的，有光泽的鱼鳞状。如果鳞片干燥，说明有脱水问题。脚垫和脚趾应无外伤。

3. 龙骨检查　生长期，肉鸡的胸肉发育不完全，摸上去很有骨感，甚至龙骨非常突出。但是到了育肥期以后胸肉快速发育，变得丰满起来，同时腹部开始发育（图 4.66）。如果育肥期龙骨上附着的鸡肉仍不够丰满，意味着饲料中蛋白不足，要注意调整饲料。

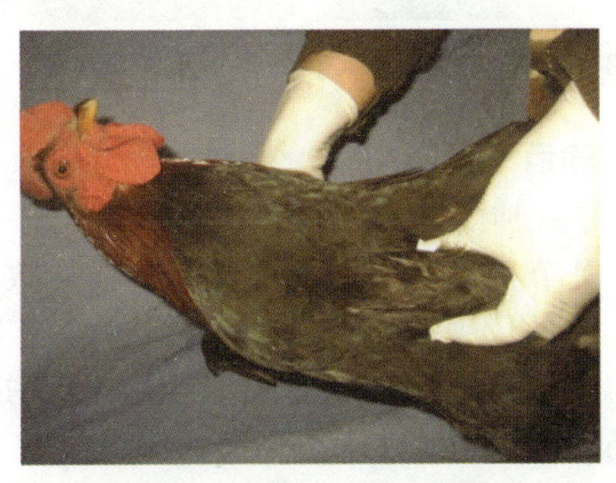

图 4.66　检查龙骨的丰满程度

4. 声音和腹部检查

在个体观察过程中，如果发现鸡群中有鸡发出不正常的声音，要观察这些鸡是否有流鼻涕，喉咙中是否有黏液（图 4.67），或是其他有炎症发生的现象。

腹部容积变小，临床多见家禽采食量下降和产蛋鸡的停产引起的；腹部容积变大，若蛋鸡腹部较大（图 4.68），走路像企鹅，用手触摸有波动感，多见早期感染传染性支气管炎、衣原体引起的输卵管不可逆病变，导致的大量蛋黄或水在输卵管内或腹腔内聚集；若雏鸡腹部较大，用手触摸较硬，临床多见由大肠杆菌、沙门杆菌或早期温度过低引起卵黄吸收差所致。

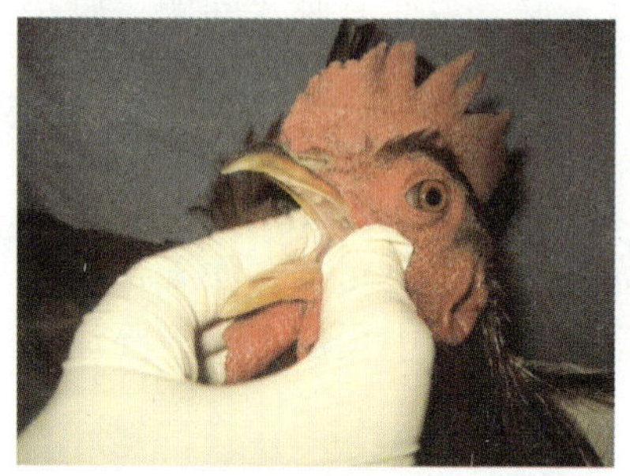

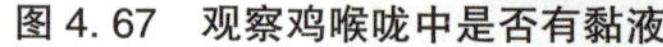
图 4. 67　观察鸡喉咙中是否有黏液

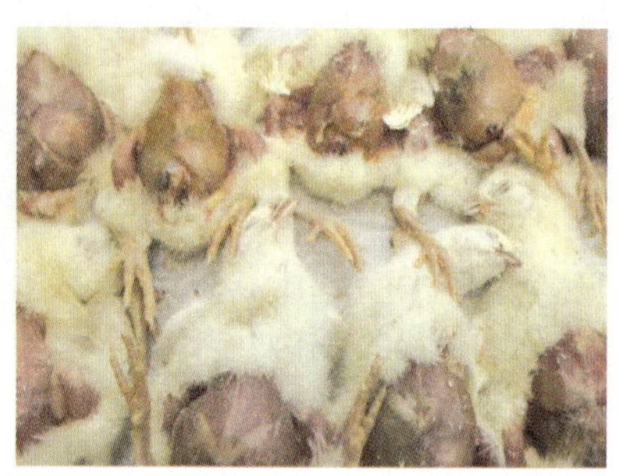
图 4. 68　腹水

（三）鸡只的运动检查

运动失调是由神经系统（大脑和神经）或是骨骼肌系统（肌肉、骨头、关节）出现问题而引起，从而导致鸡跛行、歪脖和强迫运动等。例如，禽类脑脊髓炎、维生素 E 缺乏、马立克病、禽流感、新城疫或是细菌性脑膜炎（经常是在孵化期感染），神经型马立克病主要感染 6 周龄的白壳蛋鸡。

1. 跛行　跛行是临床最常见的一种运动异常，临床表现为腿软、瘫痪、喜卧地等。

注意观察，是一条腿跛行还是两条腿跛行。

观察跛行的鸡是对称性跛行还是不对称性跛行。不对称性跛行可能是因脚损伤、关节发炎，或者是感染马立克病。对称性跛行可能是由呼肠孤病毒诱导的腱鞘炎或骨痛引起（图 4. 69）。

如果一群青年鸡中的所有鸡都是同一只脚跛行，且这群鸡已经免疫过马立克病的疫苗，这时的跛行可能是由免疫不当造成的。

运动失调是由呼肠孤病毒感染而诱导的腱鞘炎引起。

2. 劈叉　青年鸡一腿伸向前一腿伸向后形成劈叉姿势或两翅下垂，多见神经型马立克病病鸡（图 4. 70）。

3. 扭头　病鸡头部扭曲，在受惊吓后表现更为明显，临床

图 4.69　此鸡一只脚跛行，即不对称性跛行

图 4.70　神经型马立克病病鸡劈叉姿势

多见新城疫后遗症（图 4.71、图 4.72）。

图 4.71　雏鸡新城疫导致的扭颈（1）

图 4.72　成鸡新城疫导致的扭颈（2）

4. 偏瘫　小鸡偏瘫在一侧，两肢后伸，头部出现震颤，多见于禽脑脊髓炎（图 4.73、图 4.74）。

图 4.73　禽脑脊髓炎（1）

图 4.74　禽脑脊髓炎（2）

5. 犬坐姿势　鸡呼吸困难时往往呈犬坐姿势，头部高抬，张口呼吸，跖部着地。小鸡多见于曲霉菌感染，肺型白痢，成鸡多见于喉气管炎，白喉型鸡痘（图 4.75）等。

图 4.75　白喉型鸡痘病鸡常呈犬坐姿势

鸡病的种类很多，同一种疾病的症状也可能不完全相同，另外疾病也分急性和慢性，这就给鸡病的诊断带来了一定困难。因此必须做好鸡群的观察，仔细掌握鸡只群体和个体的表现，再结合病理解剖的综合分析，才能为疾病的诊断做出正确的判断。

（四）消化系统检查

除了粪便异常外，消化道疾病还包括其他症状，如蜷缩、羽毛蓬乱、昏睡和死亡。患有消化道疾病的鸡无法摄取足够的能量，因此需要温暖的环境，此时需要提高鸡舍温度。慢性消化道疾病可以导致鸡蛋白质、维生素、矿物质和微量元素的缺乏。

第三节　鸡尸体剖检技术

尽管认真仔细的观察提供了大量信息，但是，有必要做进一步的检测才会保证不误诊。进一步的检测包括：

（1）兽医剖检病鸡：养鸡场最好设置专用的剖检室。在没有剖检室的情况下，也可以在养殖场内比较隐蔽的地方进行。

（2）实验室检测：如细菌培养、病毒培养、血液检测、组织和寄生虫检测等。通常要在鸡场附近建设一个好的、可靠的实验室。

一、剖检准备

1. 剖检地点　养鸡场应建立尸体剖检室（图 4.76）。

养鸡场无尸体剖检室，尸体剖检应选择在比较偏僻的地方（图 4.77），尽可能远离生产区、生活区、公路、水源，以免剖检后，尸体的粪便、血污、内脏、杂物等污染水源、河流，或由于人来车往等散播病原，招致疫病散播。

图 4.76　尸体剖检室

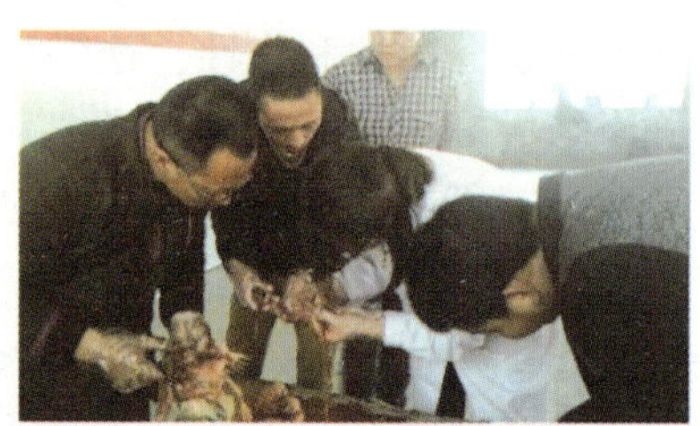

图 4.77　尸体剖检应选择在较偏僻的地方

2. 剖检用具　对于鸡的尸体剖检，一般情况下，有剪子（图 4.78）、镊子即可工作。根据需要还可准备骨剪、手术刀、标本缸、广口瓶、福尔马林等，其他的如工作服、胶靴、围裙、橡胶手套、肥皂、毛巾、水桶、脸盆、消毒剂等应根据条件准备。

二、尸体剖检的方法

鸡的尸体剖检方法包括：了解死鸡的一般状况，外部检查和

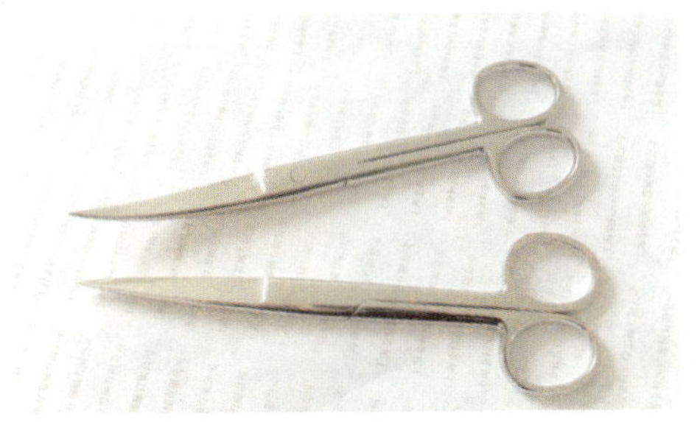

图 4.78　解剖剪子

内部检查。

（一）了解死鸡的一般状况

除知道鸡的品种、性别和日龄外，还要了解鸡群的饲养管理、饲料、产蛋、免疫，用药发病经过，临床表现及死亡等情况。

（二）外部检查

外部检查，即查看营养状况和尸体变化（尸冷、尸僵、尸体腐败），皮肤有无肿胀和外伤。例如，病毒性关节炎导致的跗关节肿胀（图 4.79～图 4.85）。

图 4.79　查看全身羽毛的状况，是否有光泽，有无污染、蓬乱、脱毛等现象

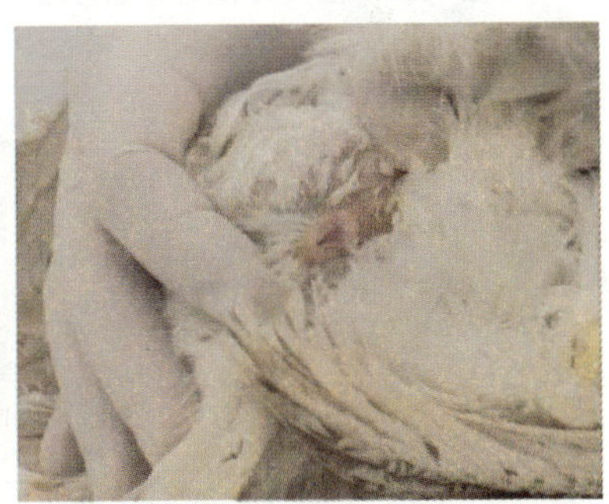

图 4.80　查看泄殖腔周围的羽毛有无粪便粘污，有无脱肛、血便

图 4.81　因肾型传染性支气管炎死亡的鸡，尸体消瘦，脱水

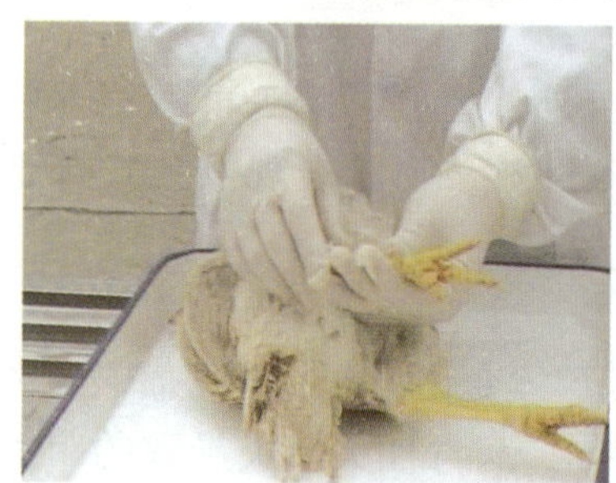
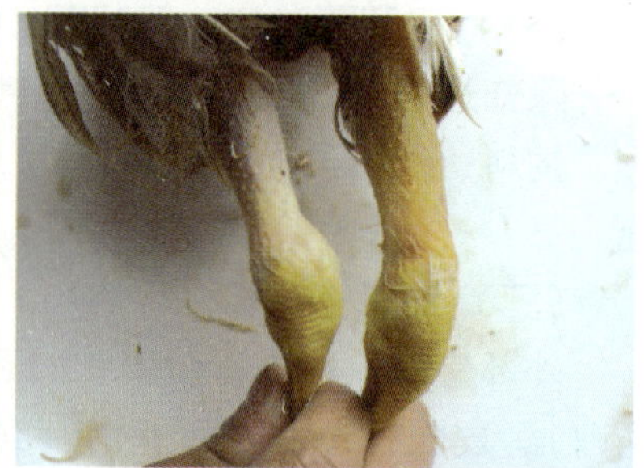

图 4.82　查看关节及脚趾有无肿胀或其他异常，骨骼有无增粗和骨折

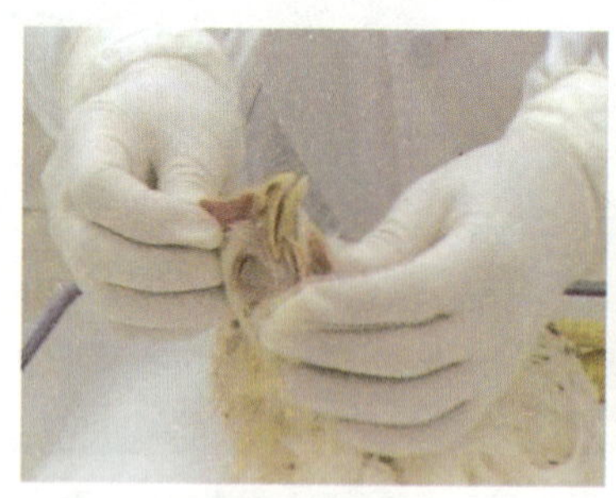
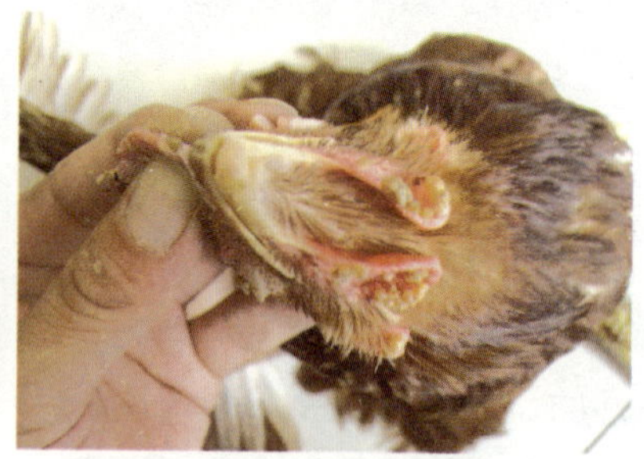

图 4.83　查看冠和髯的颜色、厚度，有无痘疹，脸部和颜色及有无肿胀（鸡痘导致的冠、髯长满痘疮）

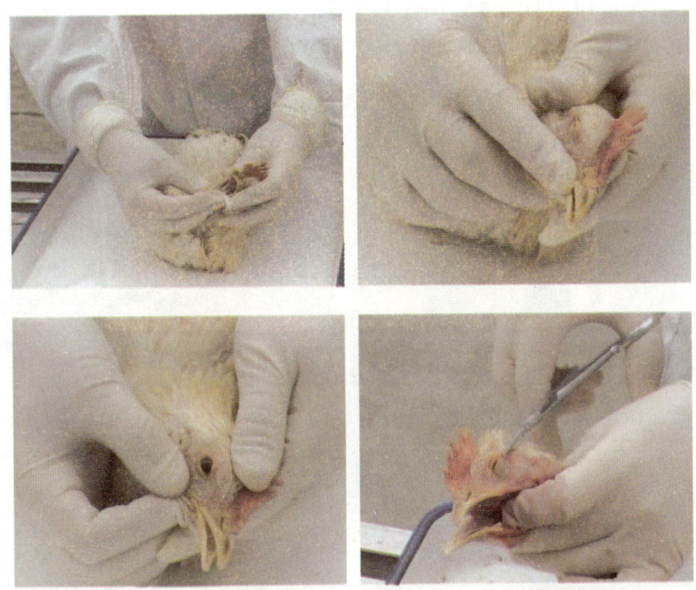

图 4.84　查看口腔和鼻腔，观察两眼的分泌物及虹彩的颜色

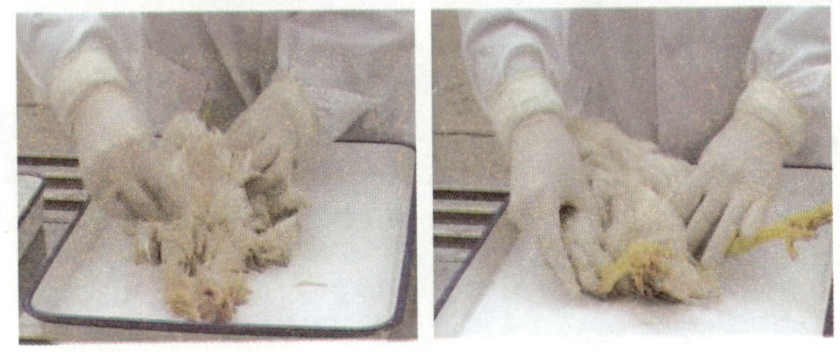

图 4.85　触摸腹部是否变软或有积液

（三）内部剖检

剖检前，最好用水或消毒液将尸体表面及羽毛浸湿，防止剖

检时有绒毛和尘埃飞扬（图 4. 86）。

1. 皮下检查　如图 4. 87~图 4. 90 所示。

图 4. 86　解剖前准备

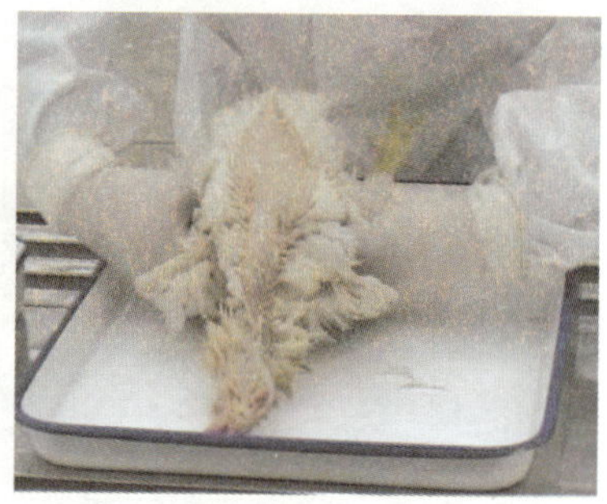

图 4. 87　尸体仰卧（即背位），用力掰开两腿，使髋关节脱位，鸡的尸体固定

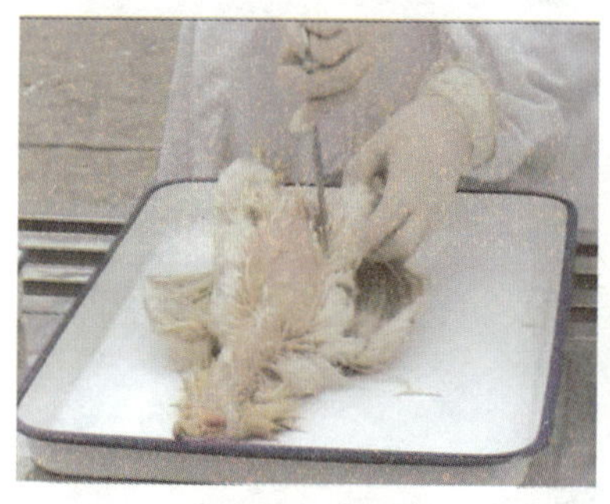

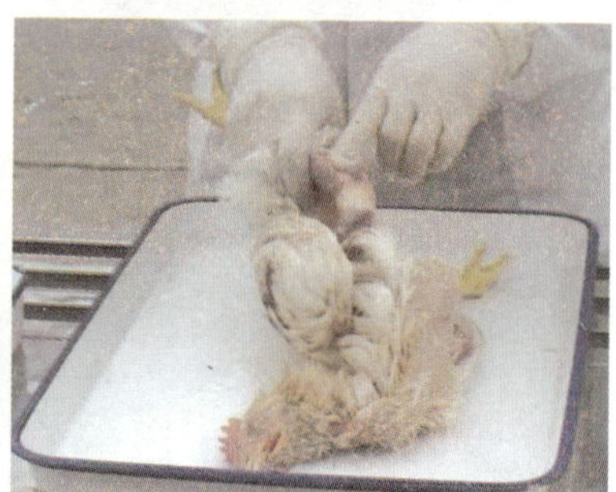

图 4. 88　手术剪剪开腿腹之间的皮肤，两腿向后反压，直至关节轮和腿肌暴露出来（观察腿肌是否有出血等现象）

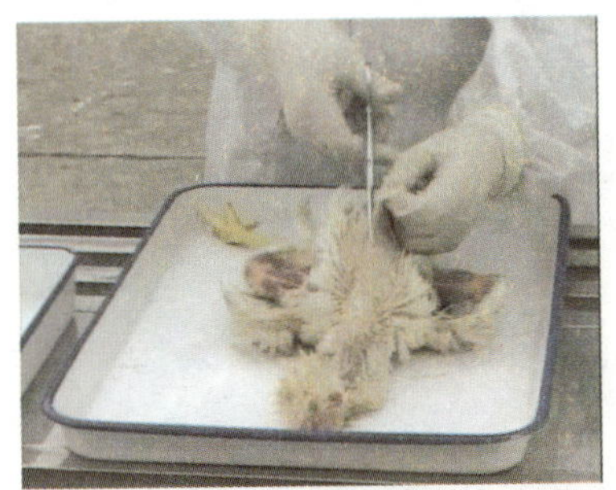

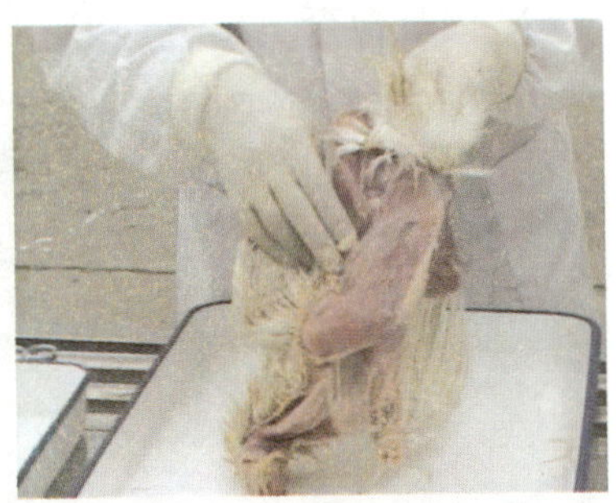

图 4. 89　在胸骨嵴部纵行切开皮肤、然后向前、后延伸，剪开颈、胸、腹部皮肤，剥离皮肤，暴露颈、胸、腹部和腿部肌肉，观察皮下脂肪含量，皮下血管状况，有无出血和水肿；观察胸肌的丰满程度、颜色，胸部和腿部肌肉有无出血和坏死，观察龙骨是否弯曲和变形

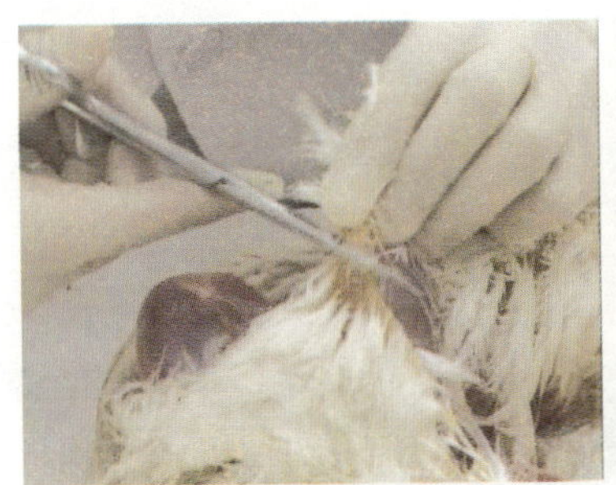

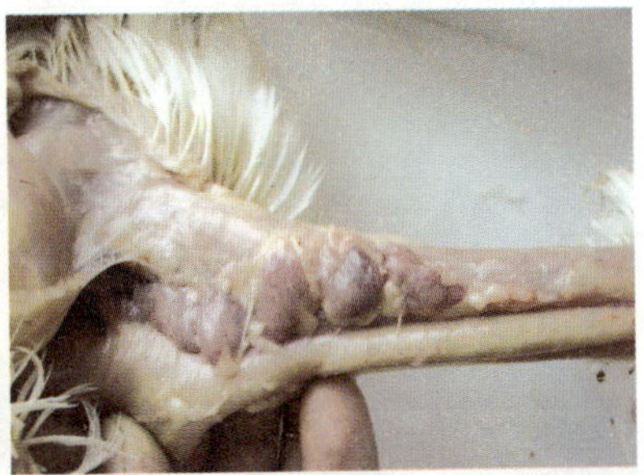

图 4. 90　检查颈椎两侧的胸腺大小及颜色，有无出血和坏死；检查嗉囊是否充盈食物，内容物的数量及性状

2. 内脏检查 见图 4.91~图 4.100。

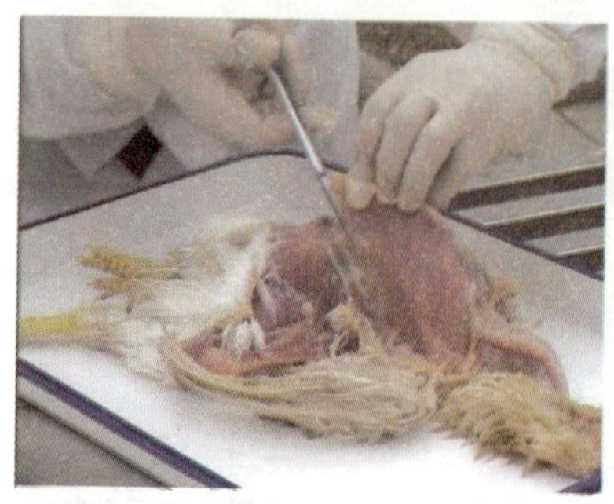

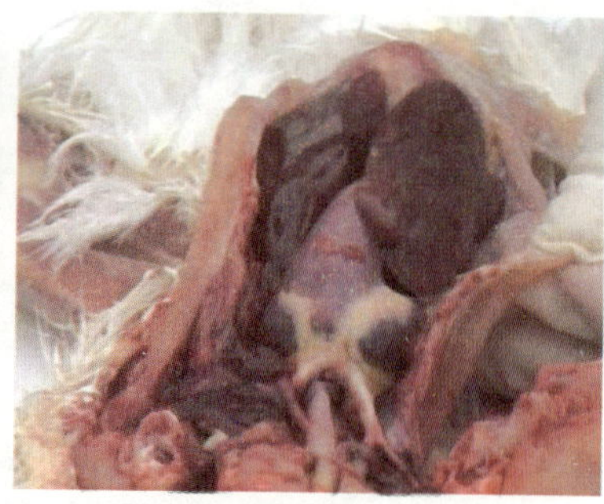

图 4.91 在后腹部，将腹壁横行切开（或剪开）顺切口的两侧分别向前剪断胸肋骨、乌喙骨和锁骨，掀除胸骨、暴露体腔。注意观察各脏器的位置、颜色，浆膜的情况（是否光滑、有无渗出物及性状，血管分布状况），体腔内有无液体及其性状，各脏器之间有无粘连

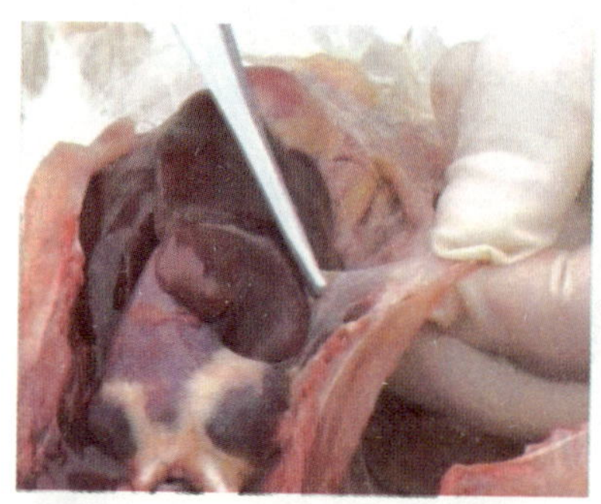

图 4.92 检查胸、腹气囊是否增厚、混浊、有无渗出物及其性状，气囊内有无干酪样团块，团块上无霉菌菌丝

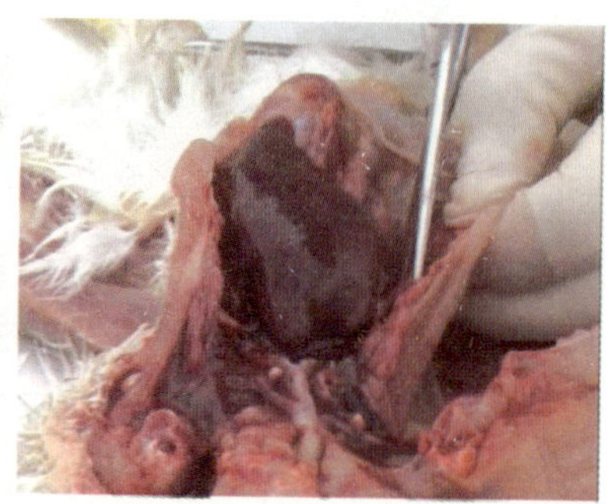

图 4.93 检查肝脏大小、颜色、质度，边缘是否钝，形状有无异常，表面有无出血点、出血斑，坏死点或大小不等的圆形坏死灶

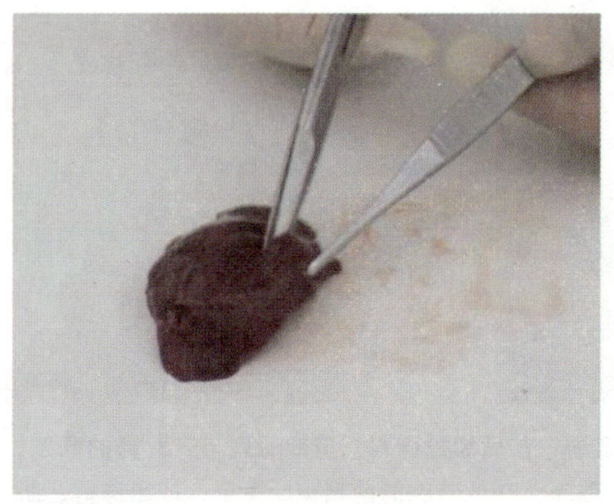

图 4.94　在肝门处剪断血管。再剪断胆管、肝与心包囊、气囊之间的联系，取出肝脏。纵行切开肝脏，检查肝脏切面及血管情况，肝脏有无变性，坏死点及肿瘤结节。检查胆囊大小，胆汁的多少及颜色、黏稠度及胆囊黏膜的状况

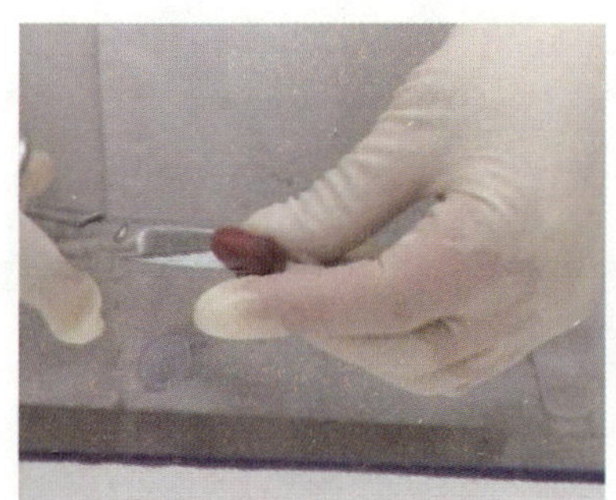

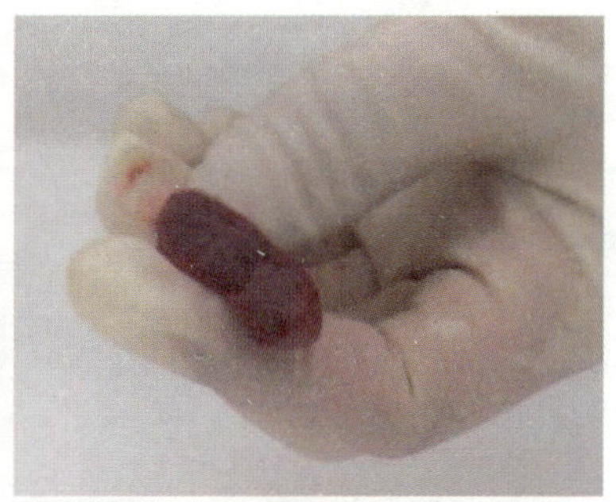

图 4.95　在腺胃和肌胃交界处的右方，找到脾脏。检查脾脏的大小、颜色，表面有无出血点和坏死点，有无肿瘤结节。剪断脾动脉取出脾脏，将其切开，检查淋巴滤泡及脾髓状况

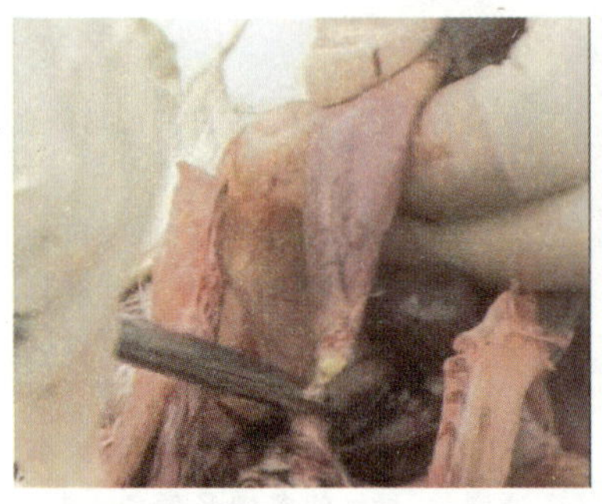

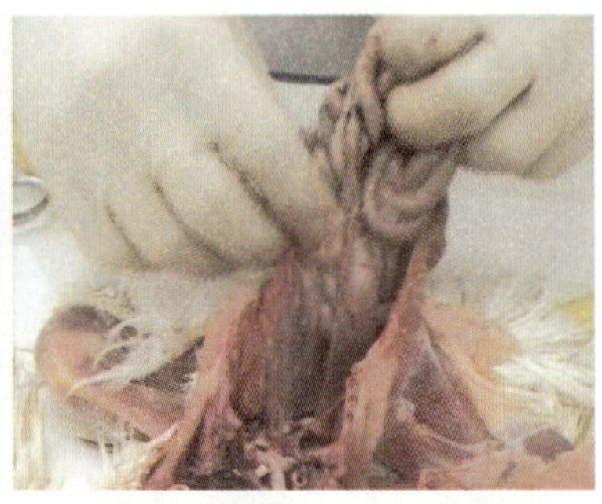

图 4. 96　在心脏的后方剪断食道，向后牵拉腺胃，剪断肌胃与其背部的联系，再按顺序剪断肠道与肠系膜的联系，在泄殖腔的前端剪断直肠，取出腺胃、肌胃和肠道。检查肠系膜是否光滑，有无肿瘤结节

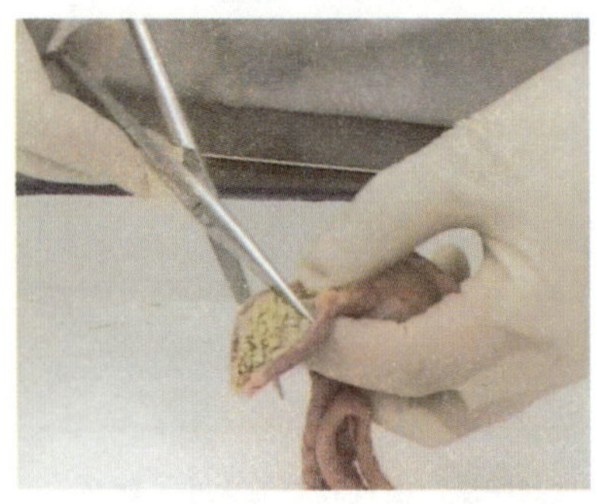

图 4. 97　剪开腺胃，检查内容物的性状，黏膜及腺乳头有无充血和出血，胃壁是否增厚，有无肿瘤

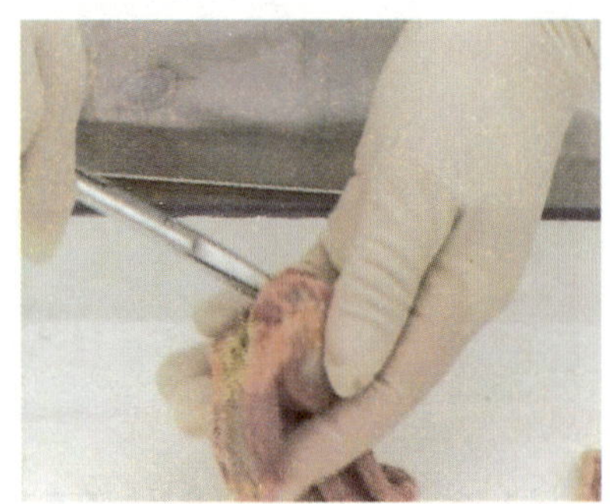

图 4. 98　观察肌胃浆膜上有无出血，肌胃的硬度，然后从大弯部切开，检查内容物及角质膜的情况

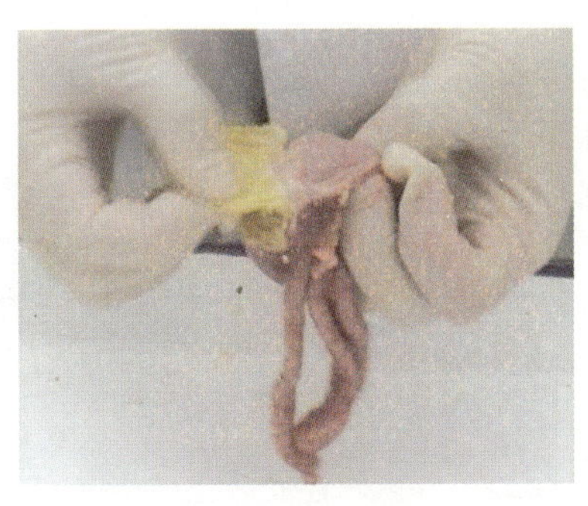
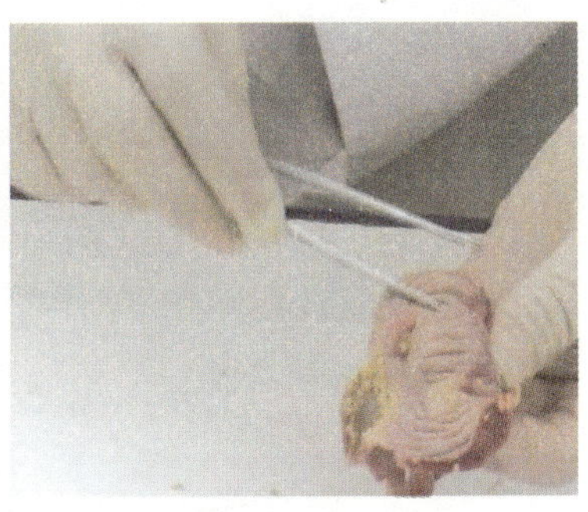

图 4.99　撕去角质膜，检查角质膜下的情况，看有无出血和溃疡

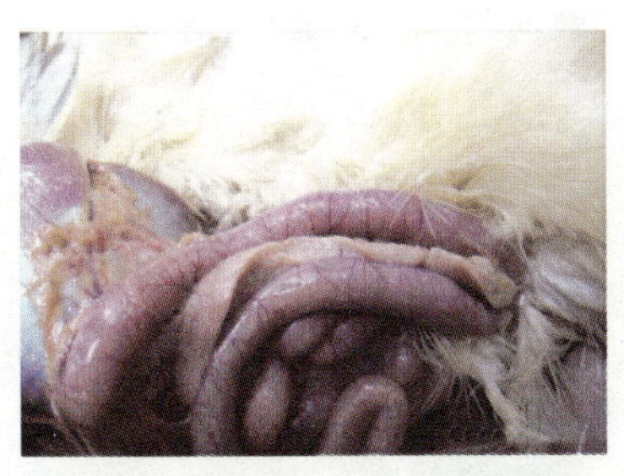
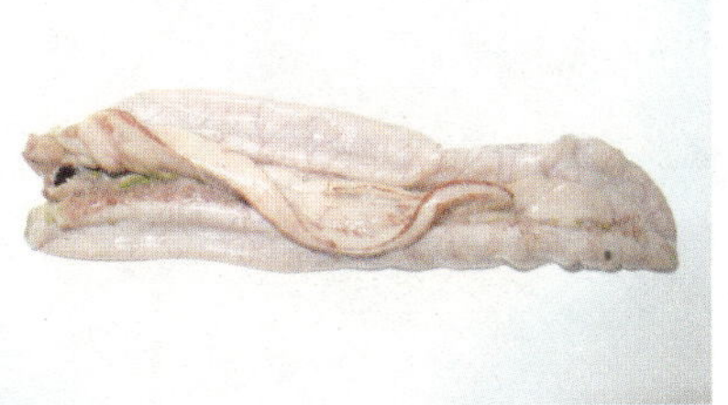

图 4.100　查看夹在十二指肠中间的胰腺的色泽，有无坏死、出血。温和型禽流感可出现胰腺表面灰白色坏死点，胰腺边缘出血

图 4.101～图 4.106 所示为从前向后，检查小肠、盲肠和直肠，观察各段肠管有无充气和扩张，浆膜血管是否明显，浆膜上有无出血、结节或肿瘤。然后沿肠系膜附着部纵行剪开肠道，检查各段肠内容物的性状，黏膜有无出血和溃疡，肠壁是否增厚，肠壁上的淋巴结和盲肠起始部的盲肠扁桃体是否肿胀，有无出血、坏死，盲肠腔中有无出血或土黄色干酪样的栓塞物，横向切开栓塞物，观察其断面情况。

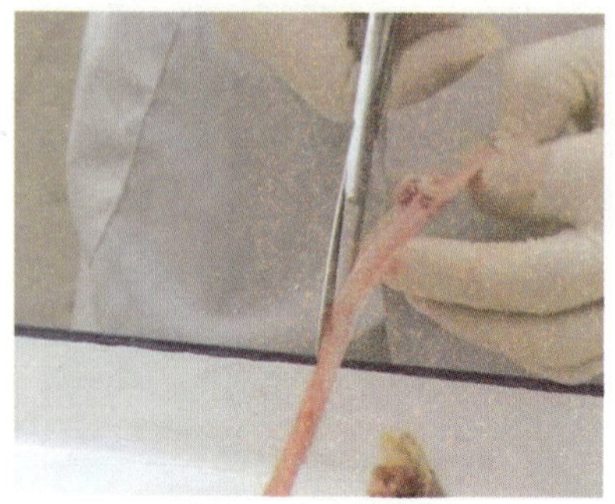
图 4. 101 小肠切开（1）

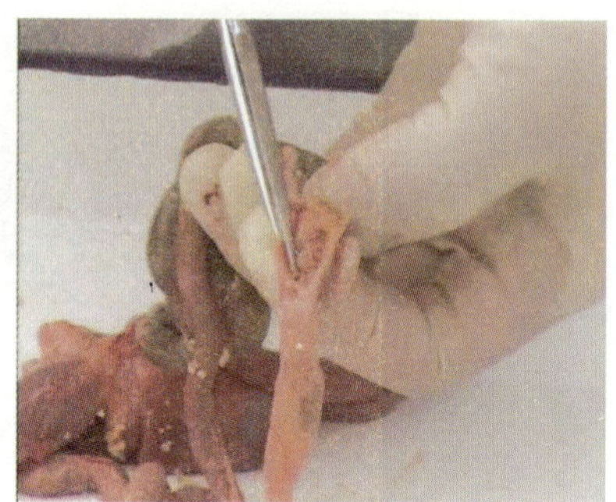
图 4. 102 小肠切开（2）

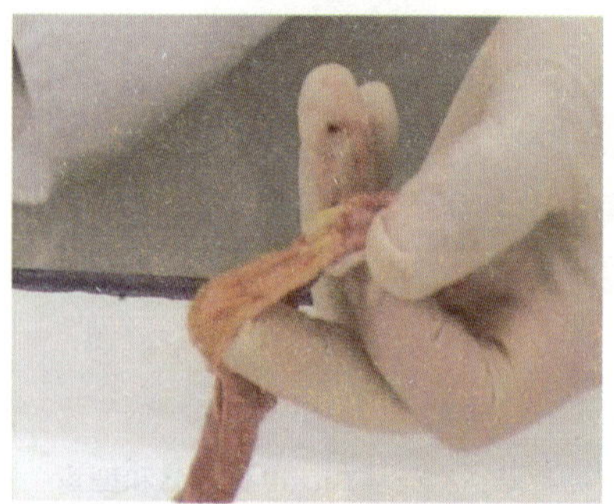
图 4. 103 空肠切开检查（1）

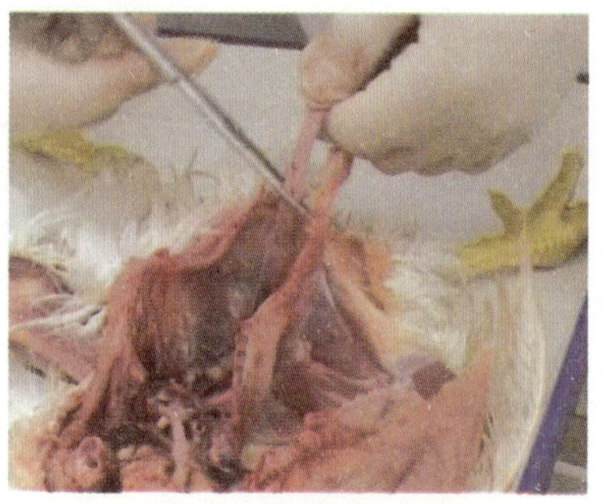
图 4. 104 空肠切开检查（2）

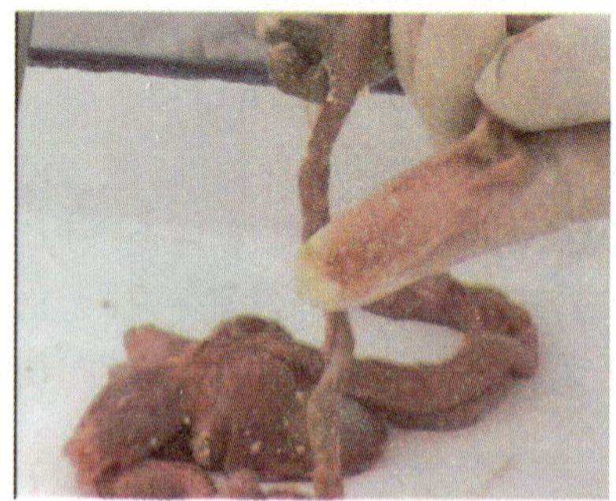
图 4. 105 直肠检查

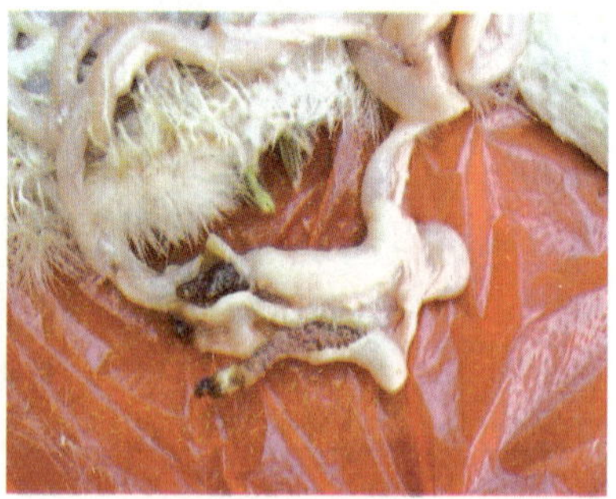
图 4. 106 盲肠切开检查

查看肠腔内有无寄生虫寄生（图 4. 107、图 4. 108）。

图 4. 107　肠腔内的线虫

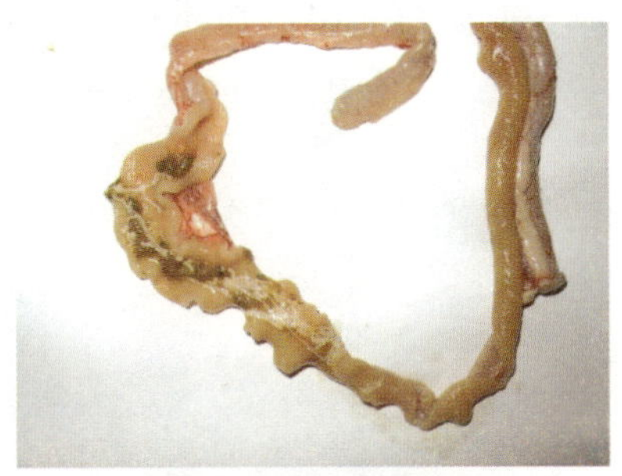

图 4. 108　肠腔内的绦虫

图 4. 109、图 4. 110 所示为将直肠从泄殖腔拉出，在其背侧可看到法氏囊，剪去与其相连的组织，摘取法氏囊。检查法氏囊的大小，观察其表面有无出血，然后剪开法氏囊检查黏膜是否肿胀，有无出血，皱襞是否明显，有无渗出物及其性状。

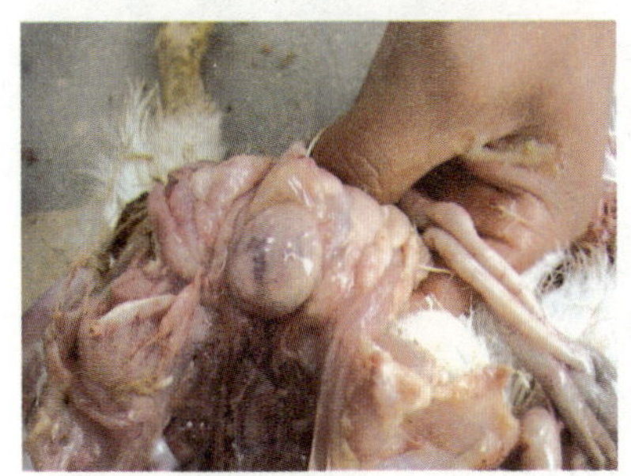

图 4. 109　法氏囊肿大出血

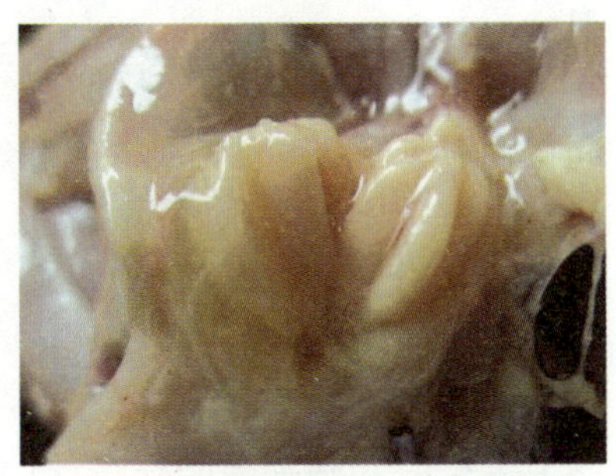

图 4. 110　法氏囊肿大，剪开外翻，有黄色胶冻样液体渗出

图 4. 111 所示为纵行剪开心包囊，检查心囊液的性状，心包膜是否增厚和混浊；观察心脏外形，纵轴和横轴的比例，心外膜是否光滑，有无出血、渗出物、尿酸盐沉积、结节和肿瘤，随后

将进出心脏的动、静脉剪断，取出心脏，检查心冠脂肪有无出血点，心肌有无出血和坏死点。

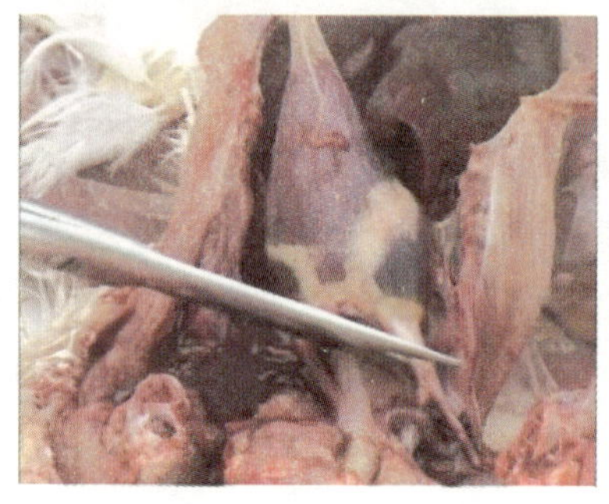
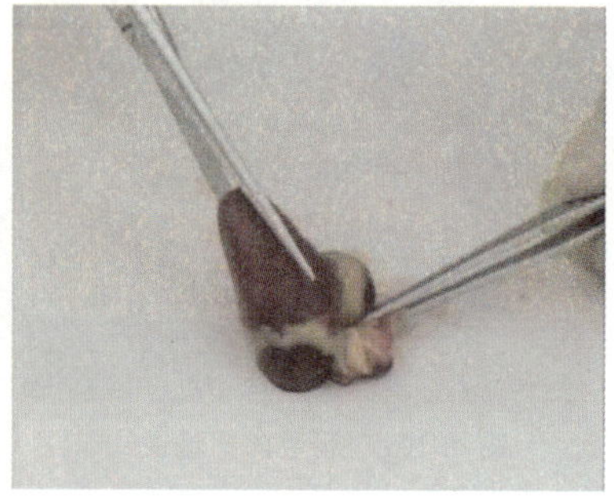

图 4.111 心脏检查

如图 4.112 所示，剖开左右两心室，注意心肌断面的颜色和质度，观察心内膜有无出血。

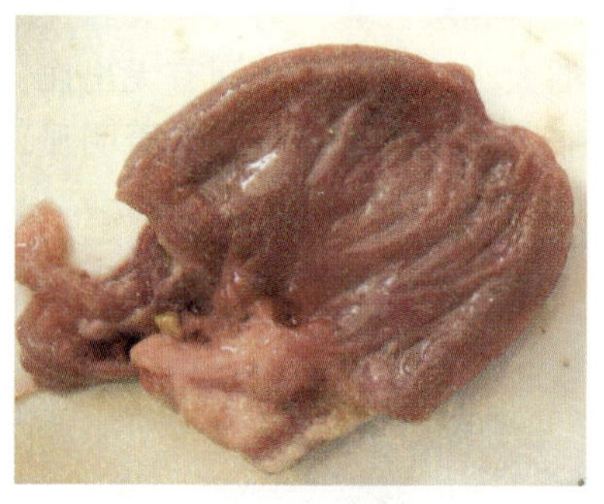

图 4.112 左右心室检查

如图 4.113 所示，从肋骨间挖出肺脏，检查肺的颜色和质度，有无出血、水肿、炎症、实变、坏死、结节和肿瘤。禽流感引起的肺脏瘀血、水肿、发黑见图 4.114。同时观察切面上支气管和肺泡囊的性状（图 4.115）。

如图 4.116 所示，检查肾脏的颜色、质度、有无出血和花斑状条纹、肾脏和输尿管有无尿酸盐沉积及其含量。图 4.116 所示为因肾型传染性支气管炎导致的鸡的肾脏肿大，花斑肾，输尿管内大量尿酸盐沉积。

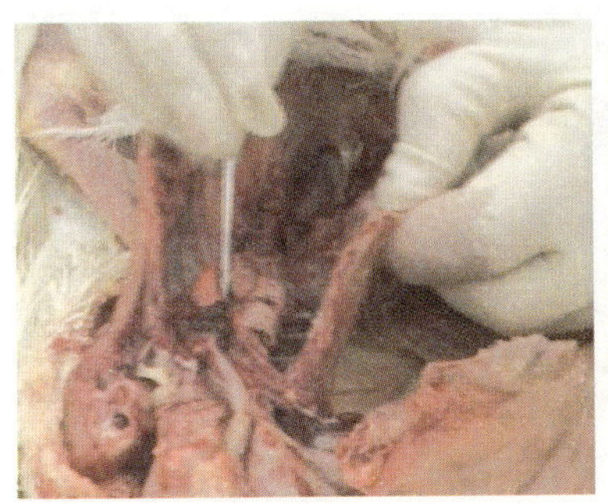

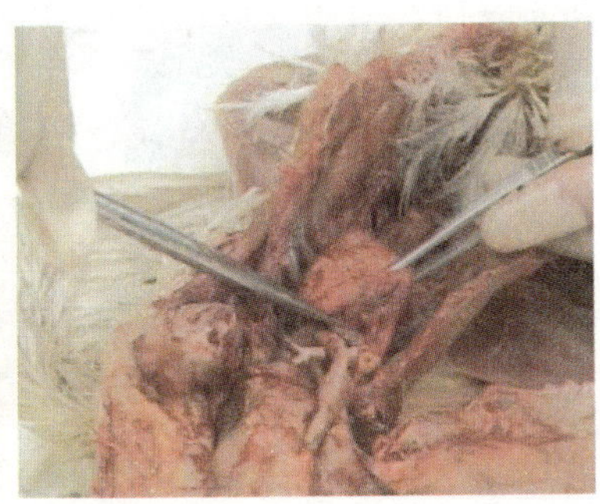

图 4.113 肺部检查

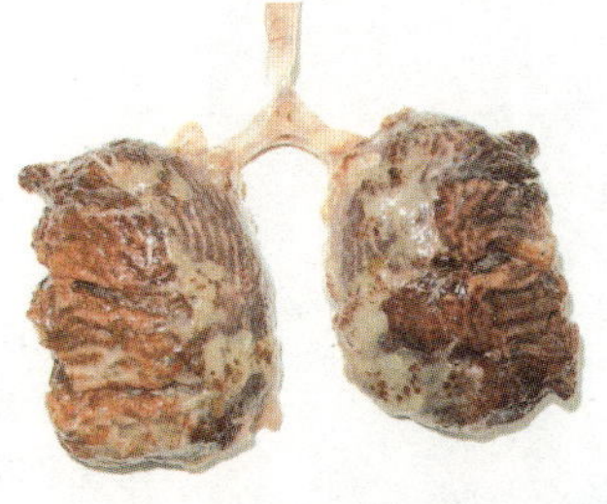

图 4.114 禽流感引起的肺脏瘀血、水肿、发黑

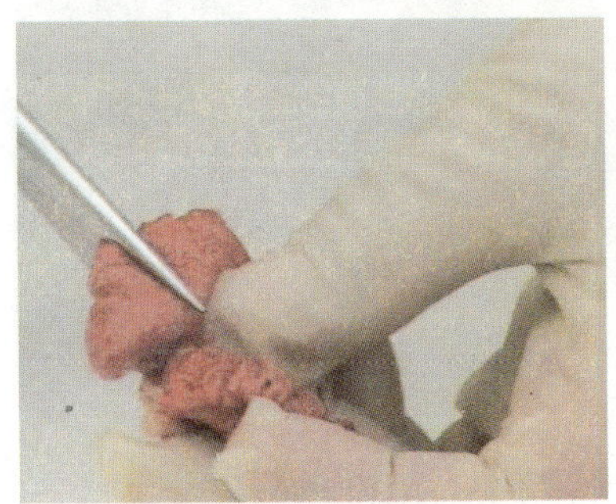

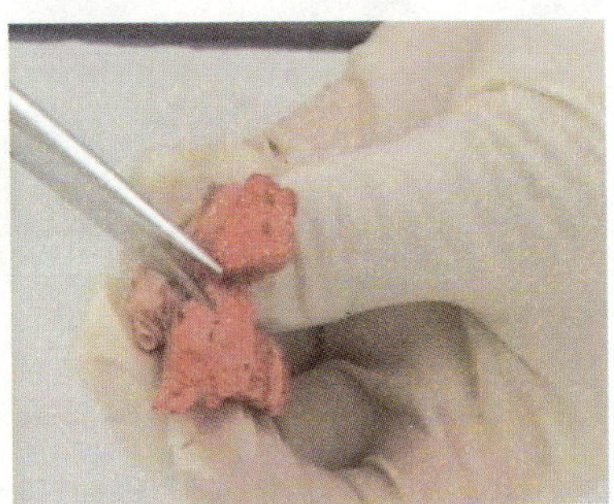

图 4.115 切开肺脏，观察切面上支气管及肺泡囊的性状

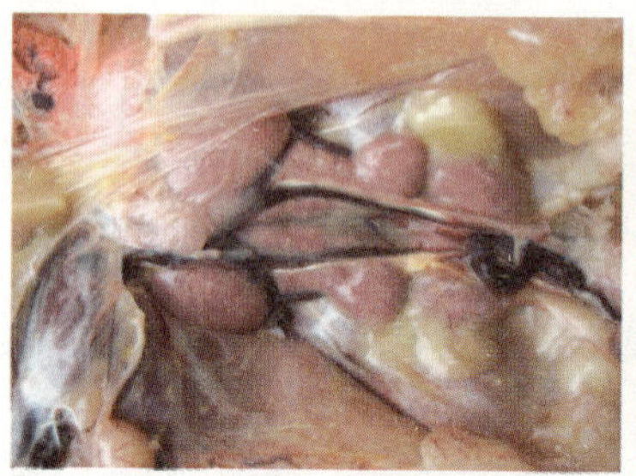

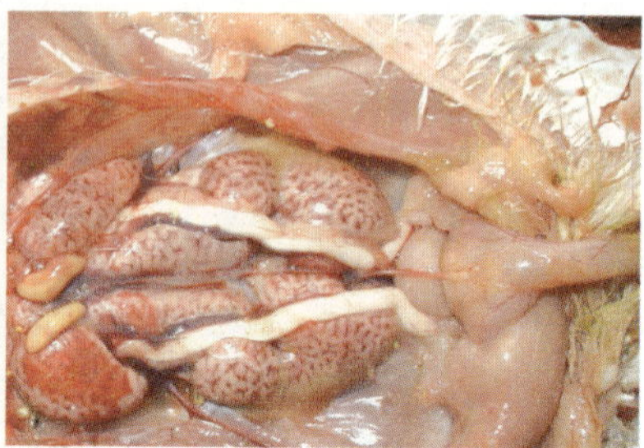

图 4. 116　肾脏的检查

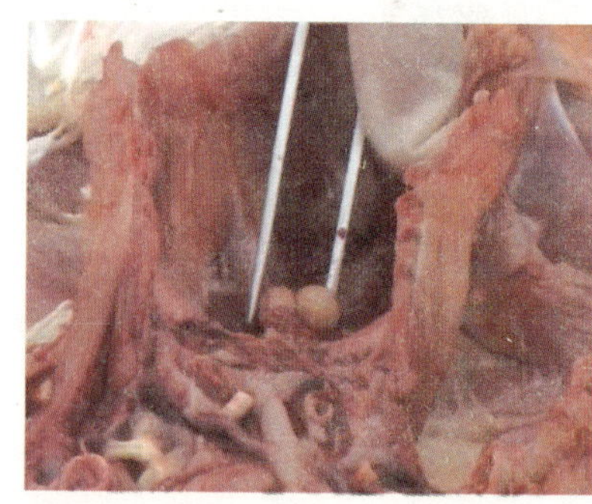

图 4. 117　检查睾丸的大小和颜色，观察有无出血、肿瘤、两者是否一致

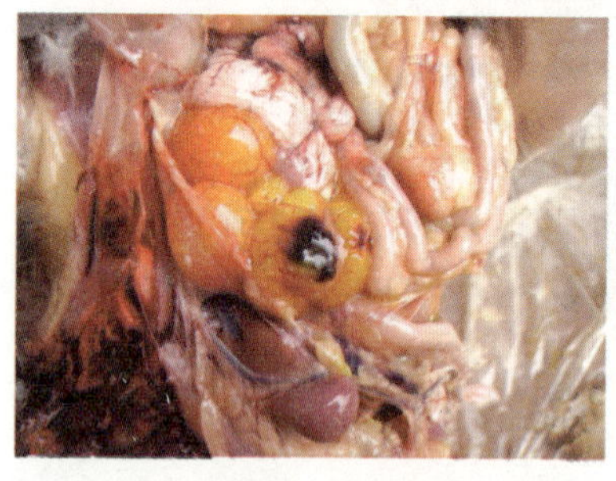

图 4. 118　检查卵巢

3. 生殖器官检查　睾丸检查见图 4.117。检查卵巢发育情况，卵泡大小、颜色和形态，有无萎缩、坏死和出血，卵巢是否发生肿瘤，剪开输卵管，检查黏膜情况，有无出血及涌出物。图 4.118 所示为禽流感导致的母鸡卵泡出血，呈紫黑色。

4. 口腔及颈部器官的检查　如图 4.119～图 4.121 所示。

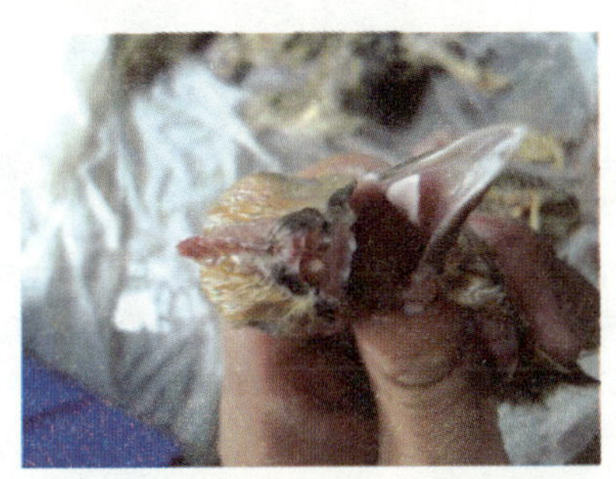

图 4.119　在两鼻孔上方横向剪断鼻腔，检查鼻腔和鼻甲骨，压挤两侧鼻孔，观察鼻腔分泌物及其性状

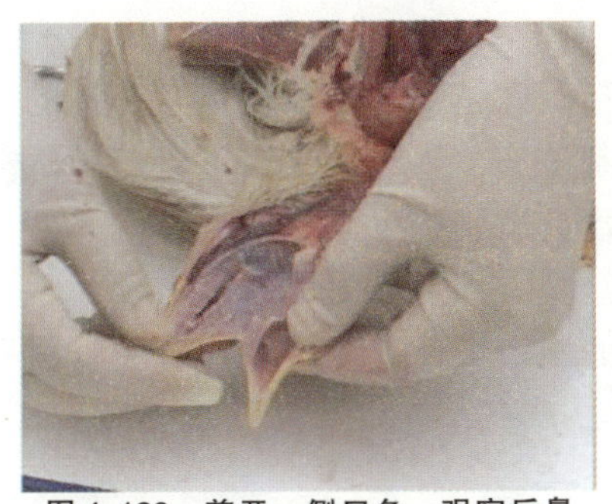

图 4.120　剪开一侧口角，观察后鼻孔、腭裂及喉头，黏膜有无出血，有无伪膜、痘斑，有无分泌物堵塞

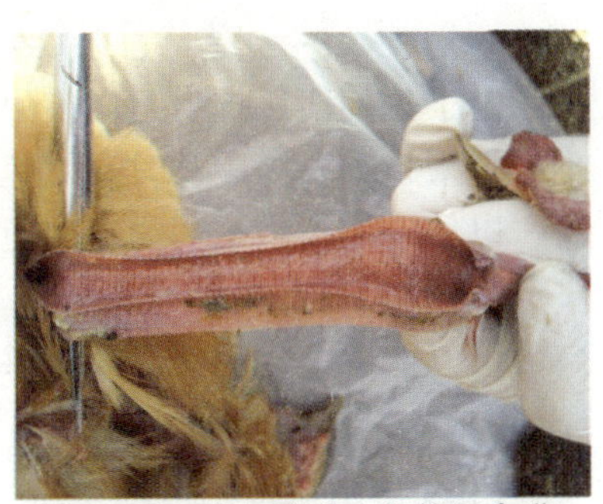

图 4.121　剪开喉头、气管和食道，检查黏膜的颜色，有无充血和出血，有无伪膜和痘斑，管腔内有无渗出物，黏液及渗出物的性状

5. 脑部检查 如图 4. 122 所示。

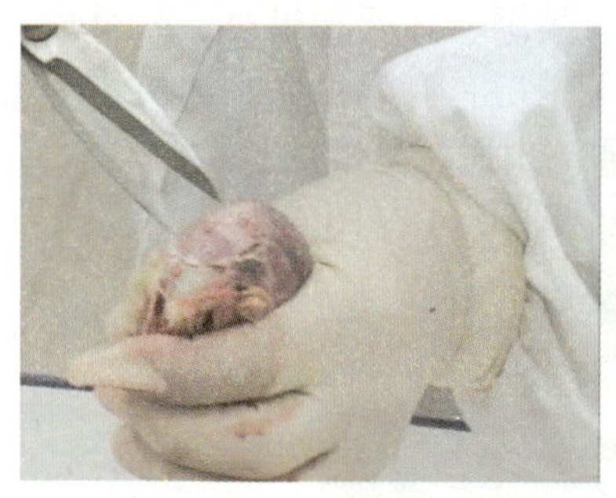
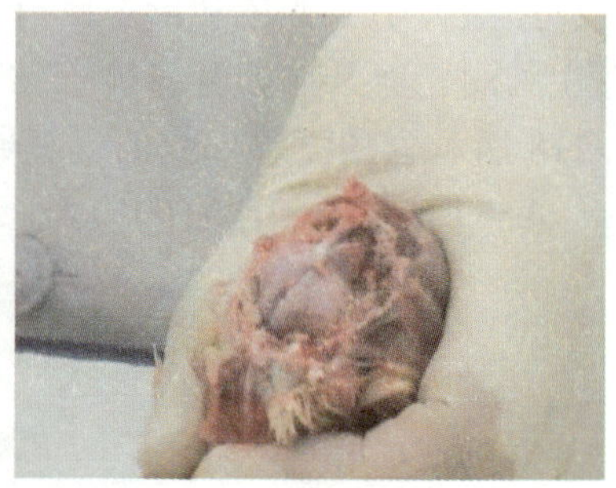

图 4. 122 切开顶部皮肤，剥离皮肤，露出颅骨，用剪刀在两侧眼眶后缘之间剪断额骨，再从两侧剪开顶骨至枕骨大孔，掀去脑盖，暴露大脑、丘脑及小脑。观察脑膜有无充血、出血、脑组织是否软化等

第四节 鸡大肠杆菌药敏试验

由于长期使用抗生素，使耐药菌株越来越多，抗生素防制的难度越来越大。为了及时有效控制该病，须对致病菌进行药敏试验，以便选用高敏感药物，避免盲目滥用抗生素。

（一）药敏纸片的准备

可以使用生化用品厂家提供的药敏纸片，也可以按有关资料介绍的方法进行自制（图 4. 123）。

（二）所用培养基的制备

按使用说明用普通营养琼脂粉制作普通营养琼脂平板（图 4. 124）。

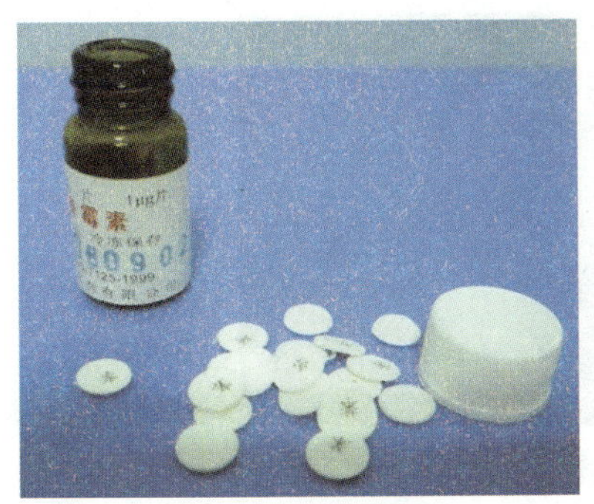

图 4.123　药敏纸片

图 4.124　营养琼脂平板

（三）试验方法

对病死鸡进行剖检，发现有肝周炎、心包炎、气囊炎等符合大肠杆菌病典型病变特征的病例，即可无菌采取肝、脾、心等置于灭菌容器内备用。采集病料时要注意采取多份典型病料。用灭菌接种环多次取病料的内部组织，反复画线接种于营养琼脂平板。如病料较多时，每一个平板可重复接种 2～3 份病料。画线时要纵横交错划满整个平皿，并特别注意不要划破培养基。接种后用灭菌镊子夹取药敏试纸小心贴附在培养基上，各纸片应相距 15 毫米左右。置 37℃恒温箱培养 24 小时后观察结果。

（四）结果判定

药敏纸片周围 20 毫米如无细菌生长，说明试验菌株对该抗生素极敏，15～20 毫米为高敏，10～15 毫米为中敏，小于 10 毫米为低敏，无抑菌圈为不敏感。如一个平皿接种多份病料，长出的细菌可能不止一种细菌、一种菌株，对药物的敏感性可能不一致，如有的纸片周围抑菌圈内有较稀疏的菌落生长，说明该抗生素对某些菌株不敏感（图 4.125）。

药敏试验结果出来后，可选用对各菌株普遍敏感的抗生素对发病鸡群及时治疗，以便尽快控制病情。如需进一步研究，可继

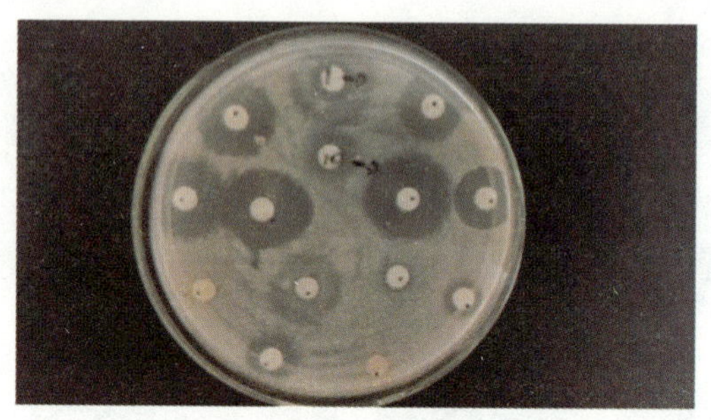
图 4. 125　药敏试验结果

续对分离出的细菌进行详细实验室诊断，以便确定细菌种类，细菌菌型、致病性等。

第五节　鸡场常用药物与给药方法

一、常用药物及分类

药物是指用于治疗、预防及诊断疾病，有目的地调节动物生理功能并规定作用、用途、用法、用量的物质。

随着养鸡业的迅速发展，各种药品不断出现，尤其是近年来，大量进口药品进入我国养鸡业市场。因此，养鸡用药的品种繁多，按照不同的分类方法，可以分成不同的类别。第一，按药物来源可分为天然药物、人工合成药物、人工半合成药物；第二，按药物特点可分为兽医生物制品、抗生素、化学药品和中草药；第三，按药物作用机理和作用部位可分为全身用药和局部用药。

养鸡常用药物及其分类见表 4. 3。

表 4.3 常用抗菌药物及其分类

分类		常用药物
化学合成抗菌药	磺胺类	磺胺嘧啶、磺胺二甲基嘧啶、磺胺甲基异噁唑（新诺明）、磺胺喹噁啉
	苄氨嘧啶类	三甲氧苄氨嘧啶（TMP）、二甲氧苄氨嘧啶（DVD）
	硝基呋喃类	呋喃唑酮（痢特灵）、呋喃西林、呋喃它酮、呋喃妥因
	喹诺酮类	诺氟沙星、环丙沙星、恩诺沙星、氧氟沙星
	喹噁啉类	喹乙醇、痢菌净
抗生素	β-内酰胺类	青霉素 G、氨苄青霉素、羟苄青霉素、先锋霉素
	氨基苷类	链霉素、庆大霉素、卡那霉素、丁胺卡那霉素、新霉素、壮观霉素
	四环素类	土霉素、四环素、金霉素、强力霉素
	氯霉素类	氯霉素、甲砜霉素
	大环内酯类	红霉素、泰乐菌素、北里霉素、螺旋霉素、枝原净
	多肽类	多粘菌素、杆菌肽
	洁霉素类	洁霉素（林可霉素）、氯林可霉素
	抗真菌抗生素	灰黄霉素、二性霉素 B、制霉菌素

二、制剂、剂型与剂量

（一）制剂

制剂是指可以直接用于动物的药物制品。供配制各种制剂使用的药物原料，称为原料药。原料药按其化学成分基本上可分为四类：无机药品类（如氯化钠）、有机药品类（如安乃近、乙醚）、生药类（如洋地黄叶粉）和其他生物性药品类（包括生化药品、抗生素、激素、维生素及生物制品等）。制剂是根据药典、制剂规范或处方手册等收载的、比较稳定的处方制成的药物制品，具有较高的质量要求和一定的规格。

（二）剂型

剂型是指药物制剂的类别。兽医药物的剂型，按其形态可分为液体、半固体、固体和气雾剂等几大类，现分述如下。

1. 液体剂型

（1）溶液剂：是一种透明的可供内服或外用的溶液，一般是由两种或两种以上成分所组成，其中包括溶质和溶媒。溶质多为不挥发的化学药品，溶媒多为水，但也有醇溶液或油溶液等。内服药如鱼肝油溶液，外用消毒药如新洁尔灭溶液等。

（2）注射剂：注射剂也称针剂，是指灌封于特制容器中的灭菌的澄明液、混悬液、乳浊液或粉末（粉针剂，临用时加注射用水等溶媒配制），必须用注射法给药的一种剂型。如果密封于安瓿中，称为安瓿剂，如青霉素粉针、庆大霉素注射液等。

（3）酊剂：是指将化学药品溶解于不同浓度的乙醇或药物用不同浓度的乙醇浸出的澄明液体剂型，如碘酊等。

（4）煎剂或浸剂：都是药材（生药）的水性浸出制剂。煎剂是将药材加水煎煮一定时间后的滤液；浸剂是用沸水、温水或冷水将药材浸泡一定时间后滤过而制得的液体剂型。如板蓝根煎剂。

（5）乳剂：是指两种以上不相混合的液体（油和水），加入乳化剂后制成的乳状混浊液，可供内服、外用或注射，如鸡新城疫灭活疫苗。

2. 半固体剂型

（1）浸膏剂：是药材的浸出液经浓缩除去溶媒的膏状或粉状的半固体或固体剂型。除有特殊规定外，浸膏剂每克相当于原药材 2~5 克。如酵母浸膏等。

（2）软膏剂：是将药物加赋形剂（或称基质），均匀混合而制成的易于外用涂布的一种半固体剂型。供眼科用的软膏又叫眼

膏。如盐酸四环素软膏等。

3. 固体剂型

（1）粉剂：是一种干燥粉末剂型，由一种或一种以上的药物经粉碎、过筛、均匀混合而制成的固体剂型。可供内服或外用。此为养鸡用药中最常见的一种，如土霉素粉、喹乙醇粉等。

（2）可溶性粉剂：是由一种或几种药物与助溶剂、助悬剂等辅助药组成的可溶性粉末。多作为饲料添加剂型，投入饮水中使药物均匀分散，供鸡使用。

（3）预混剂：是指一种或几种药物与适宜的基质（如碳酸钙、麸皮、玉米粉等）均匀混合制成供添加于饲料的药物添加剂。将它掺入饲料中充分混合，可达到使药物微量成分均匀分散的目的。如土霉素预混剂等。

（4）片剂：是将粉剂加适当赋形剂后，制成颗粒经压片机加压制成的圆片状剂型，也是养鸡用药中常见的一种，如呋喃唑酮片、维生素 B_1 片等。

（5）胶囊剂：是将药粉或药液密封入胶囊中制成的一种剂型，其优点是可避免药物的刺激性或不良气味。如氯霉素胶囊。养鸡用药中此剂型少用。

（6）微型胶囊：简称微囊，系利用天然的或合成的高分子材料（通称囊材），将固体或液体药物（通称囊芯物）包裹成直径 1~5 000 微米的微小胶囊。药物的微囊可根据临床需要制成散剂、胶囊剂、片剂、注射剂以及软膏剂等各种剂型的制剂。药物制成微囊后，具有提高药物稳定性、延长药物疗效、掩盖不良气味、降低在消化道的副作用、减少复方的配伍禁忌等优点。用微囊做原料制成的各种剂型的制剂，应符合该剂型的制剂规定与要求。如维生素 A 微囊剂。

4. 气雾剂　是指某些液体药物稀释后或固体药物干粉利用雾化器喷出形成微粒状的制剂。可供皮肤和腔道等局部使用，或由呼吸道吸入后发挥全身作用。目前，鸡场常用的消毒药、气雾免疫用疫苗、外用杀虫药都制成这种剂型。

在选定药物以后，制剂的选择就是一个重要问题。同一药物，相同剂量，所用的制剂不同，其吸收程度也不同。有时，甚至同一制剂，但生产的工艺不同，其吸收程度和速度也不尽相同。因此，应根据疾病的轻重缓急慎重选择药物的剂型。如鸡群发病急且重，为了尽快控制病情，应尽快选用注射剂型，而用作饲料添加剂的药物尽量选用粉剂或可溶性粉剂，既经济又便于混匀。

（三）剂量

剂量是指药物产生治疗作用所需的用量。在一定范围内，剂量愈大，体内药物浓度愈高，作用也愈强；剂量愈小，作用就小。但如果浓度过大，超过一定限度，就会出现不良反应，甚至中毒。因此，为了经济有效地发挥药物的作用，达到用药目的，避免不良反应，应充分了解并严格掌握各种药物的剂量。

1. 与剂量有关的基本概念

（1）最小有效量：药物开始产生药理作用的最小剂量。

（2）治疗量：为了预防或治疗鸡的疾病所使用的剂量，它通常是一个有效剂量范围，即大于最小有效量而低于极量。

（3）极量：指发挥药物安全有效作用的最大剂量。

（4）最小中毒量：即超过极量，并开始出现中毒作用的最小剂量。

（5）中毒量：对鸡产生中毒作用的剂量。

（6）致死量：使鸡中毒死亡的剂量。

（7）药物的安全范围：是指药物的最小有效量和极量之间的距离范围。如果一种药物的安全范围大，它的安全性就高。反之，安全范围小，安全性就低，对于安全范围较小的药物，在使用过程中应严格掌握剂量，以免发生中毒，造成不必要的经济损

失。

2. 药物剂量的计量单位　一般固体药物用重量表示。按照1984年国务院关于在我国统一实行法定计量单位的命令，一般采用法定计量单位。如克、毫克、升、毫升等。对于固体和半固体药物用克、毫克表示；液体药物用升和毫升表示。常用计量单位的换算关系如下。

1千克=1 000克，1克=1 000毫克

1升=1 000毫升，1毫升=1 000微升

一些抗生素和维生素，如青霉素、庆大霉素、维生素A、维生素D等药物多用国际单位来表示，英文缩写为IU。而生物制品则常用羽份表示，多少羽份即为多少只鸡的意思。例如预防鸡新城疫用的鸡新城疫IV系疫苗，每瓶剂量为200羽份，意思是指用生理盐水稀释后，可用于200只鸡。

三、养鸡用药的方法

不同的药物，不同的剂量，可以产生不同的药理作用。但相同的药物，相同的剂量，如果给药方法不同，则产生的药效也不同。这是因为不同的给药方法直接影响药物吸收的快慢、吸收量的多少、在体内存留时间的长短。因此，在给药时应根据鸡体的生理特点、病理状况，结合药物的性质，恰当地选择给药方法。常用的给药方法有以下几种。

（一）群体给药法

1. 混饲给药　这是现代集约化养鸡中最常用的一种给药方法。方法是将药物均匀混入饲料中，让鸡在吃料的同时也吃进药物。该法简便易行，适用于长期投药。但对于病重鸡，当其食欲降低时，不宜使用。使用该法时，应注意以下几个方面。

（1）准确掌握混饲浓度：药量过小产生不了药效，药量过大造成药物浪费，甚至发生中毒。因此，在进行混料之前，应根

据已确定的混饲浓度和混料量，认真计算出所需药量，并准确称量后再混合。如果按鸡的每千克体重给药，应严格按照鸡的体重，计算出总药量，按要求把药物拌进全群鸡 1 天所需采食的料内，此为 1 天的药量。

（2）确保药物与饲料混合均匀：在药物与饲料混合时，必须搅拌均匀，特别是一些安全范围小或用量少的药物。如果混合不匀，不仅影响药效，而且会导致严重中毒。为了保证药物混合均匀，通常采用分级混合法，即把全部用量的药物加到少量饲料中，充分混合后，再加到一定量饲料中，再充分混匀，然后再拌入所需的全部饲料中。大批量饲料混药更需多次逐级扩充，以达到充分混匀的目的。切忌把全部药量 1 次加入到所需饲料中，这样由于混合不匀，会造成部分鸡食入药物过多而中毒，大部分鸡吃不到药物而达不到防制疾病的目的，甚至贻误病情。

（3）密切注意不良反应：有些药物混入饲料后，可与饲料中的某些成分发生反应而影响药效或产生有害作用。这时应密切注意不良反应，尽量减少不良反应的发生。如饲料中长期添加磺胺类药物，容易引起鸡维生素 B 和维生素 K 缺乏，此时应适当补充这些维生素。

2. 饮水给药　饮水给药也是比较常用的给药方法之一，它是指将药物溶解于鸡的饮水中，让鸡自由饮用，在饮水的同时，饮入药物发挥药效（图 4.126）。此法可用于预防或治疗鸡病，尤其适用于因病不能采食，但还能饮水的鸡，但所用药物必须是水溶性的。饮水给药除应注意饮水给药的一些事项外，还应注意以下几个问题。

（1）药前停饮，保证药效：对于一些在水中稳定，不易被破坏的药物，可以加入饮水中，让鸡长时间自由饮用。而对于一些容易被破坏或失效的药物如强力霉素、疫苗等，则要求全群鸡在一定时间内都饮入定量的药物，以保证药效。为达此目的，多

图 4.126　饮水给药

在用药前，让整个鸡群停止饮水一段时间。一般冬季停水 3 ~ 4 小时，其他季节停饮 1 ~ 2 小时，然后换上药水，让鸡在一定时间内饮入充足的药水。

（2）准确认真，按量给水：为了保证全群内绝大部分鸡在一定时间内都喝到一定量的水，不至于由于剩水过多造成饮入鸡体内的药量不足，或者由于供水不足，饮水不均，有些鸡缺水，有些鸡饮水过多，就应该严格掌握每只鸡 1 次的饮水量，再计算全群饮水量，用一定系数加权后，确定全群给水量，然后按照混饲浓度，准确计算用药量，把所需药量加到饮水中以保证药效。因饮水量的多少与鸡的品种、日龄、季节以及舍内温度、相对湿度、饲料性质、饲养方法等因素密切相关，所以不同鸡群的饮水量不尽相同。

（3）合理使用，加强效果：一般来说，饮水给药主要适用于易溶于水的药物，对于一些不易溶于水的药物或在水中易被破坏的药物，需采取相应措施，以保证疗效。如适当加热、加助溶剂或及时搅拌等方法，促进药物溶解。另外，为了避免药物的副作用，更好地促进药物溶解和促进药物发挥药效，还应注意一些

常识。例如使用活疫苗饮水免疫时，不应该使用含有漂白粉的饮水，不宜用金属饮水器。在饮水中加入 0.5%脱脂奶粉可提高疫苗的免疫效果。

3. 气雾给药 气雾给药是指将药物以气雾剂的形式喷出，使之分散成微粒，弥散到空气中，让鸡通过呼吸道吸入而在呼吸道发挥局部作用，或使药物经肺泡吸入血液而发挥全身治疗作用，或直接作用于鸡的羽毛及皮肤黏膜的一种给药方法（图 4.127）。也可用于鸡舍、孵化器以及种蛋的消毒。此法操作简单、产生药效快，尤其适用于大型现代化养鸡场，但需要一定的雾化设备，且鸡舍门窗密闭性好。气雾吸入要求没有刺激性，且药物应能溶解于呼吸道的分泌液中，否则会引起呼吸道炎症。

图 4.127 鸡舍气雾给药

使用气雾给药应注意以下事项：

（1）恰当选择气雾用药：为了充分发挥气雾给药的优点，应恰当选择所用药物。并不是所有的药物都可用气雾给药，可用于气雾给药的药物应无刺激性，易溶于水。对于有刺激性的药物不能经气雾给药。同时还应根据用药目的不同，选择吸湿性不同的药物。若欲使药物作用于肺部，应选择吸湿性较差的药物，而欲使药物主要作用于上呼吸道，就应选择吸湿性较强的药物。

（2）准确掌握用药剂量：在应用气雾给药时，不能随意套用拌料或饮水给药浓度。为了确保用药效果，在给药前应根据鸡舍空间的大小，所用气雾设备的要求，准确计算用药剂量，以免过大或过小而影响药效。

（3）严格控制雾粒大小：雾粒直径的大小与用药效果有直接关系。气雾微粒越细，越容易进入肺泡内；气雾微粒越大，越不易进入鸡的肺部，容易停留在鸡的上呼吸道黏膜。若微粒过大，还容易引起鸡的上呼吸道炎症。因此，应根据用药的目的，适当调节气雾微粒的直径。大量试验证实，进入肺部的微粒直径以 0.5~5 纳米最合适。

4. 环境消毒　为了杀灭环境中或鸡体表的寄生虫和病原微生物，除采用上述给药法外，最简便的方法是往鸡舍、笼具、饲槽喷洒药液，或用药液浸泡、洗刷。也可直接对鸡体表喷洒药物。进行环境消毒时应注意以下几点。

（1）正确选用消毒药：目前，消毒药的种类很多，但不同的药物，作用特点不同。因此，在使用时应根据用药目的，选择药物。同时还应注意抗药性，定期更换或几种药物交替使用。如系紧急消毒，为杀灭病毒，可适当选用碱性消毒药，如氢氧化钠等；若为了杀灭致病性芽孢菌，可选用对芽孢作用较强的药物如甲醛等。

（2）选择最佳用药浓度：常用的消毒药及杀虫药，除了具有杀灭寄生虫、微生物等作用外，一般对机体都有一定的毒性，且用药方法不同，浓度也不一样。浓度过大，容易引起人或鸡群中毒；浓度太小，起不到应有的作用。因此，应根据用药目的和使用方法，选择最佳用药浓度，以达到最佳用药效果。

（3）选择适当的用药方法：同一种药物，采用的用药方法不同，产生的药效也不同。因此，应根据药物的性质特点，选择最能发挥该药特点的给药方法。如甲醛，易挥发、刺激性强，根据这一特点，应密闭鸡舍或孵化器采用熏蒸法消毒，而百毒杀等药物刺激性小，就可进行带鸡喷雾消毒。

（二）个体给药法

1. 口服给药法 口服药物，经胃肠吸收后作用于全身，或停留在胃肠道发挥局部作用。其优点是操作比较简便，适合大多数药物。缺点是受胃肠内容物的影响较大，吸收不规则，显效慢。在病情危急时不能服用；刺激性大，可损伤胃肠黏膜的药物不能口服；能被消化液破坏的药物，也不宜口服。常用于口服的药物包括片剂、粉剂、丸剂、胶囊剂和溶液剂。在投喂溶液剂时药量不宜过多，必要时可采用胶管直接插入食管，防止药物进入气管，导致异物性肺炎或使鸡窒息死亡。

2. 注射给药法 注射法包括皮下注射、肌内注射、静脉注射、腹腔注射等数种。其中皮下注射和肌内注射最常用。优点是吸收快而完全，剂量准确，可避免消化液的破坏。不宜口服的药物，大多可以注射给药。注射给药时，应注意注射器的消毒，最好 1 只鸡 1 个针头，切忌 1 个针头用到底。

（1）皮下注射：是预防接种时最常用的方法之一。该法操作简单，药物容易吸收。可采用颈部皮下、胸部皮下和腿部皮下等部位注射。皮下注射时药量不宜过大，且应无刺激性。注射的具体方法是由助手抓鸡或者术者左手抓鸡，并用拇指、食指掐起注射部位的皮肤，右手持注射器沿皮肤皱褶处刺入针头，然后推入药液。

（2）肌内注射：也是常用的给药方法之一。其特点是药物吸收快、药效稳定。可在预防或治疗鸡的各种疾病时使用。常用的注射部位有胸部肌肉和大腿外侧肌肉。注射时应使针头与肌肉表面呈 35°～50°角进针，不可垂直刺入，以免刺伤大血管或神经，特别是胸部肌内注射时更应谨慎操作，不要使针头刺入胸腔或肝脏，以免造成伤亡。在使用刺激性药物时，应采用深部肌内

注射。

（三）胚胎给药法

由于某些病原微生物能经种蛋垂直传播或经蛋壳侵入而使孵出的雏鸡发病，因此，为了杀灭这些病原微生物，预防或控制疾病的传播，应对鸡胚进行用药。常用的鸡胚给药法有以下几种。

1. 熏蒸法　是最常用于种蛋的一种消毒方法。通常是将消毒药物加热或经化学反应而使其挥发到一定空间中，以杀死空间和鸡胚表面的病原微生物。常用于熏蒸消毒的药物有甲醛、高锰酸钾、过氧乙酸等。使用时将种蛋放置于特定的消毒室、消毒罩或孵化器内，按容积计算好用药量，放置药物并加热或使其发生化学反应，同时应关闭消毒室、消毒罩或孵化器，熏蒸一定时间后打开。

2. 浸泡法　是指将鸡蛋放置到一定浓度的药液中，以杀死蛋壳表面的微生物。应注意的是，在浸泡前一般应用清水或温水洗涤蛋壳表面，否则不仅浪费药物，也达不到预期的效果。

3. 注射法　将药物直接注射到鸡胚的一定部位，如气室、绒毛尿囊膜、尿囊腔、羊膜腔和卵黄囊，来消灭某些可以通过蛋传递的病原微生物（如鸡败血支原体病等）或接种疫苗。也是实验室培养病毒的常用方法之一。

（1）绒毛尿囊膜注射：取孵育 11～13 日龄鸡胚，照蛋后画出气室及绒毛尿囊膜发育面（或胚胎），标示出血管。将蛋横置，在绒毛尿囊膜发育面用碘酊、乙醇消毒后，避开血管，在无血管处用小锉锉一个三角形裂痕，勿伤及壳膜，另在气室中心钻一小孔。用镊子将三角形裂痕处卵壳揭去，于壳膜上滴 1 小滴无菌生理盐水，再以针头沿壳膜纤维方向划破，勿伤及绒毛膜或血管。用橡皮乳头紧贴气室小孔向外缓缓吸气，使绒毛尿囊膜下陷形成人工气室。除去裂隙附近的壳膜，用注射器或滴管加入药液，用灭菌玻璃纸封闭卵窗。水平放置，使人工气室朝上，继续孵育。

（2）尿囊腔注射：取 10～12 日龄鸡胚，在检卵灯下画出气室周界，于胎面距气室交界的边缘 1～2 厘米处避开血管，做一注射标记。经碘酊、乙醇消毒后钻一小孔，使针头与卵壳成 30°角，由小孔刺入 0.5～1 厘米深，注入药物。用融化的石蜡封闭小孔，置孵化箱内直立孵育。

（3）卵黄囊注射：取 5～8 日龄鸡胚，经照蛋后画出气室及胚胎部位，直立卵盘上（气室朝上）。用碘酊、乙醇消毒气室，于气室中心钻一小孔，勿损伤壳膜。使针头通过该孔，朝胚胎对侧沿鸡胚纵轴插入约 3 厘米即入卵黄囊内，注入药物，用石蜡封闭小孔后继续孵育，每天翻转 1～2 次。

（4）羊膜腔注射：取 9～10 日龄鸡胚，照蛋后画出气室及胚胎部位，用碘酊、乙醇消毒后，在气室靠近胚胎侧的卵壳上钻一长方形裂痕（约 10 毫米×6 毫米），勿损伤壳膜，用镊子除去此长方形卵壳及外层壳膜，滴入 1 滴无菌液状石蜡，于照卵灯下即可清楚看到胚胎的位置。将注射器针头刺入胚胎的颚下胸前，用针头拨动下颚及腿，当进入羊膜腔时，能看到胚胎随着针头的拨动而动，即可注入药物。封口，孵育。

四、药物的治疗作用和不良反应

药物对机体的作用，从疗效上看，可归纳为二类。一类是符合用药目的，能达到防制效果的作用，称为治疗作用；另一类是不符合用药目的，对机体产生有害作用，称为不良反应。

（一）治疗作用

治疗作用可分为两种：能消除发病原因的叫对因治疗，也叫治本，如用抗生素杀灭体内的病原微生物或用解毒药促进体内毒物的消除等；仅能缓解疾病症状的叫对症治疗，也叫治标，如解热药退热、止咳药减轻咳嗽症状等。

（二）不良反应

药物在预防或治疗疾病的过程中，在发挥治疗作用的同时，也会带来不良反应，主要有以下三种。

1. 副作用 副作用是药物在治疗剂量内所产生的与治疗目的无关的作用。如长期使用抗菌药物引起的B族维生素缺乏。有的药物可有几种作用，当利用某种作用作为治疗作用时，其他作用就成了副作用。例如利用阿托品松弛平滑肌的作用治疗肠痉挛时，同时抑制了腺体分泌，而引起口干，后者就成了副作用；利用它抑制腺体分泌的作用而作为麻醉前给药时，又松弛了平滑肌，而引起肠臌气、尿潴留等副作用。副作用随着治疗作用的产生而产生，不可避免，但可使用药物进行矫正。

2. 毒性反应 毒性反应是由于药物用量过大或使用时间过长，而使机体发生的严重功能紊乱或病理变化。大多数药物都有一定的毒性。毒性反应主要表现在对中枢神经、血液、呼吸、循环系统以及肝、肾功能等造成损害，不同药物的毒性作用性质不同，但毒性作用往往是药理作用的延伸。如庆大霉素、链霉素用量过大或时间过长时对肾脏产生的毒性反应。毒性反应一般比较重，但通常是可以预料的，只要按规定的剂量用药就可以避免。

3. 过敏反应 过敏反应是指某些个体对某种药物的敏感性比一般个体高，表现有质的差异。有些过敏反应是遗传因素引起的，称为“特异质”，如某些羊对四氯化碳过敏。另一些则是由于首次与药物接触致敏后，再次给药时呈现的特殊反应，其中有免疫机制参加，称为“变态反应”，如青霉素引起的过敏性休克。过敏反应只发生在少数个体，而且这种反应即使用药量很少，也可发生。

五、药物的选择及用药注意事项

（一）药物的选择

治疗某种疾病，常有数种药物可以选用。但究竟选用哪一种最为恰当，可根据以下几个方面考虑决定。

1. 疗效好 为了尽快治愈疾病，应选择疗效好的药物。如治疗雏鸡白痢，土霉素、四环素、氨苄青霉素、氯霉素都可使用，但以氯霉素的疗效最好，可以作为首选药。

2. 不良反应小 有的药物疗效虽好，但毒副作用较大，选药时不得不放弃，而改用疗效稍差，但毒副作用较小的药物。如可待因止咳效果很好，但因有成瘾和抑制呼吸等副作用，所以除非必要，否则一般不用。

3. 价廉易得 为了增加经济效益，减少药物费支出，就必须精打细算，选择那些疗效确实，又价廉易得的药物。如用磺胺治疗全身感染，多选用磺胺嘧啶，而少用磺胺甲基异噁唑。

（二）用药注意事项

1. 要对症下药，不可滥用 每一种药物都有它的适应证，在用药时一定要对症下药，切忌滥用，以免造成不良后果。

2. 选择最佳给药方法 同一种药物，同一个剂量，给药途径不同，产生的药效也不尽相同。因此，在用药时必须根据病情的轻重缓急、用药目的及药物本身的性质来确定最佳给药方法。如危重病例宜采用静脉注射或肌内注射；治疗肠道感染或驱虫时，宜口服给药。

3. 注意剂量、给药次数和疗程 为了达到预期的治疗效果，减少不良反应，用药剂量应当准确，并按规定时间和次数给药。少数药物 1 次用药即可达到治疗目的，如驱虫药。但对多数药物来说，必须重复给药才能奏效。为了维持药物在体内的有效浓度，获得疗效，而同时又不致出现毒性反应，就要注意给药次数

和间隔时间。大多数药物1天给药2~3次，直至达到治疗目的。抗菌药物必须在一定期限内连续给药，这个期限称为疗程。疗程一般为3~5天。

4. 合理地联合用药　两种以上药物同时使用时，可以互不影响，但在许多情况下，两药合用总有一药或两药的作用受到影响，其结果可能是：①比预期的作用更强即协同作用；②减弱一药或两药的作用即拮抗作用；③产生意外的毒性反应。药物的相互作用，可发生在药物吸收前、体内转运过程、生化转化过程及排泄过程中。在联合用药时，应尽量利用协同作用以提高疗效，避免出现拮抗作用或产生毒性反应。

5. 注意配伍禁忌　为了提高药效，常将两种以上的药物配伍使用。但配伍不当，则可能出现疗效减弱或毒性增加的变化。这种配伍变化，称为配伍禁忌，必须避免。药物的配伍禁忌可分为药理的（药理作用互相抵消或毒性增加），化学的（呈现沉淀、产气、变色、燃爆或肉眼不可见的水解等化学变化）和物理的（产生潮解、液化或从溶液中析出结晶等物理变化）。

第五章　鸡常见病的防制技术

第一节　常见病毒性疾病的防制

一、新城疫

鸡新城疫又称亚洲鸡瘟，它是由副黏病毒引起的鸡的一种急性、高度接触性、烈性传染病。病毒不易变异，只有一个血清型，但不同毒株间致病力不同。主要特征为呼吸困难，下痢，有神经症状，产蛋急剧下降，浆膜黏膜出血，传播快，死亡率高。

（一）新城疫发生与流行特点

当前，新城疫仍然是严重威胁肉鸡业健康发展的重要疾病。发病后的鸡，主要表现为呼吸困难，下痢，伴有神经症状。

本病主要侵害鸡和火鸡，其他禽类和野禽也能感染，但以鸡最易感染。病鸡和带毒鸡是主要传染源，不分年龄、品种、性别均可发病。

本病一年四季均可发生，但以春、秋、冬季多发。这取决于不同季节的管理水平的高低。如果鸡舍内通风不良致氨气浓度高、温度控制不好（忽高忽低）、饲养密度过大，会使鸡群抵抗力下降，当有新城疫强毒株存在时就可发生本病流行。

鸡新城疫在一个鸡群流行时，刚开始多数鸡处于潜伏期中。

以后的4~6天内，病死率会呈直线上升，且多表现为急性型。

由于疫苗的作用，我国规模化鸡场目前多表现为非典型性，呈散发，并以混合感染出现。常在免疫鸡群发生，多发生在二免与三免之间。病鸡群出现亚临床症状或非典型症状，主要表现为呼吸道症状和神经症状。由于病鸡常出现呼吸困难、甩头、张口呼吸等症状，与其他一些呼吸道疾病如传染性支气管炎、慢性呼吸道病等的症状十分相似，给本病的诊断增加了难度。

（二）临床症状

1. 全身症状　病鸡表现为精神沉郁、委顿（图5.1），体温升高，闭眼似睡，翅膀下垂，羽毛逆立（乍毛），缩颈呆立，反应迟钝（图5.2）。

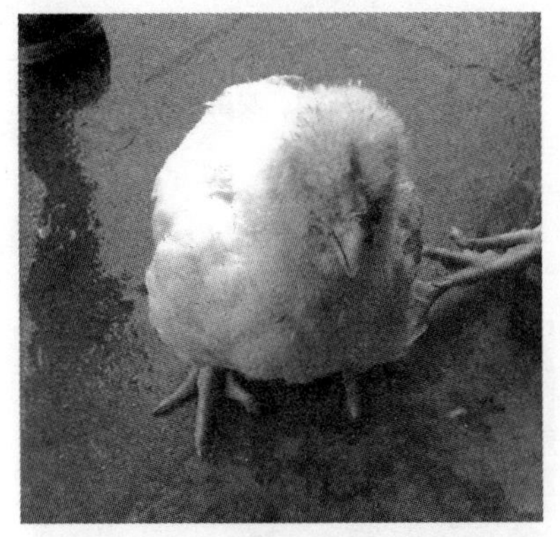

图5.1　病鸡精神委顿、乍毛

图5.2　缩颈呆立

2. 呼吸系统症状　病鸡表现为呼吸困难，有呼噜声，张口、伸颈喘气，咳嗽，甩鼻，喷嚏，怪叫，气管啰音（图5.3）。

3. 神经系统症状　病鸡表现为扭颈、勾头，常呈仰头观星状姿势，翅膀下垂，跛行甚至瘫痪（图5.4）。

4. 消化系统症状 病鸡表现为食欲减退甚至废绝，先少饮后减少或不饮，倒提病死鸡，可从口中流出酸臭液体（图 5. 5）。拉稀，排黄绿色稀粪，玷污肛门或羽毛（图 5. 6）。

图 5. 3 张口伸颈呼吸

图 5. 4 扭颈、观星状姿势

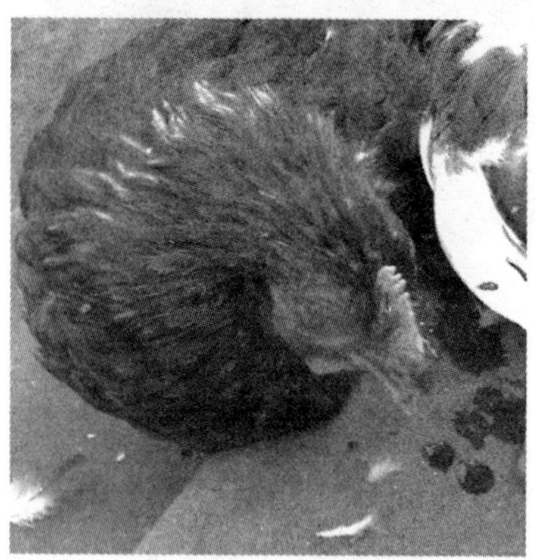
图 5. 5 口中流出酸臭液体

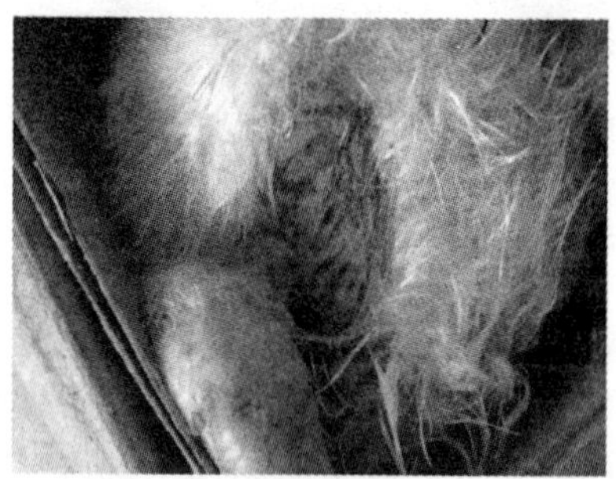
图 5. 6 绿色稀粪玷污肛门

（三）病理变化

（1）嗉囊积液，腺胃肿大，腺胃乳头肿胀、出血（图 5.7）、溃疡；腺胃与食道，腺胃与肌胃交界处出血和溃疡。

（2）十二指肠黏膜出血和溃疡，小肠淋巴滤泡肿胀出血（图 5.8），小肠黏膜出血溃疡（图 5.9），有的形成枣核状坏死。泄殖腔黏膜出血（图 5.10），盲肠扁桃体肿胀、出血和溃疡（图 5.11）。极易导致腹膜炎（图 5.12）。

（3）喉头、气管、支气管上段黏膜充血、水肿出血，气管内有黏液，根据病程长短可出现浆液性、黏液性、脓性、干酪样分泌物（图 5.13）。

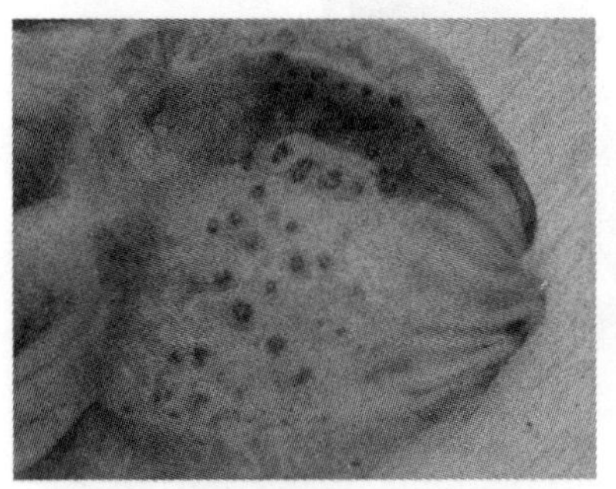

图 5.7　腺胃乳头肿胀、出血

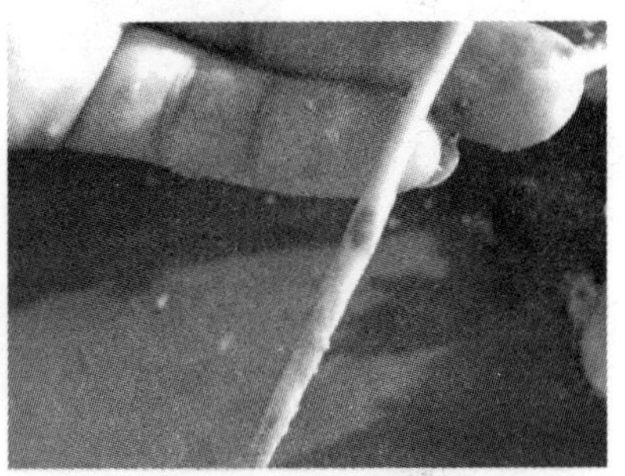

图 5.8　小肠淋巴滤泡肿胀出血

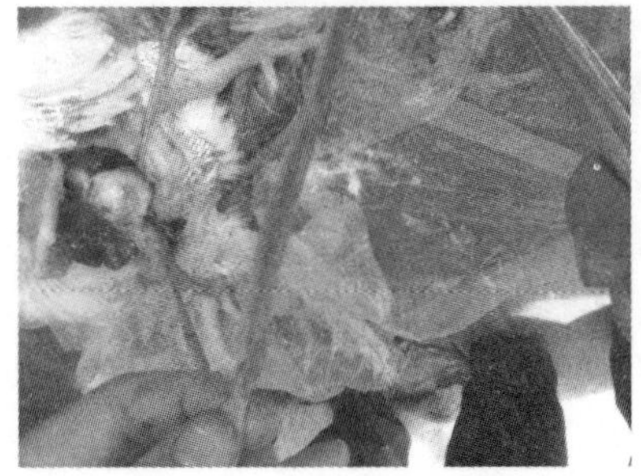

图 5.9　小肠黏膜出血溃疡

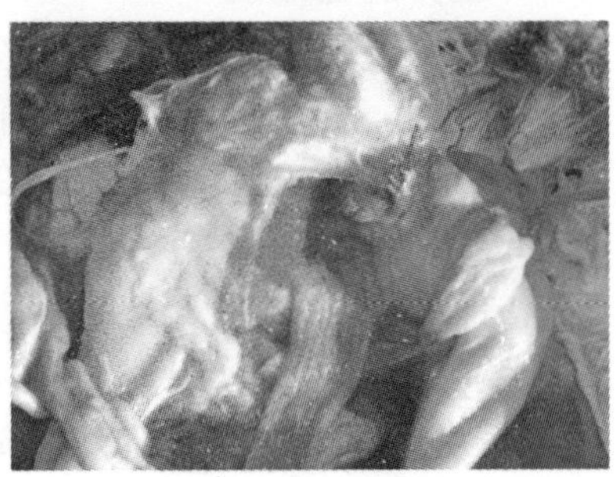

图 5.10　泄殖腔黏膜出血

图 5.11　盲肠扁桃体肿大、出血

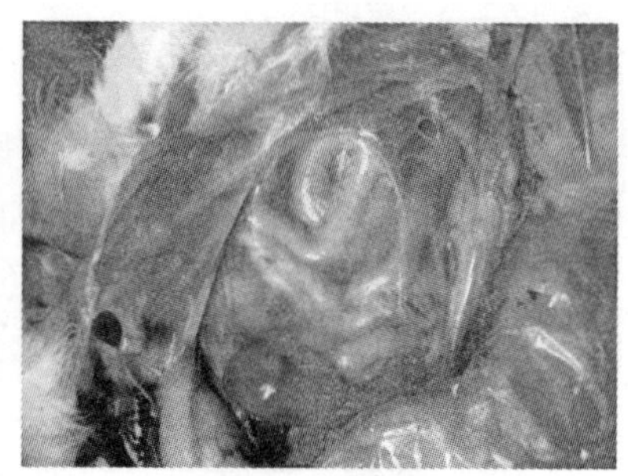
图 5.12　腹膜炎

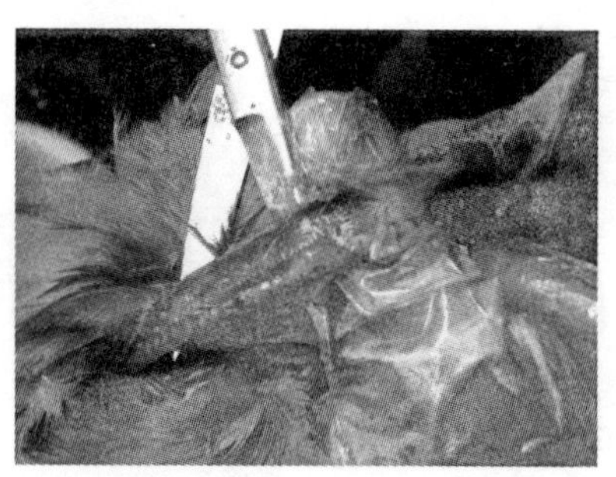
图 5.13　气管出血，有黄色干酪样物

（四）防控措施

1. 及早实施免疫，提前建立局部黏膜抵抗力　由于雏鸡免疫系统不健全，无论采用什么样的免疫程序，都难于保证产生良好的体液抗体，因而在雏鸡阶段，主要靠活疫苗免疫产生的局部黏膜抗体给鸡群提供良好保护。在当前的国内环境中，雏鸡出壳后随时面临新城疫病毒的威胁，考虑到局部黏膜抗体的产生受母源抗体的影响很小，因而要及时免疫接种新城疫活疫苗，及早产生抵抗疾病感染的局部黏膜抵抗力。最好是 1 日龄，最迟不能晚于 3 日龄。

2. 活疫苗与灭活苗联合使用　活疫苗与灭活苗联合使用，

可以做到优势互补，产生抵御疾病的坚强保护力。活疫苗可以产生局部黏膜抗体；激活灭活苗免疫应答，可使免疫后产生的抗体更快更高；产生体液抗体，拉平鸡群中的抗体水平，低抗体鸡群获得相对更好的免疫应答，抗体上升幅度大，减小了鸡群中个体之间的差异。而油乳剂灭活苗加入油佐剂后免疫原性显著增强，受母源抗体干扰较少，能诱发机体产生坚强而持久的免疫力。一般接种后 10~14 天产生免疫力，免疫后产生的抗体高于活疫苗且维持时间长。雏鸡阶段的免疫要保护整个育雏育成区，产蛋前的免疫所产生的抗体需要保护整个产蛋周期，因而这两个阶段的免疫要做到活疫苗与灭活苗联合免疫。

3. 根据抗体水平，加强补充免疫　当前鸡新城疫发生主要以非典型新城疫为主，原因是鸡群抗体不均匀有效，因而监测鸡群的抗体水平非常重要，要保证 H_1 抗体水平育成期不低于 6，蛋鸡不低于 9，还要做到产蛋期 2~3 个月免疫一次弱毒疫苗。

4. 大剂量弱毒疫苗紧急免疫接种　一旦发生新城疫后，可以采取大剂量弱毒疫苗紧急免疫接种，并辅以抗菌素治疗，预防细菌继发感染。

二、低致病性禽流感

低致病性禽流感又叫致病性禽流感、非高致病性禽流感或温和型禽流感，它是指某些致病性低的禽流感病毒毒株（如 H9N2 亚型）感染肉鸡引起的以低死亡率和轻度的呼吸道感染等临床症候群，其本身并不一定造成鸡群的大规模死亡。由于它们对肉鸡养殖和贸易的影响没有高致病性禽流感严重，因此没有被列为 A 类或 B 类疾病。但它感染后往往造成鸡群的免疫力下降，对各种病原的抵抗力降低，易发生并发或继发感染。当这类毒株感染伴随有其他病原的感染时，死亡率变化范围较广（5%~97%），往往造成很高的致死率。

损伤主要发生在呼吸道、生殖道、肾或胰腺。因此低致病性禽流感对肉鸡业的危害也是很严重的。因此，每次突然暴发的高死亡率疫病，往往就是低致病性禽流感。

（一）临床症状

低致病性禽流感因地域、季节、品种、日龄、病毒的毒力不同而表现出症状不同、轻重不一的临床变化。

（1）精神不振，或闭眼沉郁，呆立一隅或扎堆靠近热源，体温升高，发热严重鸡将头插入翅内或双腿之间，反应迟钝。

（2）采食和饮水减少或废绝，拉黄白色带有大量泡沫的稀便或黄绿色粪便，有时肛门处被淡绿色或白色粪便污染。

（3）张口呼吸，呼吸困难，打呼噜，呼噜声如蛙鸣叫，此起彼伏或遍布整个鸡群，有的鸡发出尖叫声，甩鼻，流泪，肿眼或肿头，肿头严重鸡如猫头鹰状。病鸡多窒息蹦高而死亡，死态仰翻，两脚登天。

（4）鸡冠和肉髯发绀，鸡脸无毛部位发紫（图 5.14）；病鸡下颌肿胀、发硬（图 5.15）。胫部以下鳞片发红或发紫，鳞片下出血（图 5.16）。病鸡或死鸡全身皮肤发紫或发红（图 5.17）。

图 5.14　鸡冠、肉髯肿胀、发紫

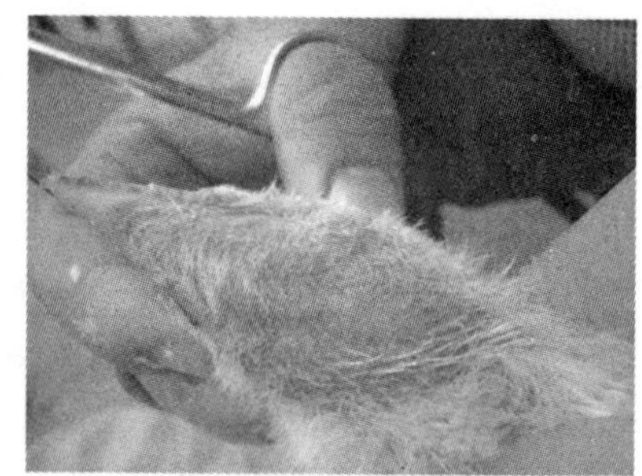

图 5.15　病鸡下颌肿胀、发硬

（5）肉鸡感染低致病性禽流感后，可破坏免疫系统，导致严重的免疫抑制；可继发大肠杆菌、气囊炎，造成较高的致死率。

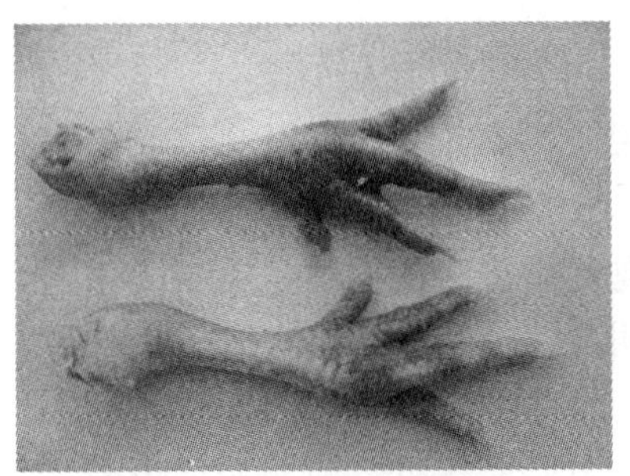

图 5.16　胫部鳞片下出血

图 5.17　继发大肠杆菌后大批死亡，病死鸡鸡冠发绀

（二）主要病理变化

（1）低致病性禽流感跗关节以下胫部鳞片出血。

（2）肺脏坏死，气管栓塞，气囊炎。肺脏大面积坏死是肉鸡发生流感的一个特征性病变。肺脏瘀血、水肿、发黑（图 5.18）；鼻腔黏膜充血、出血，气管环状出血，内有灰白色黏液或干酪样物（图 5.19）；气囊混浊，严重者可见炒鸡蛋样黄色干酪样物（图 5.20）；支气管、细支气管内有黄白色干酪样物。气囊中出现干酪样物，引发气囊炎，临床上多见胸、腹腔的气囊中出现干酪样物。

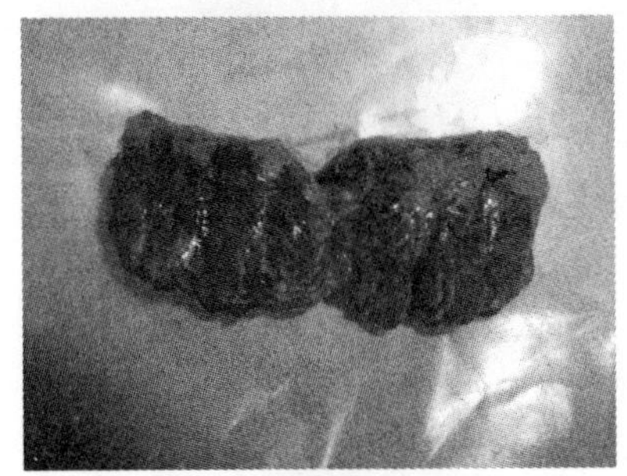

图 5.18　肺脏瘀血水肿

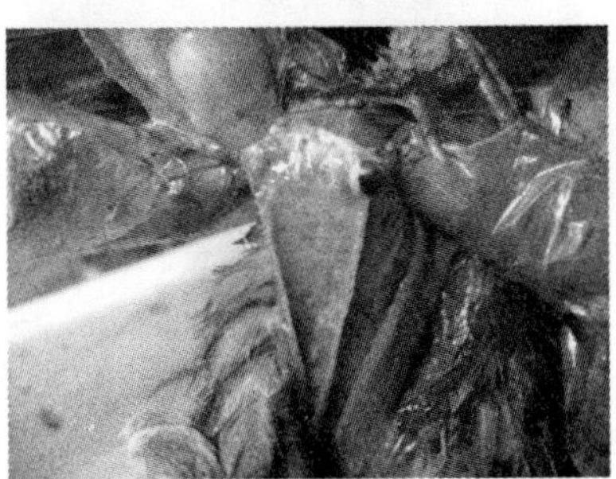

图 5.19　气管内黄色干酪样物

（3）引起肾充血。肉鸡常见肾脏肿大，紫红色，花斑样，此种现象与肾型传染性支气管炎、痛风等病有相似之处。鉴别诊断在于肾型传染性支气管炎机体脱水更严重，尸体干硬，皮肤难于剥离，死态多见两腿收于腹下；肾型传染性支气管炎一般见不到类似禽流感的多处出血现象。禽流感出现的肾肿、花斑肾和严重肾出血，使用通肾药物效果不明显。

（4）皮下出血。病鸡头部皮下胶冻样浸润，剖检呈胶冻样；颈部皮下、大腿内侧皮下、腹部皮下脂肪等处，常见针尖状或点状出血，这样的点状出血解剖活禽时易发现，而死亡时间长的则看不到。

（5）腺胃肌胃出血。腺胃肿胀，腺胃乳头水肿、出血；肌胃角质层易剥离，角质层下往往有出血斑；肌胃与腺胃交界处常呈带状或环状出血。

（6）心肌变性（图 5.21），心内、外膜出血；心冠脂肪出血（图 5.22）。

图 5.20　气囊混浊，有黄色干酪样物

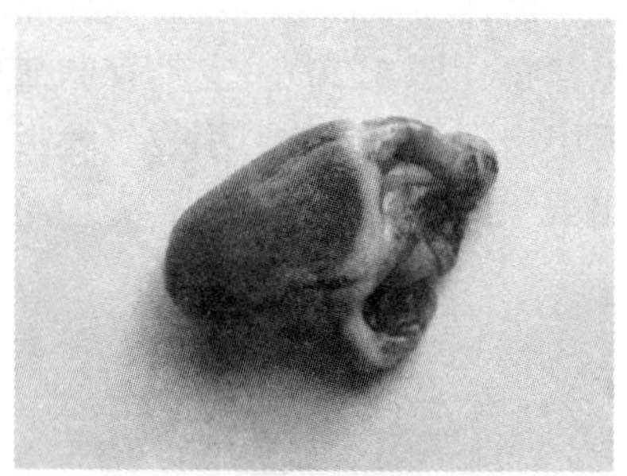

图 5.21　心肌变性、坏死

（7）胰脏边缘出血或灰白色坏死（图 5.23、图 5.25），有时肿胀呈链条状。

（8）脾脏肿大，有灰白色的坏死灶（图 5.24）。

(9) 胸腺萎缩，出血（图 5. 26）。

(10) 继发严重的肝周炎、心包炎（图 5. 27）。

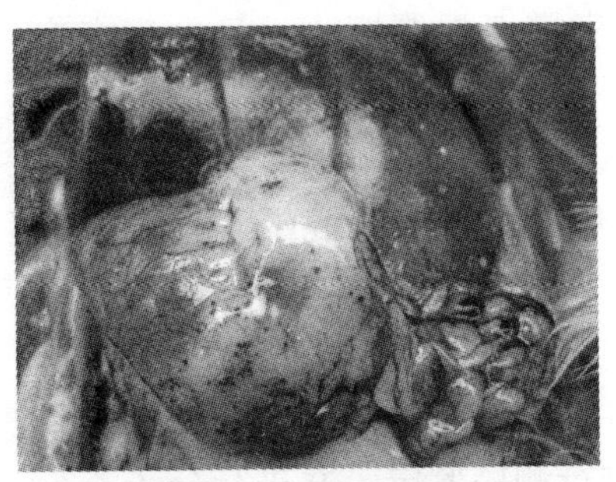

图 5. 22　心冠脂肪出血

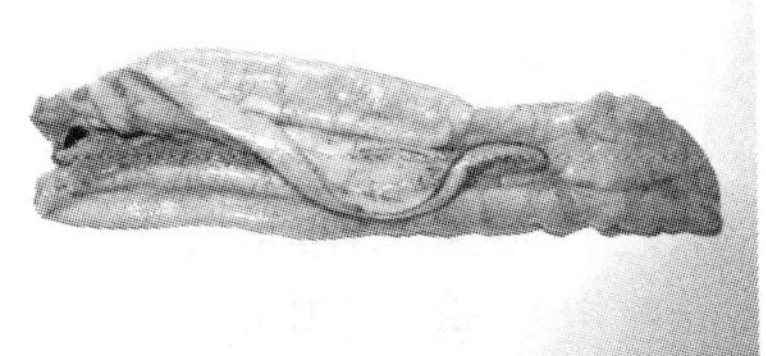

图 5. 23　胰腺边缘出血

图 5. 24　脾脏肿大，有灰白色坏死灶

图 5. 25　胰腺灰白色坏死

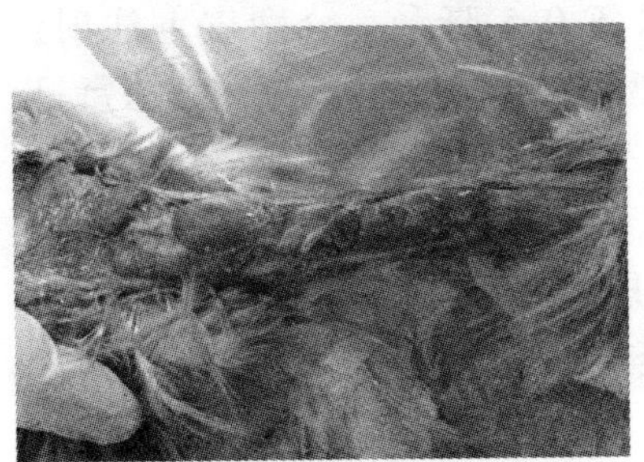

图 5. 26　胸腺萎缩、出血

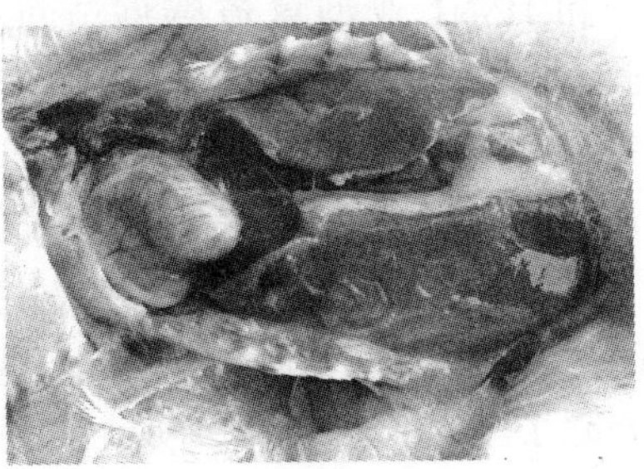

图 5. 27　禽流感继发心包炎、肝周炎

（三）防控措施

1. 快速处理

（1）冬、春季节严格执行疾病零汇报制度，一旦发现有支气管堵塞现象，要立即上报。冬、春季节前要做好疾病防控知识培训，提高相关人员对 H9 的敏感度。由于 H9 很容易同应激造成的张口呼吸、慢性呼吸道病等常见呼吸道病混淆，容易被误诊，要引起注意。

（2）要具备 H9 的完善实验室诊断能力，要配备 H9 病原分离、鉴定专业人员及相关实验条件，及时收集病料。有条件的单位可第一时间将病料或分离毒株进行测序鉴定，并进行分子流行病学分析。

（3）入冬前要储备防疫物资，如蛋黄液（卵黄囊抗体），相应疫苗等。

2. 肉鸡 H9 的主要防控措施

（1）免疫：快大型肉鸡很少接种禽流感疫苗；但对优质肉鸡，必须进行禽流感疫苗免疫注射。建议禽流感免疫程序（包括种鸡和优质肉鸡）：10 日龄以内，用 H9N2 亚型和 H5N1 亚型禽流感疫苗每只各 0.3 毫升，分别皮下注射；25 日龄，用 H9N2 亚型和 H5N1 亚型禽流感疫苗每只各 0.5 毫升，分别皮下注射；120 日龄（产蛋前），用 H9N2 亚型和 H5N1 亚型禽流感疫苗每只各 0.5 毫升，分别皮下注射，或二联禽流感疫苗，每只 0.5 毫升，分别皮下注射；3 个月后加强免疫一次。

（2）保护呼吸道黏膜，建立屏障：呼吸道是病原体入侵的门户，被称为“万病之源”，呼吸道黏膜保护好了，就相当于建立起了一道天然屏障。实践证明：使用蜂胶感清喷雾能明显降低病毒的感染机会，保护呼吸道黏膜，提高养鸡成功率。

（3）保护消化道，清除霉菌毒素：肠道也是病原体进入的门户，特别是近两年霉菌毒素中毒现象频发，造成消化系统损

伤，免疫抑制问题严重。保护好消化道，清除霉菌毒素，能减少免疫抑制，提高疫苗成功率，减少 H9 的感染概率。

（4）减少免疫空白期的危害：每次活疫苗免疫后，疫苗会中和体内原来的一部分抗体，而新抗体需要 5～7 天才能产生，这段时间被称为免疫间隙，很容易发生问题。此阶段防控的要点是提升机体免疫力，降低呼吸道反应。肉鸡 25～30 日龄，禽流感、新城疫等抗体在体内降到最低，是机体最危险的时期，被称为肉鸡的免疫空白期。此阶段鸡生长最快，也是最容易发生问题的时期，要特别注意。

（5）加强通风，不容忽视保温：标准化鸡场设备使用不当出现问题的鸡场很多，特别是那些老养鸡户由开放式鸡舍转成标准化鸡舍。管理条件发生了变化，设备不会用，通风过小、过大出现问题的多。初春的“倒春寒”，天气突变，保温措施不当，会让不少养鸡户吃亏。所以养鸡关键是管理细节，一点不容忽视，学会使用设备才是当务之急。

（6）加强消毒，正确消毒：当前环境下，肉鸡养殖加强消毒、加强生物安全措施至关重要。建议除了常规的消毒措施外，还要加强带鸡消毒措施来杀死舍内的病原微生物。有些鸡场不知道什么时候应该消毒、如何消毒。肉鸡每次活疫苗免疫后 24 小时应该带鸡消毒，杀死鸡体通过呼吸道和粪便排出的疫苗毒，防止毒力增强和持续不断地排毒刺激鸡的呼吸道，引起严重的呼吸道反应，这就是所谓的疫苗“滚动应激”。每次活疫苗免疫后 24 小时，带鸡喷雾消毒 3 天，杀死排出的活疫苗毒。采用本措施后，对降低肉鸡疫苗后呼吸道反应效果明显。呼吸道控制好，H9 流感感染机会就少。25 日龄以后每隔 3 天带鸡消毒一次，能减少 H9 流感的感染机会。

三、鸡传染性支气管炎

鸡传染性支气管炎（IB）是由传染性支气管炎病毒（IBV）引起的一种急性高度接触性呼吸道传染病。其临诊特征是呼吸困难、发出啰音、咳嗽、张口呼吸、打喷嚏。如果病原不是肾病变型毒株或不发生并发症，死亡率一般很低。对肉鸡危害最严重的是肾型传染性支气管炎。其症状呈二相性：第一阶段有几天呼吸道症状；第二阶段有几天症状消失的“康复”阶段；第三阶段就开始排水样白色或绿色粪便，并含有大量尿酸盐。病鸡脱水，表现为虚弱嗜睡，鸡冠褪色或呈紫蓝色，致死率高。

（一）流行情况

肉鸡传染性支气管炎是由冠状病毒引起的肉鸡的一种急性、高度接触性呼吸道疾病。

因病毒血清型不同，肉鸡传染性支气管炎多见肾型、呼吸型、腺胃型。该病病原的血清型较多，新的血清型不断出现，常导致免疫失败，使该病不能得到有效控制，给肉鸡业造成巨大损失。

各地分离的病毒血清型复杂，经常有新的血清型出现，不同血清型之间仅有部分交叉保护作用，甚至不能交叉保护。而血清型与临床表现也无明显的相关性，血清型相同的毒株可能有不同的临床表现。病毒对外界抵抗力不强，耐寒不耐热，1%石炭酸和1%甲醛溶液都能很快把它杀死。

临床型感染和亚临床感染均致使鸡群生产性能下降，饲料报酬降低，肾型传染性支气管炎病鸡呼吸困难，气管啰音，咳嗽。有较高致死率。常继发或并发霉形体病、大肠杆菌病、葡萄球菌感染等，导致死淘率增加。传染性支气管炎病毒为冠状病毒科冠状病毒属成员。病毒主要存在于病鸡呼吸道和肺中，也可在肾、法氏囊内大量增殖，在肝、脾及血液中也能发现病毒。传染源主

要是病鸡和康复后带毒鸡，康复鸡可带毒35天。传播途径主要通过空气（飞沫）经呼吸道传播，也可通过污染的饲料、饮水和器具等间接地经消化道传播。

本病只感染鸡，不同年龄、品种鸡均易感。传播迅速，一旦感染，可很快传播全群。一年四季均可发病，寒冷季节多发。

（二）临床症状和病理变化

1. 肾型传染性支气管炎　肾型传染性支气管炎病毒是鸡传染性支气管炎病毒的一个变种，对鸡的肾脏有好嗜性，耐低温不耐高温。因此本病常在冬季流行，秋末和春初亦常见，夏季较少发生。主要经空气传播，一旦感染传播非常迅速。发病日龄主要集中在20~40日龄的肉鸡，但也有早期3日龄感染的个别病例。

发病后出现的典型症状一般分三个阶段。

第一阶段：呼吸道症状期。发病急，从最初只有几只鸡表现呼吸道症状，气管啰音、喷嚏，后迅速波及全群，一般第3~4天呼吸道症状最为严重，60%~70%的鸡甩鼻、呼噜、无流泪肿脸现象，采食量基本维持原量。解剖时多表现为气管黏液增多，其他病变不突出。

第二阶段：假康复期。第5~6天后呼吸道症状减轻乃至消失，出现假康复现象。鸡群无异常表现，似乎“恢复健康”。解剖时各个器官无明显的病变。

第三阶段：花斑肾症状期。假康复1~2天后粪便开始变稀，白色尿酸盐稀便逐渐加剧，肛门周围羽毛粘有白色粪便，后出现“哧哧”的水便急泄现象，粪便中几乎全是尿酸盐。

病鸡表现聚堆、精神萎靡、羽毛蓬乱无光泽、采食量减少，逐渐出现死亡。病鸡眼窝凹陷、脚爪干瘪，皮肤干缩、紧贴肌肉，不易剥离。死亡鸡只典型表现：两腿蜷缩趴卧，尸体僵硬，呈“速冻鸡”状。

剖检，胸肌和腿肌发绀、脱水（图5.28），泄殖腔内充满尿酸盐。肾脏肿大数倍，呈黄斑状，输尿管、肾小管充满白色的尿酸盐，俗称“花斑肾”（图 5. 29）。出现花斑肾症状后，死亡率迅速上升，经济损失严重。

图 5. 28　胸肌脱水，干瘪，弹性降低

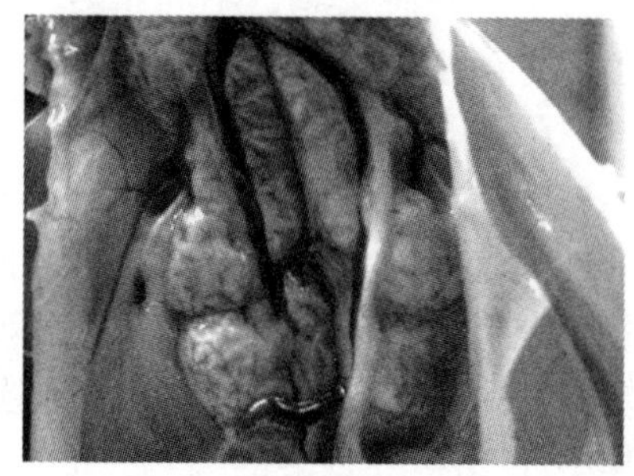

图 5. 29　肾肿，花斑肾，输尿管内有大量尿酸盐

临诊时要注意肾型传染性支气管炎与其他疾病的鉴别诊断。肉鸡痛风，是因蛋白或劣质蛋白过高引起，没有流行性，没有呼吸道症状，有时可见关节肿胀，大群有瘫痪现象；传染性法氏囊炎表现为腺胃与肌胃交界处有出血带，胸肌、腿肌有出血现象；温和型禽流感的某些禽流感毒株可引起花斑肾现象，但同时还具备相应部位的出血，而肾型传染性支气管炎很少见到上述各种出血现象；再者，肾型传染性支气管炎的鸡群喝水量大增，而禽流感的鸡群喝水量增幅不是太大，通过问诊可以区别。

2. 呼吸型传染性支气管炎　主要通过呼吸道传播，各日龄鸡均易感染。发病日龄多在 5 周龄以下，全群几乎同时发病。雏鸡发病初期主要表现为流鼻液、流泪、咳嗽、打喷嚏、呼吸困难、常缩脖张口喘气。发病轻时白天难以听到，夜间安静时，可以听到伴随呼吸发出的喘鸣声。

剖检可见鼻腔和鼻窦内有浆液性、卡他性渗出物或干酪样物

质，气管和支气管内有浆液性或纤维素性团块。气囊混浊，并覆有一层黄白色干酪样物。气管环出血（图 5.30），肺脏水肿或出血（图 5.31）。特征性变化是在气管和支气管交叉处的管腔内充满白色或黄白色的栓塞物。

图 5.30　气管环出血

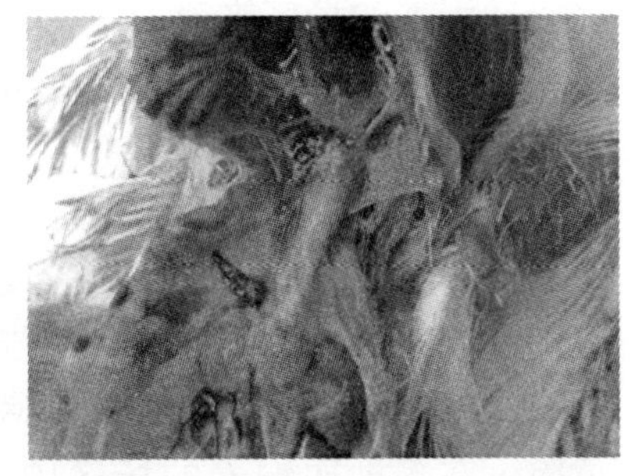

图 5.31　肺水肿、出血，气囊浑浊

3. 腺胃型传染性支气管炎　病鸡表现为采食量下降，精神差，羽毛蓬乱，呆立；发病鸡高度消瘦，发育、整齐度差；拉白绿色稀便。

剖检，见腺胃肿大，质地坚硬（图 5.32）；腺胃壁增厚，剪开往往外翻；腺胃乳头肿大、突起（图 5.33）。

图 5.32　腺胃肿大、坚硬

图 5.33　腺胃壁增厚，剪开往往外翻；腺胃乳头肿大、突起

（三）防控措施

随着我国集约化养殖的发展，养殖密度和规模不断加大，IB的高度传染性和IBV众多的血清型，使免疫预防复杂化并增大防控成本。IB防治难度在不断加大，危害更加突出，特别是对于多日龄混养的场区来说，IBV对鸡群的威胁越来越严重。

1. 重视多日龄混养的生物安全问题

（1）相近批次鸡群免疫的影响：为预防IB的发生，需要做好免疫，使用弱毒苗和油乳剂灭活苗，商品化的IB弱毒疫苗通常是经鸡胚或细胞反复传代所致弱的，这种致弱的程度和稳定性可随疫苗不同而不同。一些疫苗株在鸡体内传代后会出现毒力增强，这也就是说某些疫苗株在鸡群中反复繁殖传播有毒力增强的危险。在多批次饲养的场区中，IB的免疫往往是单独进行的，特别是在雏鸡阶段，一个鸡群进行免疫后的几天进入疫苗排毒期，这些排出的疫苗毒素很容易随人员、设备、空气扩散到鸡场中其他批次未同次免疫的鸡群。当这群鸡周龄较小，其中IB的黏膜免疫能力不足或抗体不高的鸡只会感染免疫鸡群排的疫苗毒，病毒再次在其体内复制后排出，陆续传播给其他鸡只，在这种不断的传播过程中疫苗毒返强的可能是存在的，造成其感染能力增强，最后抗体略高的鸡也会感染。

（2）大日龄鸡排毒对小日龄鸡群的影响：IBV可在各内脏器官中持续存在163天或更长时间，在此期间，IBV能够定期通过鼻分泌物和粪便排毒。这种长时间的排毒对于多日龄混养的鸡群来说，增加了较小日龄鸡群感染的概率，大鸡排毒期，小鸡抗体不足以起保护就有可能感染IBV，最后出现连续几批鸡产蛋情况逐渐变差现象，形成恶性循环。

解决多日龄混养的措施主要从两方面入手：一是尽可能地做到小范围的全进全出，根据鸡舍结构，在保证全年进鸡数量不变的情况下，适当调整进鸡时间，降低进鸡频率，加大单次进鸡数

量，做到小范围的全进全出，减少免疫影响。二是加强防疫隔离，包括严格的隔离、清洗和消毒鸡舍后再进鸡。

2. 注意两个关键时期　对蛋鸡来说，IBV 感染鸡群的两个关键时期是育雏期和开产时。

（1）育雏期感染易造成假母鸡。育雏期感染易造成假母鸡，10 日龄之内感染可造成雏鸡输卵管的永久性损伤，到产蛋时蛋的产量和质量均下降，产蛋鸡群没有产蛋高峰。不产蛋鸡外观正常，鸡冠红厚，腹部下垂。剖检时可见卵巢正常，但输卵管不发育或发育不完全，有的有水疱样囊肿，这样的鸡不产蛋或产蛋性能低下，所产蛋孵化性能不佳，即使孵出雏鸡，往往有残弱雏产生。IB 感染日龄越小，对后期产蛋性能的影响越重，产蛋率越低。

（2）开产时感染引起产蛋下降：开产时感染引起产蛋下降，感染后一般呼吸道症状轻微，主要是产蛋下降和蛋的品质下降，产蛋率一般下降 20%～50%。产蛋下降幅度因产蛋期和毒株的不同而异，多数情况下不能恢复到原有产蛋性能，从产蛋下降到恢复一般需要 6～8 周时间，蛋的质量变差，出现薄壳、粗壳和畸形蛋、小蛋增加，同时能见到蛋白稀薄如水样，蛋黄和蛋白分离以及蛋白黏于蛋壳表面。剖检见气管比健康者白，增厚，水样黏液增加，严重者可以见到卵泡膜的充血，卵泡软化及破裂等病变。

对于两个特殊时期，在做好饲养管理的基础上，主要依靠疫苗免疫来解决。在 1 日龄做好活苗免疫，降低传染性支气管炎的早期感染的概率。开产阶段预防感染主要靠灭活疫苗免疫来实现，比如鸡群在 130 日龄左右开产，那么我们就要使鸡群在 130 日龄时体内有均匀有效的抗体。根据抗体产生的规律，IB 灭活疫苗免疫后要 6～8 周鸡群才能产生有效的抗体，因此要在 74～88 日龄之间进行一次 IB 灭活疫苗免疫。

3. 加强孵化场的防疫安全，防止雏鸡1日龄感染 有研究表明，产蛋鸡群在感染IBV后9天之内，输卵管各个部位均可检测到IBV。所以不能排除感染鸡只所产蛋的蛋壳上没有携带IBV，作为种鸡场如果不做好种蛋的熏蒸消毒工作，携带IBV的鸡蛋到达孵化场而污染孵化场或通过其他途径致使孵化场受到污染。导致雏鸡一出壳就受到IBV的感染，1日龄感染IBV可导致输卵管永久性的损伤。同时在孵化场感染后，我们在育雏前期所做的各项措施，比如免疫、环境控制、防疫隔离都将徒劳无功。

4. 肉鸡肾型传染性支气管炎的防控措施 对肉鸡，早期应用疫苗是预防该病的根本措施。在没有母源抗体或母源抗体水平很低的雏鸡群，防疫宜在5日龄以内进行。目前使用的疫苗为弱毒疫苗，使用最广泛的是鸡胚致弱的H120株和H52株：H120毒力弱，适用于1~3周龄雏鸡；H52毒力稍强，一般用于4~15周龄的青年鸡，免疫方法可采用滴鼻、饮水或气雾免疫，免疫期3个月。也可用新支（新城疫和传染性支气管炎）二联苗滴鼻、饮水。

对肉鸡肾型传染性支气管炎多发的地区，可以在鸡20日龄左右，再加强一次肾传染性支气管炎的免疫，免疫的疫苗应含有肾型传染性支气管炎的疫苗株，如Ma5、28/86等，最好使用多价苗，至少应与第一次免疫所使用的疫苗毒株有所区别，以尽量扩大疫苗的保护范围。发病后应避免一切应激因素，保持鸡群安静；提高舍温2~3℃，加强通风换气，夜间应适当亮灯，让病鸡适当活动饮水；避开任何伤肾药物的使用，如磺胺类药物、氨基糖苷类药物等；降低饲料中蛋白质水平，在全价饲料中加入20%~30%的玉米糁，并添加适量鱼肝油。有条件的鸡场多补充玉米和青菜；每天1~2次带鸡消毒。

鸡群发生肾传染性支气管炎后，一是要考虑使用传染性支气管炎多价疫苗3倍量饮水；二是可使用利尿消肿和析解排泄肾脏

输卵管尿酸盐的药物通肾，最好是刺激作用小的中药制剂，以减少死亡。且不可胡乱用药，更不可一味依赖抗病毒药物，耽误病情的同时，会增加肾脏的负担。

四、传染性法氏囊炎

传染性法氏囊炎是由传染性法氏囊炎病毒引起的一种危害小鸡的急性、高度接触性传染病。在肉鸡生产上导致的经济损失主要表现在：3 周龄以上的肉鸡感染发病，造成大量死亡，并且有一定程度的免疫抑制；3 周龄以下的肉鸡感染，可表现出临床症状，同时伴有永久性的免疫抑制。

（一）发病情况

本病主要发生于 2~11 周龄鸡，3~6 周龄最易感。感染率可达 100%，死亡率常因发病年龄、有无继发感染而有较大变化，多在 5%~40%，因传染性法氏囊病毒对一般消毒药和外界环境抵抗力强大，污染鸡场难以净化，有时同一鸡群可反复多次感染。

目前，本病流行发生了许多变化。主要表现在以下几点：发病日龄明显变宽，病程延长；目前临床可见传染性法氏囊炎最早可发生于 1 日龄幼雏；宿主群拓宽。鸭、鹅、麻雀均成为传染性法氏囊病毒的自然宿主，而且鸭表现出明显的临床症状；免疫鸡群仍然发病。该病免疫失败越来越常见，而且在我国肉鸡养殖密集区出现一种鸡群在 21~27 日龄进行过法氏囊疫苗二免后几天内暴发法氏囊病的现象；出现变异毒株和超强毒株。临床和剖检症状与经典毒株存在差异，传统法氏囊疫苗不能提供足够的保护力；并发症、继发症明显增多，间接损失增大。在传染性法氏囊炎发病的同时，常见新城疫、支原体、大肠杆菌、曲霉菌等并发感染，致使死亡率明显提高，高者可达 80%以上，有的鸡群不得不全群淘汰。

（二）临床症状

本病潜伏期 2～3 天，易感鸡群感染后突然大批发病，采食量急剧下降，翅膀下垂，羽毛蓬乱，怕冷，在热源处扎堆。

饮水增多，腹泻，排出米汤样稀白粪便（图 5.34）或拉白色、黄色、绿色水样稀便，肛门周围羽毛被粪便污染，恢复期常排绿色粪便。病初可见有病鸡啄自己的泄殖腔。发病 1～2 天后的病鸡精神萎靡，随着病情发展，发病后 3～4 天死亡达到高峰，7～8 天后死亡停止。发病后期如继发鸡新城疫或大肠杆菌病，可使死亡率增高。耐过鸡贫血消瘦，生长缓慢。

（三）病理变化

病死鸡脱水，皮下干燥，胸肌和两腿外侧肌肉条纹状或刷状出血（图 5.35）。法氏囊黄色胶冻样渗出（图 5.36），囊混浊，囊内皱褶出血，严重者呈紫葡萄样外观（图 5.37）。肾脏肿胀，花斑肾，肾小管和输尿管有白色尿酸盐沉积。

图 5.34　排出米汤样稀白粪便

图 5.35　腿部肌肉刷状出血

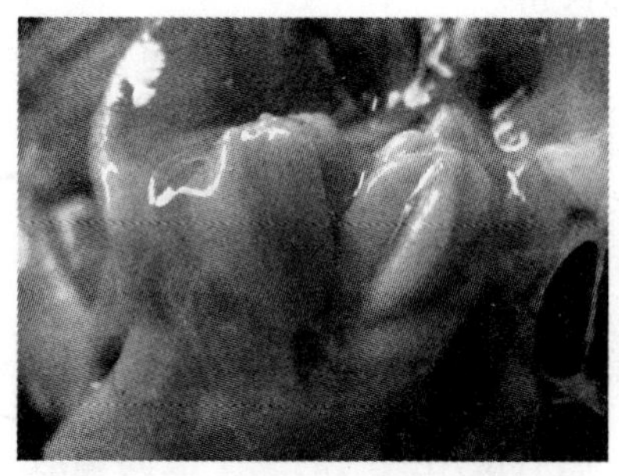
图 5.36　法氏囊内部黄色胶冻样渗出物

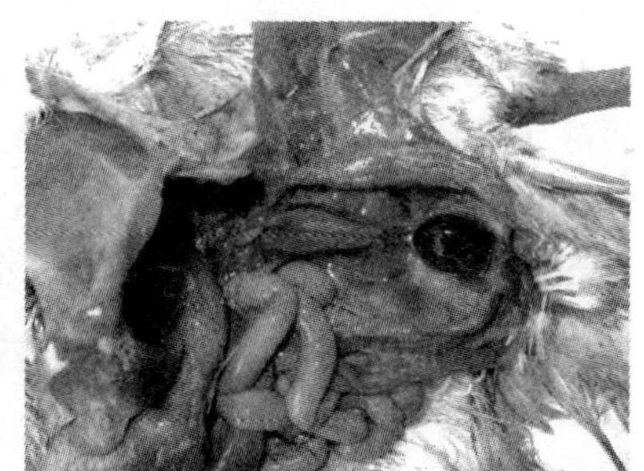
图 5.37　法氏囊肿大、出血，呈紫葡萄样

（四）防制措施

1. 对发病鸡群及早注射高免卵黄抗体　制作法氏囊卵黄抗体的抗原最好来自本鸡场，每只鸡肌内注射 1 毫升。但要注意每只鸡更换一个针头，防止交叉感染，并保持鸡舍安静，防止产生应激。使用解热镇痛药，也可以迅速控制病情，减少鸡群伤亡。

同时要提高鸡舍温度 2~3℃，尽量减少给鸡群带来的各种应激；降低饲料中蛋白质水平，可在原用日粮的基础上，添加 2/3 的玉米糁；如能配合补肾、通肾的药物，减少肾脏损害，可促进机体尽快恢复。病情好转后，及时使用敏感的抗生素，防止继发大肠杆菌病等细菌病。

2. 疫苗免疫是控制传染性法氏囊炎最经济最有效的措施　按照毒力大小，传染性法氏囊炎疫苗可分为三类。一是温和型疫苗，如 D78、LKT、LZD228、PBG98 等，这类苗对法氏囊基本无损害，但接种后抗体产生慢，抗体效价低，对强毒的传染性法氏囊炎感染保护力差；二是中等毒力的活苗，如 B87、BJ836、细胞苗 IBD-B2 等，这类疫苗在接种后对法氏囊有轻度损伤，接种 72 小时后可产生免疫活力，持续 10 天左右消失，不会造成免疫干扰，对强毒的保护力较高；三是中等偏强型疫苗，如 MB 株、J—I 株、2512 毒株、288E 等，对雏鸡有一定的致病力和免疫抑制力，在传染性法氏囊炎重污染地区可以使用。

肉鸡免疫一般采取14日龄法氏囊冻干苗滴口，28日龄法氏囊冻干苗饮水。在容易发生法氏囊病的地区，14日龄法氏囊的免疫最好采用进口疫苗，每只鸡1羽份滴口，或2羽份饮水。饲养50~55日龄出栏大肉食鸡的养殖户，如果28日龄还要免疫，可采用饮水法免疫，但用量要加倍。

3. 落实各项生物安全措施，严格消毒　进雏前，要对鸡舍、用具、设备进行彻底清扫、冲洗，然后使用碘制剂或甲醛高锰酸钾熏蒸消毒。进雏后坚持使用1：600倍的聚维酮碘溶液带鸡消毒，隔日一次。

五、鸡传染性喉气管炎

鸡传染性喉气管炎（ILT）是由传染性喉气管炎病毒（ILTV）引起的一种急性高度接触性呼吸道传染病。本病在不同季节，不同品种，不同日龄的鸡群均可发生，传播快，诊治不及时死亡率较高，给养鸡业带来巨大的经济损失。

传染性喉气管炎病毒对乙醚、氯仿等脂溶剂均敏感。对外界环境的抵抗力不强。对各种消毒药均敏感。在低温（-20~-60℃）时能长期保存其毒力。煮沸立即死亡。

（一）流行特点

侵害鸡，以成年鸡症状最为典型。幼龄火鸡、野鸡、鹌鹑和孔雀也可感染，其他禽不易感。病鸡和带毒鸡是传染源。经眼、呼吸道和消化道感染。被污染的饲料、水、垫料、用具等成为传播媒介。以秋、冬、春季多见。感染率高达90%~100%，死亡率10%~20%及以上。通风不良、鸡群拥挤、缺乏维生素、其他病感染等，可促进本病发生和传播。

（二）主要症状

1. 潜伏期　6~12天。

2. 急性　突然发病传播快。病初有鼻液，眼流泪。随后张嘴伸头喘气，呼吸有湿啰音和喘鸣音，咳嗽。重症见冠紫色，闭眼，头颈蜷缩，痉挛咳嗽，咳出带血黏液咳不出分泌物而堵塞，可窒息而死。病鸡食欲减少或消失，迅速消瘦，排绿色稀粪。产蛋量下降或停止。病程 5~10 天或更长，不死可康复成为带毒鸡。

3. 慢性　精神不振，生长缓慢，产蛋减少，有鼻炎、结膜炎、眶下窦炎和气管炎。病程长达 1 个月。多数鸡可耐过。有细菌继发感染和应激因素，则病情复杂和死亡增加。

病变在喉头和气管，黏膜充血、肿胀、潮红、有黏液，进而黏膜发生变性、出血和坏死；气管中有含血黏液和血凝块，气管腔变狭，病程 2~3 天后气管内有黄白色纤维素性干酪样假膜（图 5.38）。炎症可波及支气管、肺和气囊等。

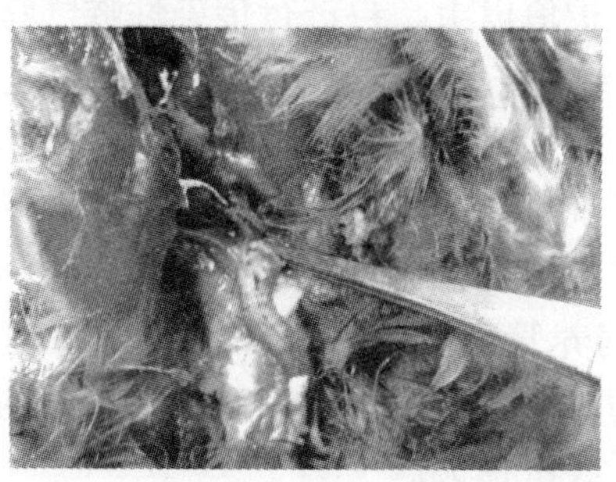

图 5.38　气管内黄色纤维素性干酪样假膜

本病的早期特征、临床症状与鸡新城疫、禽流感、鸡传染性支气管炎等有相似之处，应注意鉴别诊断，鉴别的要点在于：①发生本病时，新城疫、禽流感的各项抗体不受影响，可以与其相鉴别。②本病与传染性支气管炎的鉴别在于呼吸困难时的表现症状不同，本病伸脖呼吸，传染性支气管炎是缩脖呼吸。

（三）防控措施

1. 治疗 对发病鸡群，紧急免疫 1.5 羽份剂量的进口喉炎疫苗；加大通风量，延长通风时间，降低鸡舍内病毒含量；加强内、外环境消毒，每天 2～3 次，减少鸡舍内外病毒浓度；口服强力霉素和鱼肝油，按包装指导剂量服用，防止继发感染和修复呼吸道黏膜。

2. 防控

（1）把握免疫时机：周围（乡镇范围）没有污染的场区可以免疫一次传染性喉气管炎疫苗；被传染性喉气管炎病毒污染的鸡场应在 45 日龄左右首次免疫，90 日龄左右第二次免疫。

（2）注意疫苗选择与免疫时间间隔：建议选用有批准文号的进口疫苗，并使用专用稀释液；与其他疫苗免疫间隔 7 天以上时间，特别是当新城疫抗体不在保护范围内时，先确保新城疫抗体值达到有效保护值以上，再进行传染性喉气管炎疫苗的免疫。

（3）免疫质量检查：常用的免疫方法是点眼免疫，建议统一同侧点眼免疫，便于质量检查，一般免疫后 4～5 天出现轻微的免疫反应，表现免疫的眼部潮红，如果免疫后 7～10 天仍不见免疫反应，需要考虑是否免疫失败，查找原因，进行补免。

（4）加强饲养管理：平时应加强饲养管理，减少各种应激反应；一旦发病时要及早确诊，采取积极有效的控制措施，从而最大限度地降低经济损失。

六、鸡病毒性关节炎

（一）发病情况

鸡病毒性关节炎是由呼肠孤病毒引起的肉鸡的传染病，又名腱滑膜炎。本病的特征是胫跗关节滑膜炎、腱鞘炎等，可造成鸡淘率增加、生长受阻，饲料报酬低。

本病仅见于鸡，可通过种蛋垂直传播。多数鸡呈隐性经过，

急性感染时，可见病鸡跛行，部分鸡生长停滞；慢性病例，跛行明显，甚至跗关节僵硬，不能活动。有的患鸡关节肿胀、跛行不明显，但可见腓肠肌腱或趾屈肌腱部肿胀，甚至腓肠肌腱断裂，并伴有皮下出血，呈现典型的蹒跚步态。死亡率虽然不高，但出现运动障碍，生长缓慢，饲料报酬低，胴体品质下降，淘汰率高，严重影响肉鸡经济效益。

（二）临床症状和病理变化

1. 临床症状　病鸡食欲减退，消瘦，不愿走动，跛行（图5.39）；腓肠肌断裂后，腿变形，顽固性跛行，严重时瘫痪。

2. 病理变化剖检　见跗关节肿胀（图5.40）、充血或有点状出血，关节腔内有大量淡黄色、半透明渗出物（图5.41）。肉鸡趾屈腱及伸腱发生水肿性肿胀，腓肠肌腱粘连、出血、坏死或断裂（图5.42）。慢性病例，可见腓肠肌腱明显增厚、硬化，出现结节状增生，关节硬固变形，表面皮肤呈褐色。腱鞘发炎、水肿。有时可见心外膜炎，肝、脾和心肌上有小的坏死灶。

图5.39　病鸡跛行

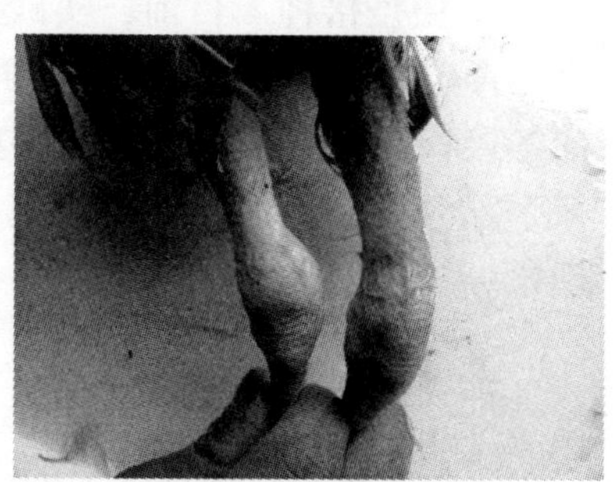

图5.40　跗关节肿胀

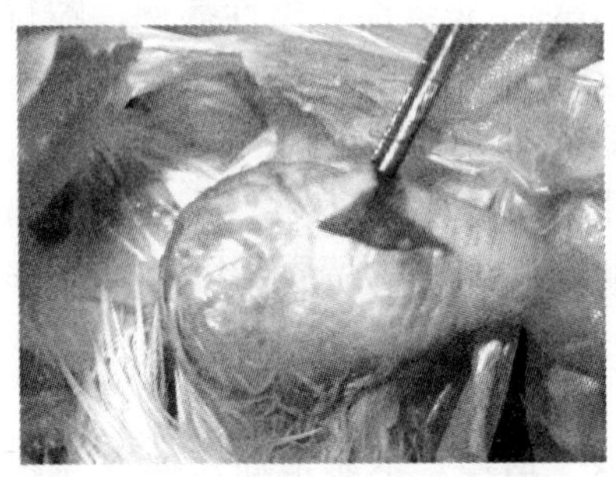
图 5.41　跗关节肿胀，腔内有分泌物

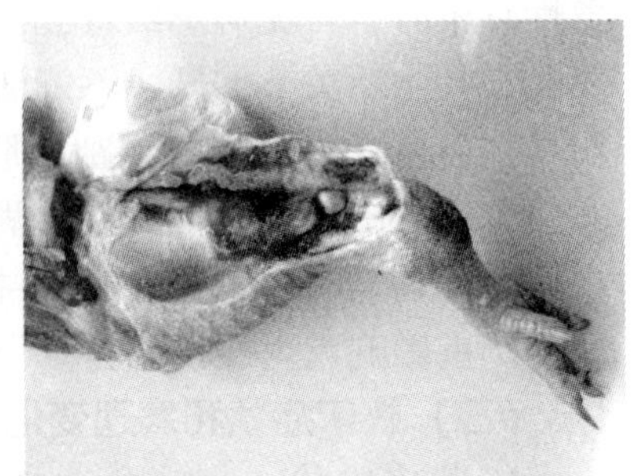
图 5.42　腓肠肌筋腱断裂

（三）防控措施

目前对于发病鸡群尚无有效的治疗方法。可试用干扰素、白介苗抑制病毒复制，抗生素防止继发感染。预防本病应注意：

1. 加强饲养管理　注意肉鸡舍及环境，从无病毒性关节炎的肉鸡场引种。坚持执行严格的检疫制度，淘汰病肉鸡。

2. 免疫接种　目前，实践应用的预防病毒性关节炎的疫苗有弱毒苗和灭活苗两种。种鸡群的免疫程序是：1~7 日龄和 4 周龄各接种一次弱毒苗，开产前接种一次灭活苗，减少垂直传播的概率。但应注意不要和马立克病疫苗同时免疫，以免产生干扰现象。

七、鸡痘

鸡痘是由鸡痘病毒引起的一种接触性传染病，以体表无毛、少毛处皮肤出现痘疹或上呼吸道、口腔和食管黏膜的纤维素性坏死形成假膜为特征的一种接触性传染病。死亡率一般不高，但影响鸡群的生产性能。因影响肉鸡产品质量（图 5.43），绝大部分食品企业拒收患病肉鸡，即便能勉强收购，售价也很低。

1. 皮肤型　主要在皮肤无毛处如冠、肉髯、眼皮等处有麸

图 5.43　鸡痘严重影响肉鸡白条外观质量

皮样覆盖物，形成白色结节，结节互相融合成为棕褐色痘痂，痘痂经 20~30 天脱落后形成瘢痕。

2. 白喉型　口腔和咽喉的黏膜上形成一层灰白色豆腐样薄膜，覆盖在黏膜上不易剥离，导致鸡呼吸和吞咽困难，严重时窒息死亡。

病鸡皮肤上的结痂和口腔、咽喉的假膜可用镊子剥离，涂搽碘甘油局部治疗。

预防鸡痘最有效的方法是接种鸡痘鹌鹑化弱毒疫苗。夏秋季节，建议于5~10 日龄接种鸡痘鹌鹑化弱毒冻干疫苗 200 倍稀释，摇匀后用消毒刺种针或笔尖蘸取，在鸡翅膀内侧无血管处进行皮下刺种，每只鸡刺种一下。刺种后 3~4 天，以 10%的鸡作为样本，检查刺种部位，如果样本中有 80%以上的鸡在刺种部位出现痘肿，说明刺种成功。否则应查找原因并及时补种。夏季做好鸡舍内外的灭蚊蝇工作。

八、马立克病

马立克病（MD）是由疱疹病毒引起的鸡的一种最常见的淋巴组织增生性肿瘤病。

（一）流行情况

1. 易感动物 主要是鸡、火鸡、山鸡和鹌鹑等，其他禽类少见，非禽类不易感。

2. 主要通过空气传染 病鸡和带毒鸡脱落的羽毛、皮屑成为自然条件下最主要的传染源。本病毒主要经呼吸道进入体内，也可经消化道传染。一般认为本病不垂直传播，但经孵化厂的传染或被污染的种蛋传染是主要的途径，主要是由于刚出壳雏鸡易感性极高。吸血昆虫如某些甲虫、蚊子和鸡螨，也可能是传播本病的媒介。

鸡马立克病可使幼龄鸡感染，并终生带毒，感染的鸡不一定都出现症状，无症状的鸡并非不带病毒。因此，隐性感染带毒鸡是鸡群中传播本病的祸根。有人认为，通过鸡蛋传染本病的可能性不可忽视。

3. 鸡马立克病的发病率差别很大 患本病后，除少数病鸡能痊愈康复外，一般都死亡。其病死率与发病率几乎相等。病毒的株系、剂量和感染途径，鸡的性别、遗传特性和年龄，以及应激因素等，都能影响本病的发病率和死亡率。严重的发病常与环境应激因素或其他疾病，特别是球虫病有关。母鸡比公鸡易感性高。随着年龄的增长，其易感性降低。人工接种试验，1 日龄雏鸡的易感性比成年鸡大 1 000~10 000 倍。用同一株病毒接种 1 日龄和 50 日龄雏鸡，结果两群鸡的发病率分别为 73%和 6%。鸡群对本病具有年龄抵抗力的现象。2~5 月龄的鸡易发，育成鸡群易发急性病例。遗传特性在本病的感染上具有重要作用。

（二）临床症状

本病的潜伏期常为 3~4 周，一般在 50 日龄以后出现症状，70 日龄后陆续出现死亡，90 日龄以后达到高峰，很少晚至 30 周龄才出现症状，偶见 3~4 周龄的幼龄鸡和 60 周龄的老龄鸡发病。

本病的发病率变化很大，一般肉鸡为 20%～30%，个别达 60%；产蛋鸡为 10%～15%，严重达 50%，死亡率与之相当。

根据临床表现分为神经型、内脏型、眼型和皮肤型等四种类型。

1. 神经型　常侵害周围神经，以坐骨神经和臂神经最易受侵害。当坐骨神经受损时病鸡一侧腿发生不全或完全麻痹，站立不稳，两腿前后伸展，呈“劈叉”姿势，为典型症状。当臂神经受损时，翅膀下垂；支配颈部肌肉的神经受损时病鸡低头或斜颈；迷走神经受损鸡嗉囊麻痹或膨大，食物不能下行。一般病鸡精神尚好，并有食欲，但往往由于饮不到水而脱水，吃不到饲料而衰竭，或被其他鸡只践踏，最后均以死亡而告终，多数情况下病鸡被淘汰。

2. 内脏型　常见于 50～70 日龄的鸡，病鸡精神委顿，食欲减退，羽毛松乱，鸡冠苍白、皱缩，有的鸡冠呈黑紫色，黄白色或黄绿色下痢，迅速消瘦，胸骨似刀锋，触诊腹部能摸到硬块。病鸡脱水、昏迷，最后死亡。

3. 眼型　在病鸡群中很少见到，一旦出现则病鸡表现瞳孔缩小，严重时仅有针尖大小；虹膜边缘不整齐，呈环状或斑点状，颜色由正常的橘红色变为弥漫性的灰白色，呈“鱼眼状”。轻者表现对光线强度的反应迟钝，重者对光线失去调节能力，最终失明。

4. 皮肤型　较少见，往往在禽类加工厂屠宰鸡只时褪毛后才发现，主要表现为毛囊肿大或皮肤出现结节。临床上以神经型和内脏型多见，有的鸡群发病以神经型为主，内脏型较少，一般死亡率在 5%以下，且当鸡群开产前本病流行基本平息。有的鸡群发病以内脏型为主，兼有神经型，危害大损失严重，常造成较高的死亡率。

（三）病理变化

神经型病变主要在周围神经，尤为常见的是腹腔神经丛、臂神经丛、坐骨神经丛和内脏大神经。病变的神经肿大，有的比正常肿大好几倍，呈灰白色或黄白色，水肿，好像在水中泡过一样。神经表面偶然可看到小结节，使神经变得粗细不均。这些变化是由于神经组织中有大量淋巴样细胞浸润和水肿所造成的。病变的神经多是一侧性的，因此，很容易与另一侧变化轻微的神经相比较。

内脏型病鸡的病理变化是在卵巢、睾丸、肝、心、肺、脾、肾、胰、肠系膜、腺胃、肠壁、骨骼肌等部位。可能发生单独的或多个的淋巴性肿瘤病灶，有肿瘤病变的脏器常肿大色淡，肿瘤组织弥漫地浸润在脏器实质内，肿瘤的大小不一，呈扁平或圆形，切面平滑。法氏囊常萎缩，组织学检查可见皮质及髓质萎缩、坏死，滤泡间有淋巴样细胞浸润，这与淋巴细胞性白血病不同。

（四）诊断

本病可根据病鸡的特征性的麻痹症状，全身进行性消瘦以及病变进行综合诊断。但要注意，内脏型病鸡的临床症状往往不甚明显，要确诊还须采取病鸡的周围神经（如坐骨神经）做组织学检查。有条件时，也可应用琼脂扩散试验、荧光抗体检查和间接红细胞凝集试验等血清学方法诊断。

琼脂扩散反应的方法比较简单，是用马立克病高免血清来测定病鸡的羽囊有无病毒存在，借以确诊。可在病鸡腋下拔取 1 根羽毛，剪下毛根尖一小段，放在琼脂扩散板的外周检验孔内，每只鸡的 1 根羽毛占用 1 个孔；再将一定量的马立克病高免血清放入扩散板中央孔内，在室温中放置 2~3 天。最后观察反应结果，放羽毛的孔和血清的中央孔之间，如出现 1 条白色不透明的细线条（沉淀线）即为阳性反应。血清学试验只能确定是否感染，

不能确定是否发生肿瘤。有人主张，病鸡出现下列一种或多种征象，即可作为马立克病的诊断：①周围神经或脊神经节发生白血病性增大；②眼球的虹膜褪色，瞳孔不整齐；③在 18 周龄以内的鸡，各种器官中出现淋巴性肿瘤。

（五）防制措施

（1）对鸡群，特别是种鸡场，必须严格彻底地做好检疫工作，发现病鸡，立即隔离淘汰，彻底消灭本病的传染源。

（2）雏鸡对马立克病的易感性最高，必须与成年鸡分开饲养管理，防止接触。

（3）严格进行鸡群的消毒、卫生防疫，定期进行药物驱虫，特别要加强对雏鸡球虫病的防治。

（4）有条件的种鸡场应该注意选育对马立克病有抵抗力的品系。

（5）坚持自繁自养，在必需引进良种时，应到健康种鸡场购进种蛋（鸡）。

（6）及时免疫接种，提高特异性抵抗力。目前我国生产和使用的疫苗有火鸡疱疹病毒疫苗、马立克病“814”弱毒疫苗和马立克病多价疫苗。

1）火鸡疱疹病毒疫苗。是目前较常用的一种预防马立克病的疫苗，由于接种此疫苗的雏鸡在 1～2 周后才能产生免疫保护力，因此，为了避免早期感染野外强毒，须在雏鸡 1 日龄时接种疫苗。我国生产的鸡马立克病火鸡疱疹病毒冻干疫苗，要求必须冷藏包装运输，收到疫苗后应立即存放在 0℃以下环境中保存。也可放在加冰块的广口瓶内，尽快用完。疫苗应贴瓶签，注明制品名称、批准文号、批号、制造日期、每瓶只份、保存方法、有效期、检验号及厂名等。适用于 1～3 日龄雏鸡。使用冻干苗时，按瓶签注明只份和注明剂量，加 SPG 稀释液（SPG 液配法：每 1 000毫升无离子水中含蔗糖 76.62 克、磷酸二氢钾 0.52 克、磷酸氢二钾 1.64 克或无水磷酸氢二钾 1.25 克、谷氨酸钠 0.83 克，滤器滤过，经检验无菌后冷冻保存备用）稀释，每只鸡肌内或皮下注射 0.2 毫升（含 2 000 国际单位）。疫苗稀释后，周围应置有冰块并避免日光照射，在 1~2 小时内用完，时间延长，影响苗效。接种 10~14 天后可产生免疫力，免疫期可持续 18 个月。发生过本病的鸡场，接种时，场地、禽舍先清洁消毒。接种后，加强管理，隔离观察 3 周。

2）鸡马立克病“814”弱毒疫苗。是用低毒力的马立克病毒弱毒株（814 株）制成，适用于 1~3 日龄雏鸡，由于“814”弱毒株是细胞结合性病毒，疫苗必须在液氮中保存。使用时，自液氮罐中取出后迅速放入 38℃ 温水中，待完全融化后再按注明的只份、剂量用疫苗稀释液稀释，每只雏鸡肌内或皮下注射 0.2 毫升。稀释的疫苗应避免日光照射，1 小时内用完，经常摇动疫苗瓶，使之均匀。接种后 8 天可产生免疫力，免疫期可持续 18 个月。

3）马立克病 CVI988/Rispens 冷冻疫苗。1 日龄小鸡皮下注射 0.2 毫升，5 天后产生抗体，保护指数可达到 94.5%~100%。

4）马立克病多价疫苗。有鸡马立克病 SB-1 冻干活疫苗+火鸡疱疹病毒双价疫苗、鸡马立克病Ⅱ型（Z4）+火鸡疱疹病毒双价疫苗等，免疫效果良好。

九、鸡白血病

鸡白血病是鸡的一种病型很复杂的慢性传染病，由禽白血病病毒感染所引起的禽类多种肿瘤性疾病的总称。它的特征是淋巴细胞瘤化，呈现异常增殖，在全身很多器官中产生肿瘤性病灶。死亡率很高，危害严重。

鸡白血病病型的分类很不一致。近来按照病理学和病原的特点分为淋巴细胞性白血病、成红细胞性白血病、成髓细胞性白血

病、骨髓细胞瘤病、脆性骨质硬化型白血病、结缔组织瘤、上皮肿瘤、内皮肿瘤等，其中以淋巴细胞性白血病发生最为普遍。我国在部分养鸡场有发生本病的报道。

（一）病原

禽淋巴白血病病毒属反转录病毒科，是禽淋巴细胞性白血病，肉瘤病毒群中的一个成员，可以分成 A、B、C、D、E 5 个亚群。各亚群病毒都具有共同的群特异性抗原，这种抗原可以从鸡蛋的蛋清、机体各组织中以及体液中检测到。本病毒缺乏转化基因，致瘤速度慢。该病毒主要存在于病鸡血液、羽毛囊、泄殖腔、蛋清、胚胎及其雏鸡粪便中。该病毒对理化因素抵抗力差，各种消毒药均敏感。

（二）流行特点

本病的潜伏期很长，呈慢性经过，小鸡感染大鸡发病，一般 6 月龄以上的鸡才出现明显的临床症状或死亡。母鸡比公鸡发病率高，主要经种蛋垂直传播。

（三）临床表现和病理变化

由于病型的不同而临床表现和病理变化各异。

1. 淋巴细胞性白血病　这是最常见的一种病型，潜伏期在人工接种 1~14 日龄雏鸡，到 14~30 周龄发病。自然发病的鸡都在 14 周龄以上，到性成熟期发病率最高，14 周龄以下极少发现。

（1）临床表现：本病无特征性症状，冠和肉髯可能变苍白、皱缩，偶尔变青紫色。食欲减退，全身衰弱，进行性消瘦，体重迅速减轻，精神委顿，打瞌睡，以至不能起立。病鸡也有下痢，母鸡产蛋停止。有的病鸡腹部膨大，用手按压时，可以摸到肿大的肝脏。病鸡最后多因衰竭死亡。

（2）病理变化：剖检时，往往在肝、脾和腔上囊等器官中可见有肿瘤形成。其大小和数量，各个器官的差异很大，通常在肝、脾发生最广泛。其他器官如肾、肺、性腺、心、骨髓及肠系膜也可能产生肿瘤病灶，有时数量可能很多。法氏囊极度肿大。

肿瘤的外观平滑有光泽，质地柔软，呈灰白色或淡黄色，切面均匀。根据肿瘤的形态和分布，可以分为结节型、粟粒型、弥漫型和混合型四种形式，特别在肝和脾最明显。①结节型的淋巴瘤从针尖大以至鸡蛋大，单个存在或大量分布。结节一般呈球形，但也有扁平形的。粟粒型淋巴瘤为多量直径不到2毫米的小结节，在整个器官的实质中均匀分布。②弥漫型的淋巴瘤使器官的体积显著增大，如肝脏可比正常增大好几倍，重量也可增加几倍，色泽变成灰白色，质地常变脆，整个肝脏的外观变成大理石样的色彩。肝脏的变化是淋巴细胞性白血病的一个主要特征。脾的变化与肝相同。肾脏增大，颜色变淡，有时也形成肿瘤结节。其他器官如心、肺、肠管、卵巢和睾丸等，也都有这种由于淋巴母细胞大量增生所形成的灰白色肿瘤结节。

2. 成红细胞性白血病　分增生与贫血两种类型。增生型的特征是血液中出现许多幼稚的成红细胞；贫血型的特征是在血液中仅有较少的未成熟细胞，但此型少见。

（1）临床表现：这两种类型病鸡的早期症状均为全身衰弱，嗜睡，鸡冠稍变苍白或青紫色。病情严重时，贫血型鸡冠淡黄色甚至白色；增生型鸡冠苍白或青紫色。病鸡消瘦，下痢，多个毛囊发生出血。病程从几天至几个月，贫血型的病程一般较短。

（2）病理变化：病鸡死后剖检，两型都有全身性贫血变化，肌肉、皮下组织和内脏器官常有出血点。增生型的特征变化为肝和脾弥漫性增大，肾脏肿大的程度较轻，这些器官常呈樱红色，质地变脆和柔软。骨髓增生，呈血红色或樱红色，并常见出血。贫血型的特征性变化是内脏器官发生萎缩。骨髓苍白和呈胶冻样，骨髓间隙大部分被疏松骨质所代替。

3. 成髓细胞性白血病　病状与成红细胞性白血病相似。病

程比成红细胞性白血病要长。本型的特征性变化是血液中的成髓细胞大量增加，每立方毫米血液中可高达200万个。

4. 骨髓细胞瘤病　病鸡的骨骼上常见由骨髓细胞增生形成的肿瘤，因而病鸡的头部出现异常的突起，胸部和跗骨部有时也有这种肿瘤突起。病程一般很长。病变中骨骼肿瘤常见，特别是肋骨和肋软骨连接部、后胸骨、下颌骨和鼻软骨等部位更常发生。骨髓细胞瘤呈淡黄色，质脆柔软，似干酪样。各实质器官中，恶性增生的骨髓细胞常大量浸润，破坏正常组织，形成肿瘤性生长物。

5. 脆性骨质硬化型白血病（骨化石病）　病鸡两腿发生不正常的肿大和畸形，走路不协调或瘸腿，发育不良，皮肤苍白，贫血。首先在小腿骨的骨干部出现病变，很快发生在盆骨、肩胛骨和肋骨等部位，但趾骨不发生。病变常两侧对称。先是在正常的骨质中产生一种灰黄色的小病灶，骨膜增厚，增生的异常骨质起初是疏松骨质，容易切除。病变通常从骨干部向骨端部发展，因此使整个长骨变成梭子状。骨质增生的程度不一，严重时长骨极度增厚肿大，骨髓腔可以被完全阻塞，骨质比正常坚硬。本病常与淋巴细胞性白血病合并发生，所以内脏器官同时可以发现肿瘤病灶。如果没有并发症，内脏往往发生萎缩。此型要注意与软骨病、骨质疏松症及脱腱症相区别。

鸡白血病无特殊的临床特征，只能依靠具有特征性的病理变化做出初步诊断。确诊必须进行血清学试验和接种雏鸡等试验。

本病容易和内脏型马立克病混淆。要注意从以下几个方面鉴别：

（1）发病年龄：马立克病发病和死亡早，一般在60~150日龄之间。而白血病发病和死亡晚，一般在150日龄以上。

（2）传播方式：马立克病是水平传播，白血病是垂直传播。

（3）对腔上囊的影响：马立克病一般不引起腔上囊肿瘤，

腔上囊萎缩。白血病能引起腔上囊肿瘤。

（4）对各脏器的影响：马立克病对所有脏器都会引起肿瘤，还引起神经特别是坐骨神经、眼和皮肤肿瘤。白血病主要对肝、脾、肾等器官，组织和腔上囊引起肿瘤。

（四）防控措施

鸡白血病目前没有有效的商品化疫苗，控制禽白血病唯一的办法是净化。

鸡白血病的水平传播相对其他疾病如流感、新城疫等相对较弱，水平传播主要发生在孵化期间和出雏后的前2周内，控制鸡白血病水平传播的关键是种鸡场内孵化环节和生产环节两个阶段。

1. 孵化环节的控制

（1）孵化厅：是造成鸡白血病水平传播的重要场所，雏鸡出壳后相互接触、相互啄食是造成此阶段传播的主要因素，因此对孵化环节的控制需从细节入手，做好不同品系、不同家系间的隔离，阻断一切可能造成水平传播的途径。

（2）种蛋：是疾病垂直传播的途径，因此必须保证种蛋来源于病原检测阴性鸡群，做到专人、专车运输，蛋库存放。种蛋库在进种蛋前，先进行0.05%铵福喷雾再进行一次严格的熏蒸消毒。进入育种蛋库人员必须经过彻底洗澡并更换熏蒸后的防疫服方可进入；孵化盘经0.05%铵福消毒液浸泡消毒，并用甲醛熏蒸30分钟后才可使用；孵化车应彻底冲洗干净，并用0.05%铵福喷雾和甲醛熏蒸。除专门规定人员外，其他任何人员严禁进入指定的育种种蛋库。种蛋库隔天用甲醛加热法熏蒸40分钟。每天用1%次氯酸钠消毒液擦拭地面，并用0.03%瑞特杀喷雾消毒一次。所有规定人员在进入种蛋库时必须踩踏消毒盆，用消毒药液洗手消毒，药液为0.05%铵福。设专人按照品系、家系单独挑选、码放种蛋，并记录。

种蛋入孵时，要设专人按品系、家系装车并记录，采取种蛋不预温，提前 3 小时入孵的方式，避免种蛋在孵化厅内受到污染。在种蛋入孵前将孵化机彻底冲洗干净，0.02%瑞特杀喷洒消毒，并用甲醛熏蒸；每天使用专用消毒泵对孵化厅用 0.03%瑞特杀喷雾消毒一次，地面每 4 天用 1%次氯酸钠擦洗一次，并泼洒少许甲醛。种蛋入孵按照单家系入孵，做好详细标记。

(3) 验蛋落盘：要确定出雏厅、出雏器干净无菌，对出雏厅、出雏器、验蛋落盘所使用的用具、先用 0.02%瑞特杀喷洒消毒，并用甲醛熏蒸。设计专用出雏纸袋，按照单系单家进行装袋落盘。

出雏前，将出雏场地及各种用具全部用 0.02%瑞特杀喷洒消毒一次，并按每立方米加入 28 毫升甲醛和 14g 高锰酸钾熏蒸消毒 1 小时以上。出雏过程中，所有环节必须保证每处理完一个家系，洗手消毒一次。

(4) 雏鸡运输车辆：需冲洗消毒，用甲醛熏蒸一次。

2. 生产环节的控制　生产环节伴随鸡的一生，做好饲养管理和转群管理，在生产过程中严格控制传染源、切断传播途径是控制水平传播的重要方面。

(1) 严格控制阳性带毒鸡入场。无论是在进雏或转群前都必须通过严格的检测手段，有效地检出阳性鸡只并将其淘汰，这是杜绝病原体进入养殖场的重要手段。只有保证新进鸡群为病原体阴性鸡群才能将其运输到饲养场，确保饲养场远离病原体。

(2) 做到最大限度地隔离是控制水平传播行之有效的方法，在蛋鸡阶段采取单笼饲养方式，鸡只间相互接触的机会很少，同时蛋鸡阶段水平传播能力非常弱，所以控制的重点在雏鸡，在育雏阶段采取按家系上笼，小群饲养的方式，控制家系内部鸡只间以及家系与家系之间的传播。

1) 通过改造育雏笼具，让每个笼饲养同一个家系的雏鸡，同时通过笼与笼之间设置间隙，并添加防护板，做到相邻笼之间互不“见面”，从而控制不同家系检测水平传播。

2）通过雏鸡开食料槽的设计，改变以往雏鸡开食使用垫纸或料盘，造成采食同时将粪便排在垫纸或料盘上，与饲料混合，引起可能的水平传播。

（3）转群前进行外形选择和病原检测，及时淘汰阳性鸡。转群人员在转群前 3 天不接触其他鸡群，同时提前 2 天到达纯系场生活区进行隔离，减少外来病原体的侵入。每笼鸡在转群的过程中都经过独立操作，每转完一笼鸡，操作人员需洗手消毒，对转群设备严格进行消毒。转群时，采用隔离良好的转群车，每运完一车都要进行彻底消毒。

十、鸡产蛋下降综合征

鸡产蛋下降综合征是一种由禽腺病毒（EDS-76）引起的能使蛋鸡产蛋率下降的病毒性传染病。病鸡不表现明显的临诊症状，而以产蛋量下降、蛋壳异常（软壳蛋、薄壳蛋、破损蛋）、蛋体畸形、蛋质低劣为特征。本病可使鸡群产蛋率下降 15% 左右，在产蛋高峰期间，产蛋量可骤然下降 30%~40%。

（一）流行情况

1. 易感动物 主要是鸡，鸡在人工感染后出现病毒血症。在感染后 5~7 天，病毒广泛分布于各内脏器官，以输卵管、消化道、呼吸道和肝、脾的病毒滴度最高。虽然疾病是在产蛋鸡中发生，但病毒的自然宿主是鸭和鹅。在家鸭和家鹅中广泛存在抗体，EDS-76 病毒已从健鸭和病鸭分离到，但不能用此分离物复制该病。在野鸭、天鹅和多种野禽中也证明有此感染，但鸭、鹅和野禽均无临诊表现。一般认为 EDS-76 的散发是由于该鸡群直接或间接接触受感染的野生或家养水禽而引起的。

在人工感染时，不同品系的鸡对 EDS-76 病毒均同样易感。

但在自然感染时，发现产褐壳蛋的鸡比产白壳蛋的鸡受害更为严重。任何年龄的鸡均有易感性，但产蛋高峰的鸡最易受感染，而在育成鸡中感染的传播是有限的，5%~50%的鸡可产生抗体，抗体的出现与发病并无明显相关性。本病的流行特点是病毒在性成熟之前侵入体内，一般不显示致病性。当这些鸡进入产蛋期后，受应激因素影响（如激素分泌紊乱等），致使体内的病毒可重新活化并致病。

2. 传播方式　本病的主要传播方式是经受精卵垂直传播，虽然感染胚的数目不多，但传播是很容易发生的。很多情况下鸡卵巢感染而不排毒，亦不产生 HI 抗体，直到鸡群感染率达 50%，且达产蛋高峰时，才可见病毒的迅速传播，并产生可测出的 HI 抗体。病毒亦可经水平传播，即从病鸡的输卵管、肠内容物、泄殖腔、粪便、咽黏膜和白细胞中都可分离到 EDS-76 病毒，可见病毒可通过这些途径向外排毒散播传染。病毒从咽喉黏液和粪便中呈间歇性排出，且滴度不高。现场观察表明水平传播是缓慢和间歇性的，在一幢笼养鸡舍里要传遍全舍常需 75 天时间，有时相邻的鸡群之间的传播可被一层铁丝网所阻挡，而在铺有垫料的平地鸡舍中传播速度要快得多。传播常由于与有感染性的粪便接触，也可能由于运输时使用未充分消毒的车船笼具等。当病毒血症时使用有病毒污染的注射器械为健鸡采血或接种注射也常易传播本病。

（二）临床表现

EDS-76 感染大多经 7~9 天发现最初的症状，也有延至 17 天后才见症状的。

感染鸡群常无明显的全身症状，但开产期可能延迟。常常是 26~36 周龄产蛋鸡突然出现群发性产蛋量下降，产蛋率可比正常下降 20%~30%，甚至可达 50%。与此同时，产出薄壳蛋、软壳蛋、无壳蛋、小蛋；蛋体畸形，蛋壳表面粗糙，一端常呈细颗粒状如砂纸样。褐壳蛋则蛋壳褪色，颜色变浅，蛋白呈水样，蛋黄色淡，或蛋白中混有血液等。异常蛋可占15%以上，蛋的破损率增高。患鸡所产的正常蛋受精率和孵化率一般不受影响。产蛋下降持续4~10周后又可逐渐恢复到正常水平。感染鸡群如仔细检查常可发现部分病鸡表现一些轻微症状，如暂时性腹泻、减食、贫血、冠髯发绀、羽毛蓬松和精神呆滞等，但都不具有诊断价值。在自然情况下，EDS-76病毒对育成鸡并不致病，口服感染1日龄雏鸡可使死亡率增加，但感染鸡群所产后代雏鸡的死亡率并无增多。

（三）防制措施

本病尚无成功的治疗办法。曾试图采用多种疗法，包括饲料中添加维生素、钙或蛋白质，但在有对照的试验中证明并无明显效果。只能从加强管理、淘汰病鸡、免疫预防等多方面进行防制。在发病时，如有必要，也可喂用抗菌药物如阿莫西林等以防混合感染或输卵管炎症。

在无本病的清洁鸡场，要严格防止从疫场将本病带入。由于EDS-76主要是通过蛋垂直传播的，最好的防制办法是用未感染本病的鸡群留种蛋。如要从外地引种，必须从无本病的鸡场引入，引入后应隔离观察一定时间。

十一、传染性脑脊髓炎

鸡传染性脑脊髓炎（AE）是一种主要侵害幼鸡的传染病，以共济失调和快速震颤特别是头部震颤为特征。AE很大程度上是一种经蛋传播的疾病。经种蛋传播，其子代在4周龄内出现临床症状与死亡，水平传播出现症状率很低。

（一）流行情况

自然感染见于鸡、雉、鹌鹑和火鸡，但雏禽才有明显的临诊症状。鸡对本病最易感。

经脑内接种易在小鸡复制 AE；此病可通过垂直传播，也能水平传播。AE 的主要传播方式是消化道传播，感染鸡通过粪便排出病毒，其排毒时间为 5~14 天，感染时鸡龄越小，排毒时间越长。病毒在环境中有较强的抵抗力，在垫料中可存活 4 周以上，易感鸡接触到被污染的饲料、饮水、用具等而被感染。垂直传播是本病主要的传播方式，产蛋鸡感染 3 周内所产的蛋带有病毒。一些严重感染的胚蛋在孵化后期死亡。大部分的鸡胚可以孵化出壳，但出壳的雏鸡在出壳数天内陆续出现典型的临诊症状。一般在感染之后 3~4 周，种蛋内的母源抗体可保护雏鸡顺利出壳并不出现 AE 的临诊症状。

本病一年四季均可发生，发病率及死亡率随鸡群的易感鸡多少、病原的毒力高低、发病的日龄大小不同而有所不同。雏鸡发病率一般为 40%~60%，死亡率 10%~25%，甚至更高。

（二）临床症状与病理变化

1. 临床症状 经垂直传播而感染的小鸡潜伏期为 1~7 天，经水平传播感染的小鸡潜伏期为 11 天以上（12~30 天）。

一年四季均可发病，但以秋冬季节多发。主要侵害 4 周龄以内的雏鸡，感染日龄越早症状越典型越严重。8 周龄以上鸡感染一般不表现明显的症状。

产蛋鸡产蛋率下降 10%~30%，2 周后可恢复到原有水平。病鸡头部震颤，共济失调，腿软，瘫痪，侧卧伸腿，不能站立。

2. 病理变化 病鸡脑膜充血，小脑水肿，出现软化，有出血斑点；肌胃角质层下出现灰白色区域。

（三）诊断

根据雏鸡出壳后陆续出现瘫痪、早期食欲尚好、剖检无明显的特征性肉眼变化，追踪到其种鸡有短暂的产蛋下降，且某段时间内孵出的多批小鸡需分发到不同地方饲养，但均出现麻痹、震颤和死亡等情况，结合组织病理学特征性变化，即可做出初步的诊断。确诊应进行实验室诊断。

实践中要注意鉴别诊断：

1. 与有脚弱、瘫痪等症状的疾病区别

（1）鸡新城疫：有呼吸道症状，拉绿粪，存活鸡有头颈扭曲的症状，腺胃及消化道有出血。HI 抗体明显增高，组织学虽有病毒性脑炎的病变，但腺胃、肌胃、胰腺等内脏器官组织学无淋巴细胞灶性增生，分离病毒能凝集鸡的红细胞。

（2）马立克病：临诊死亡一般发生在 70 日龄以后，而有内脏肿瘤病变和外周神经病变，如单侧性的坐骨神经肿大。AE 无外周神经系统的病变。

（3）病毒性关节炎：自然感染多发于 4~7 周龄鸡，病鸡跛行，跗关节肿胀，鸡群中有部分鸡呈现发育迟缓、嘴脚苍白、羽毛生长不良等，心肌纤维间有异噬细胞浸润。

（4）其他细菌感染：如葡萄球菌、大肠杆菌等引起的关节炎可引起关节的红肿热疼等炎症症状。

（5）维生素 E、硒缺乏：肉眼可见脑软化，小脑充血、出血、肿胀和脑回不清等病变，组织学病变如局部缺血性坏死，脱髓鞘等。硒缺乏病可见腹部皮下有多量液体积聚，有时呈蓝紫色，有些鸡肌肉苍白，胸肌有白线状坏死的肌纤维。补充维生素 E、硒合剂能控制病情。

（6）维生素 B_2 缺乏：常发生于 2 周龄雏鸡。雏鸡脚趾向内弯曲，腿麻痹，行走困难，剖检时见坐骨神经比正常肿大 3~4 倍。幼雏维生素 B_2 缺乏是由种鸡群 B_2 缺乏引起的，每只鸡每天喂服维生素 B_2 5 毫克可得到改善。

（7）维生素 B_1 缺乏、烟酸缺乏、维生素 D_3 缺乏：都会引起脚弱症状，适当地补充能控制病情，改善症状。

（8）中毒性因素：药物中毒如抗球虫药拉沙菌素使用时间过长，莫能霉素或盐霉素与红霉素、枝原净等同时使用，会使雏

鸡脚软、共济失调等。另外，近年来因使用含氟过高的磷酸氢钙而造成的氟中毒，雏鸡腿无力，走路不稳，严重时出现跛行或瘫痪。剖检见鸡胸骨发育与日龄不符，腿骨松软，易折而不断，主要原因是高氟进入机体后与血钙结合成不溶性氧化物使血钙降低，为补充血钙，骨钙不断释放而导致骨钙化不全。

2. 鉴别诊断 应与引起产蛋下降，但无明显的症状和不引起鸡死亡的疾病加以区别

（1）产蛋下降综合征。产蛋严重下降，持续时间长，恢复后产蛋很难达到原来水平，且蛋壳变白色，产无壳蛋、软壳蛋或畸形蛋。减蛋后 1 周取输卵管的刮落物作病料接种鸭胚，可分离到能凝集鸡血细胞的腺病毒。

（2）传染性支气管炎。有呼吸性症状，产蛋下降，畸形蛋增加，蛋的品质变化，蛋清稀薄如水。

（3）非典型新城疫。只有产蛋下降，鸡无明显的症状，减蛋 1 周后，HI 抗体明显上升。

（4）低致病性禽流感。只有产蛋下降，通过血清学及病原分离进行鉴别。

（四）防控措施

1. 防制 加强消毒与隔离措施，防止从疫区引进种苗和种蛋。鸡感染后一个月内的蛋不宜孵化。

AE 发生后，目前尚无特异性疗法。将轻症鸡隔离饲养，加强管理并投与抗生素预防细菌感染，维生素 E、维生素 B_1、谷维素等药可保护神经和改善症状。重症鸡应挑出淘汰。全群还可用抗 AE 的卵黄抗体（康复鸡或免疫后抗体滴度较高的鸡群所产的蛋制成）做肌内注射，每只雏鸡 0.5～1.0 毫升，每日 1 次，连用 2 天。

2. 免疫接种 疫苗有冻干苗和灭活苗两种。冻干苗，10 周龄用弱毒苗进行饮水或点眼接种；灭活苗（油死苗）16～18 周

龄进行肌内注射，可将特异的抗体通过卵传给子代，保护雏鸡不发病。

母鸡在发病的 1 个月内下的蛋，坚决不作种蛋出售和孵化，以免通过种蛋或雏鸡传播该病。

十二、鸡传染性贫血

鸡传染性贫血（CIA）是由圆环病毒科圆环病毒属的鸡传染性贫血病毒（CIAV）引起雏鸡的一种传染病，以侵害雏鸡为主的免疫抑制性和垂直传播性的传染病，其主要特征是再生障碍性贫血和全身淋巴组织萎缩。

（一）临床症状

本病的主要特征是贫血。病鸡血液稀薄如水。成年鸡感染后，一般不出现临床症状，但会通过蛋传播病毒，危害重大。一般在发病后 2~3 天即可出现死亡，由于感染的毒株不同，发病和死亡也不相同。

病鸡表现为精神萎靡、虚弱、扎堆及行动迟缓，羽毛粗乱，喙、肉髯、面部和可视黏膜苍白，羽部有出血病灶，生长不良，排白色稀粪。

（二）病理变化

剖检见肌肉、内脏器官苍白，肝、脾、肾肿大，色淡。骨髓的变化比较明显，大腿骨髓呈黄白色、脂肪样、淡红色或淡黄色。

胸腺的变化比较常见，胸腺呈深红褐色，还可导致胸腺的完全退化。有时可见胸腺出血、腔上囊萎缩和骨骼肌出血。若有继发感染，可见坏疽性皮炎。

（三）诊断

本病根据流行病学特点、临床症状和病理变化可做出初步诊断，确切诊断需要做病原学和血清学检查。

1. 现场诊断 本病主要发生于鸡，2～3 周龄的鸡最易感，日龄增大对本病的易感性迅速下降。日龄越小，发病和死亡越严重。

2. 病毒分离 肝脏含有高滴度的 CIAV，是分离病毒的最好材料，可将肝脏制成匀浆，离心，取上清液，70℃加热 5 分钟或用氯仿处理以去除或灭活可能的污染物，用于雏鸡、鸡胚或细胞培养接种。

3. 血液学诊断 可用血清中和试验（VN）、间接免疫荧光抗体试验（IFA）、酶联免疫吸附试验（ELISA）检测感染鸡血清中的抗体。可用免疫荧光抗体或免疫过氧化物酶试验、DNA 探针、聚合酶链反应（PCR），检测鸡组织或细胞培养物中的病毒。

4. 鉴别诊断 鸡传染性贫血用与成红细胞引起的贫血、MDV 与 IBDV 感染、腺病毒感染、鸡球虫病，以及高剂量的磺胺类药物或真菌毒素中毒进行区别。对 6 周龄以下的鸡，从临诊症状、血液学变化、肉眼和显微镜下病变以及鸡群病史进行综合分析，可提示是鸡传染性贫血病毒感染。对血液的图片镜检，可区分由成红细胞病毒引起的贫血。MDV 与 IBDV 均可引起淋巴组织的萎缩，并有典型的组织学病变，但在自然感染发病鸡不引起贫血症，与急性 IBDV 感染有关的再生障碍性贫血也会发生，但比 CIAV 诱发的贫血消失早。腺病毒是包涵体肝炎–再生障碍性贫血综合征的主要病因，该综合征常发于 5～10 周龄之间的鸡，而在单一病毒感染的鸡不会引起再生障碍性贫血。球虫病引起的贫血可见到血便与明显的肠道出血，而 CIAV 没有血便，肠道见不着点状出血。磺胺类药物中毒与真菌毒素中毒可引起再生障碍性贫血，但肌肉与肠道有点状出血，同时鸡群有使用磺胺类药物的历史。

（四）防制措施

本病目前尚无有效治疗方法。重视鸡群日常饲养管理，防止由环境因素及传染病导致的免疫抑制。加强检疫，加强种鸡及后备种鸡的检疫，及时淘汰阳性鸡。

13～15周龄的种鸡，用传染性贫血活疫苗饮水免疫，防止子代发病，但本疫苗不能在开产前3～4周和产蛋期免疫接种，以防垂直传播。

十三、鸡包涵体肝炎

鸡包涵体肝炎是由禽腺病毒引起的一种急性传染病，临床上以病鸡死亡突然增多，肝脏出血，严重贫血，黄疸，肌肉出血和死亡率突然增高，并在肝细胞中形成核内包涵体为特征。

（一）发病情况

本病主要感染鸡和鹌鹑、火鸡，多发于3～15周龄的鸡，其中以3~9周龄的肉鸡最常见，近年来发病日龄有所提前，最早的见于4～10日龄肉鸡。

本病可通过鸡蛋传递病毒，也可从粪便排出，因接触病鸡和污染的鸡舍而传递，感染后如果继发大肠杆菌病或梭菌病，则死亡率和肉品废弃率均会增高。本病的发生往往与其他诱发条件如传染性法氏囊病有关。以春夏两季发生较多，病愈鸡能获终身免疫。

（二）临床症状与病理变化

1. 临床症状　本病发病率不是很高，大部分呈零星发病。肉鸡发病迅速，常突然出现死鸡。病鸡表现为发热，精神委顿，食欲减少，排白绿色稀粪，嗜睡，羽毛蓬乱，屈腿蹲立。在饲料不断增长的阶段不会发现减料现象。病鸡有明显的肝炎和贫血症状，发病率可高达100%，死亡率为2%～10%不等，有时可达30%～40%。

2. 病理变化　剖检主要表现为肝肿大、土黄或苍白、肥厚、褪色，呈淡褐色或黄褐色，严重的就好像煮熟的鸡蛋黄，质脆易

碎，表面和切面上有点状或斑状出血，并有胆汁瘀积的斑纹；中后期肝脏表面有密集的小出血点和出血斑；肾脏肿大但不严重，色泽苍白，皮质出血，不同于肾传染性支气管炎的花斑样肿；全身浆膜、皮下、肌肉等处也有出血点；血液稀薄；法氏囊常萎缩变小。

（三）诊断

临床上应注意与传染性法氏囊炎、弧菌性肝炎和磺胺类药物引起的再生障碍性贫血的鉴别诊断。根据鸡传染性法氏囊炎病鸡的肌肉出血和法氏囊萎缩不易与本病区别开来，但包涵体肝炎具有肝脏肿大、褪色、出血斑点等特征性病变，鸡传染性法氏囊炎则没有。是否有磺胺药物中毒可从用药史中查出，与本病鉴别。弧菌性肝炎可见肝脏散布有黄色星状小坏死灶，被膜下有大小不等的出血区，甚至形成血疱。

（四）防制措施

目前尚无有效疫苗和特殊的药物，防制本病须采取综合的防疫措施。引种谨防引进病鸡或带毒鸡，因该病经蛋传播，对病鸡应淘汰，经常用次氯酸钠进行环境消毒；增强鸡体抗病能力，病鸡可以添加维生素 K_3 及微量元素如铁、铜、钴等，也可同时在饲料中添加相应药物，以防继发其他细菌性感染；传染性法氏囊病病毒和传染性贫血病毒可以增加本病毒的致病性，因此应加强这两种病的免疫，或从环境中消除这些病毒。

1. 治疗　目前对鸡包涵体肝炎尚无有效疗法，也无良好疫苗用于预防。发病期间，电解多维、维生素 C、鱼肝油、K_3 全程应用，氟苯尼考、头孢菌素交替应用，黄芪多糖和保肝护肾的中药联合使用，防止继发、并发症。

注意卫生管理，预防其他传染病尤其是法氏囊病的混合感染。发生本病的鸡场，在饲料中加入复合维生素和微量元素。

2. 防制　防制本病须采取综合的防疫措施。引种谨防引进病鸡或带毒鸡，因该病经蛋传播。此外，本病也可经水平传播，故对病鸡应淘汰；经常用次氯酸钠进行环境消毒。增强鸡体抗病能力，病鸡可以添加维生素 K_3 及微量元素如铁、铜、钴等，也可同时在饲料中添加相应药物，以防继发其他细菌性感染。

第二节　常见细菌性疾病的防制

一、鸡大肠杆菌病

大肠杆菌病又称大肠杆菌感染，它是由致病性大肠埃希氏菌引起的鸡的非肠道传染病的总称。鸡发生大肠杆菌病时出现多种病型，主要有急性败血症、大肠杆菌性肉芽肿、脐炎、输卵管炎和腹膜炎等。蛋鸡常见腹膜炎和输卵管炎，雏鸡常见脐炎，肉鸡常见心包炎、肝周炎、腹膜炎等。

（一）发病情况

本病各种日龄鸡都能感染，蛋鸡在雏鸡阶段更易感染。成年鸡发生本病，除死亡造成的直接损失外，还引起产蛋量下降以及淘汰鸡商用价值降低。由此可见大肠杆菌病的危害是不容忽视的。本病一年四季均可发生，但以冬末春初较为多见。如果饲养密度大，场地陈旧、环境已被严重污染，本病则可随时发生。本病可以通过三种传播途径进行传播。

1. 种蛋传播　一方面种蛋产出后被粪便等脏物污染，在蛋温降至环境温度的过程中，蛋壳表面污染的大肠杆菌很容易通过蛋壳屏障进入蛋内，发生蛋外感染；另一方面患有大肠杆菌性卵巢和输卵管炎的母鸡，在蛋的形成过程中本菌即可进入蛋内，这样就造成本病的垂直传播。

2. 呼吸道传播　10~20 日龄雏鸡或 6~10 周龄育成鸡的气囊

炎、败血症等多由呼吸道感染而发生。禽致病性大肠杆菌污染空气后被易感禽只吸入，进入下呼吸道后侵入血液而引起发病；经呼吸道侵入后也可直接附着在气囊上，大量增殖，引起气囊炎和败血症。

3. 通过消化道感染 致病性大肠杆菌，经粪便排出后，污染饲料、饮水，继而引起本病发生，尤以水源被污染引起发病为常见。

（二）临床表现和剖检变化

1. 临床表现 致病性大肠杆菌引起的疾病在临床表现为多种类型。

（1）急性败血症。

（2）卵黄性腹膜炎：笼养鸡的一种常见疾病。病鸡消瘦，动作缓慢或小心移动，迅速陷入衰竭，有些病例出现神经症状。腹部触诊时，患鸡有痛感，腹部膨胀而下垂。

（3）输卵管炎：多见于产蛋期母鸡。病鸡精神委顿，鸡冠萎缩，食欲下降，排白色粪便，日渐消瘦，产蛋量下降或产蛋停止，产畸形蛋和内含大肠杆菌的带菌蛋。

（4）肉芽肿：病鸡精神沉郁，食欲减退、活动减少或离群呆立，羽毛蓬乱，鸡冠暗紫色，有的鸡出现黄白色下痢。

（5）卵黄囊炎和脐炎。

2. 剖检变化

（1）急性败血症：剖检见纤维素性炎症如心包腔中积有淡黄色液体，内有灰白色纤维素性渗出物，与心肌相粘连，心包膜混浊、增厚，有大量灰白色绒毛状或片状的纤维素性附着物，此种附着物也见于胸腔其他部位。

（2）纤维素性肝周炎：表现为肝脏肿大，表面有纤维素性渗出物，有时整个肝脏表面覆盖一层灰白色纤维素性薄膜。纤维素性腹膜炎。表现为腹腔有数量不等的淡黄色腹水，并混有纤维素性渗出物。

(3) 卵黄性腹膜炎：剖检可见腹腔内积有大量卵黄，腹腔内或输卵管内常见有大小不等的淡黄色干酪凝块。肠管或脏器间相互粘连。

(4) 输卵管炎：剖检可见腹腔内有淡黄色腥臭的混浊液体，并混有破损的卵黄，卵泡膜充血、出血、变形，有的卵泡皱缩，呈灰褐色。输卵管黏膜充血、出血、肿胀，内有多量分泌物。管壁极度扩张变薄，坏死，内有凝固卵黄和蛋白，并有许多灰白色纤维素性碎块，可闻到恶臭味、输卵管外观呈条索状或块状，并可随时间的延长而增大。病鸡输卵管邻近的肠系膜因受挤压而呈黑色。

(5) 肉芽肿：剖检可见十二指肠、盲肠、肝脏、肠系膜、脾脏出现肉芽肿。重症病例还出现于心脏、肾脏、卵巢及皮肤等。肉芽肿小如米粒大至鸡蛋，呈黄白色。小者切面多汁，有弹性，呈放射状结构；大者中心坚硬，呈黄白色或灰黄色，其外有坚硬度各异的被膜，呈蓝灰色，有时大结节内还有许多小结节，有的结节中心发生坏死性崩解。肠管与邻近的盲肠因肉芽肿而粘连在一起。

肉鸡发生大肠杆菌病后，剖检时有恶臭味。病理变化多表现为：心包炎，气囊混浊、增厚，有干酪物，心包积液，有炎性分泌物；肝周炎，肝肿大，有白色纤维素状渗出或形成干酪物（图5.44）；有些肉鸡头部皮下有胶冻状渗出物；腹膜炎。雏鸡有卵黄收缩不良、卵黄性腹膜炎等变化，中大鸡发病有的还表现为腹水征。

混合感染时，可见气囊壁增厚、混浊，囊内含有淡黄色干酪样渗出物，心包增厚有多量纤维素性渗出物，腹腔积液，肝脏表面有多量纤维素性渗出物覆盖。

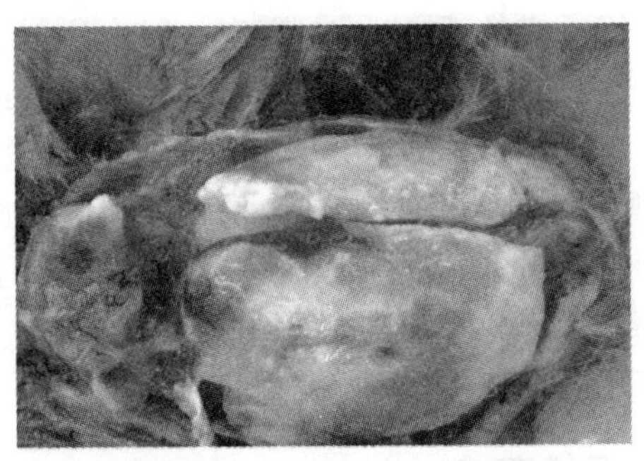

图 5.44　肝脏表面形成的干酪物

（三）防控措施

1. 防控

（1）选择质量好、健康的鸡苗，这是保证后期大肠杆菌病少发的一个基础。

（2）大肠杆菌是条件性致病菌，所以良好的饲养管理和饲养环境是保证该病少发的关键。检查水源是否被大肠杆菌污染，如有则应彻底更换；保持育雏室适当温度及适宜的饲养密度；禽舍及用具经常清洁和消毒；种蛋及时熏蒸，熏蒸粉比例要准确。

（3）适当的药物预防。药物的选择可根据鸡只的不同日龄多听从兽医专家的建议进行选择，且不可滥用。

2. 治疗

（1）弄清该鸡群发生的大肠杆菌病是原发病还是继发病，是单一感染还是和其他疾病混合感染，这是成功治疗本病的关键。

（2）通过细菌培养和药敏试验选择高敏的大肠杆菌药物作为首选药物。环丙沙星或恩诺沙星，每升水加入 50 毫克混饮，连用3~5 天。阿莫西林，每升水加入 100 毫克混饮，连用3~5 天。阿米卡星，每升水加入 30~120 毫克混饮，每千克饲料加入

40 毫克混饲；每千克体重 30～40 毫克，肌内注射，以上均连用 3～5 天。新霉素，每千克饲料加入 200 毫克混饲，或每升水加入 100 毫克混饮，连用 3～5 天，由于新霉素药在肠道中不易吸收，只宜用于发病早期的预防性投药或大肠杆菌引起的肠炎治疗。四环素类药物，每千克饲料加入 200～600 毫克混饲，连用 3～4 天。

（3）增加维生素的添加剂量，提高机体抵抗力。

（4）改善圈舍条件，提高饲养管理水平。

二、鸡沙门杆菌病

鸡沙门杆菌病是由沙门杆菌属引起的一组传染病，主要包括鸡白痢、鸡伤寒和鸡副伤寒。以雏鸡白痢最常见。雏鸡在 5～7 日龄时开始发病，病鸡精神沉郁，怕冷喜欢扎堆，下痢，排出一种白色似石灰浆状的稀粪，并沾附于肛门周围的羽毛上，有的可见关节肿大，行走不便，跛行，有的出现眼盲。

（一）诊断方法

1. 鸡白痢 是雏鸡的一种急性、败血性传染病。2 周龄以内的雏鸡发病率和死亡率都很高，成年鸡多呈慢性经过，症状不典型，但带菌种鸡可通过种蛋垂直传播给雏鸡，还可通过粪便水平传播。大多通过带菌的种蛋进行垂直传播。如果孵化了带菌的种蛋，雏鸡出壳 1 周内就可发病死亡，对育雏成活率影响极大。育成期虽有感染，但一般无明显临床症状，种鸡场一旦被污染，很难根除。

感染种蛋孵化时，一般在孵化后期或出雏器中可见到已死亡的胚胎和即将垂死的弱雏。

早期急性死亡的雏鸡，一般不表现明显的临床症状；3 周龄以内的雏鸡临床症状比较典型，表现为怕冷、尖叫、两翅下垂、反应迟钝、减食或废绝，排出白色糊状或白色石灰浆状的稀粪，有时沾附在泄殖腔周围。因排便次数多，肛门常被沾糊封闭，影

响排粪，常称“糊肛”（图 5. 45），病雏排粪时感到疼痛而发生尖叫声。患白痢病鸡还可出现张口呼吸症状。

有的可见关节肿大，行走不便，跛行；有的出现眼盲。其引起的发病率与死亡率从很低到 80%~90%不等，2~3 周龄时是其发病高峰，3 周龄以后，虽有发病，但很少死亡，表现为拉白色粪便，生长发育迟缓。康复鸡能成为终身带菌者。

图 5. 45　糊肛

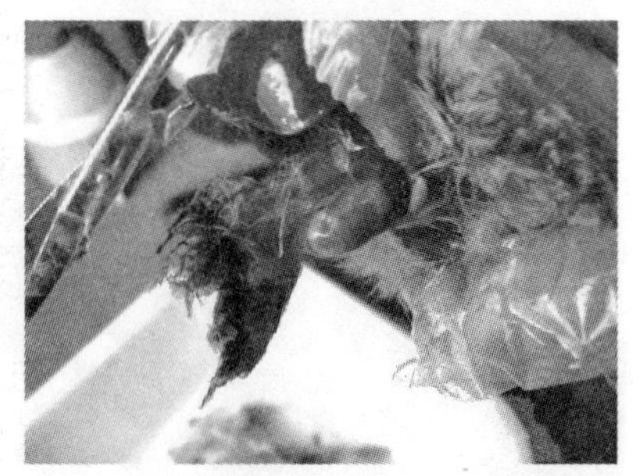

图 5. 46　心脏上的黄色米粒大小的坏死灶

雏鸡白痢病死鸡呈败血症经过，鸡只瘦小，羽毛污秽，肛门周围污染粪便，脱水，眼睛下陷，脚趾干枯。卵黄吸收不全；心包增厚，心脏上常可见灰白色坏死小点（图 5. 46）或小结节肉芽肿（图 5. 47）；肝脏肿大，并可见点状出血或灰白色针尖状的灶性坏死点（图 5. 48）；胆囊扩张充满胆汁；脾脏肿大，质地脆弱；肺可见坏死或灰白色结节（图 5. 49）；肾充血或贫血褪色，输尿管显著膨大，有时个别在肾小管中有尿酸盐沉积。肠道呈卡他性炎症，特别是盲肠常可出现干酪样栓子（图 5. 50）。

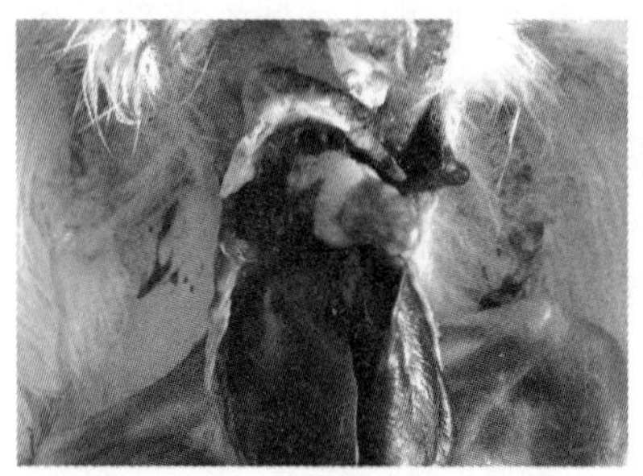

图 5.47　心脏肉芽肿、变性

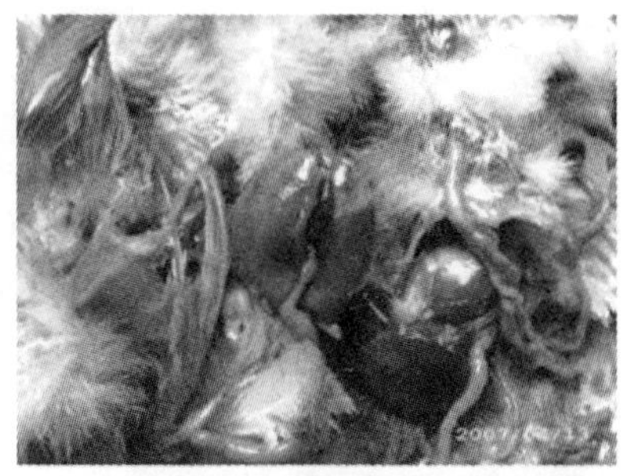

图 5.48　病鸡瘦弱，肝脏上有密集的灰白色坏死点

图 5.49　肺坏死性结节

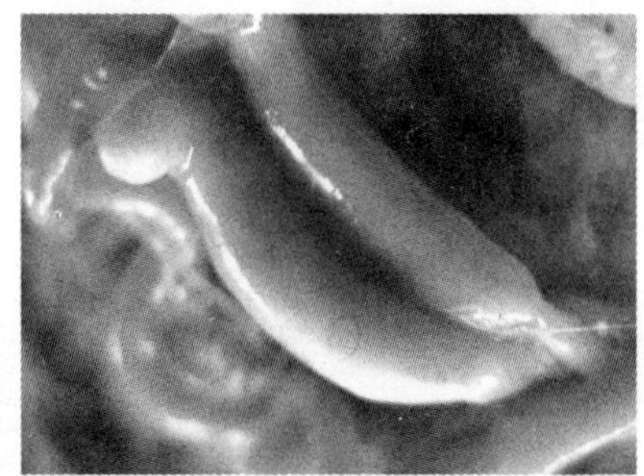

图 5.50　慢性白痢引起盲肠肿大，形成肠芯

2. 鸡伤寒　鸡伤寒呈急性或慢性经过，各种日龄的鸡都可发生，毒力强的菌株引起较高死亡率，病鸡精神差，贫血，冠和肉髯苍白皱缩，拉黄绿色稀粪。肝、脾肿大，肝呈青铜色（图 5.51），有时肝表面有出血条纹或灰白色坏死点（图 5.52）；肠道有卡他性炎症，肠黏膜有溃疡（图 5.53），以十二指肠较严重。

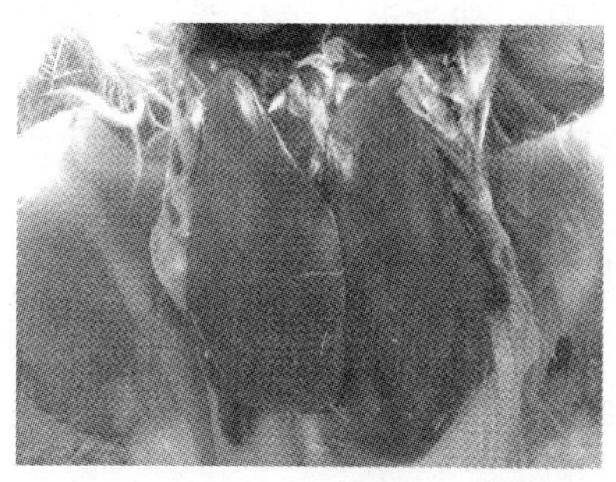

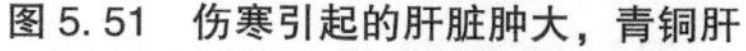

图 5.51　伤寒引起的肝脏肿大，青铜肝

图 5.52　肝脏肿大，表面有坏死灶

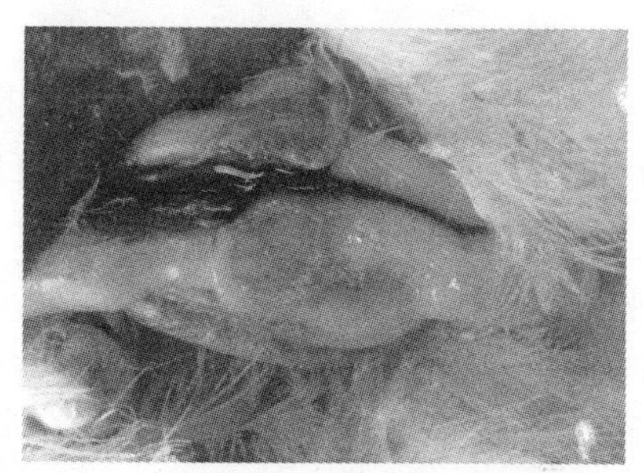

图 5.53　肠黏膜溃疡

3. 鸡副伤寒　主要发生于幼鸡，临床症状和病理变化基本同鸡白痢。多为急性或亚急性经过，有时死亡率很高。青年鸡和成年鸡多为慢性或隐性经过，病鸡表现为嗜睡、畏寒、严重水样下痢、泄殖腔周围有粪便沾污、出血性肠炎；肠道黏膜水肿，局部充血和点状出血，肝肿大，有细小灰黄色坏死灶。

（二）防制措施

加强实施综合性卫生管理措施，结合合理用药是防制本病的关键。种鸡应严格执行定期检疫与淘汰制度。种鸡在 140～150 天进行第一次白痢检疫，视阳性率高低再确定第二次普检时间，产蛋后期进行抽检，对检出的白痢阳性鸡要坚决淘汰。收集的种蛋用甲醛熏蒸消毒后再送入蛋库贮存，种蛋进入孵化器后及出雏时都要再次消毒。

（1）对雏鸡（开口时）可选用敏感的药物加入饲料或饮水中进行预防，防止早期感染。

（2）保证鸡群各个生长阶段、生长环节的清洁卫生，杀虫防鼠，防止粪便污染饲料、饮水、空气等。

（3）商品肉鸡要实行全进全出的饲养模式，推行自繁自养的管理措施。

（4）加强育雏期的饲养管理，保证育雏温度、相对湿度和饲料的营养。

（5）治疗的原则是：抗菌消炎，提高抗病能力。可选择敏感抗菌药物预防和治疗，防止扩散。常用药物有庆大霉素、氟喹诺酮类、磺胺二甲基嘧啶等。

（6）在饲料中添加微生态制剂，利用生物竞争排斥的现象预防鸡白痢。常用的商品制剂有促菌生、强力益生素等，可按照说明书使用。

（7）使用本场分离的沙门杆菌制成油乳剂灭活苗，做免疫接种。

（8）种鸡场必须适时地进行检疫，检疫的时机以 140 日龄左右为宜，及时淘汰检出的所有阳性鸡。种蛋入孵前要熏蒸消毒，同时要做好孵化环境、孵化器、出雏器及所有用具的消毒。

（三）种鸡场鸡白痢的检测与净化

1. 鸡白痢检测方法　在规模化种鸡场中最常选用平板凝集试验来进行大规模鸡群的检测，以实施净化。

（1）全血平板凝集试验。操作方法为用微量移液器吸取 30 微升鸡白痢抗原，滴在洁净的普通玻璃板或陶瓷板上，用注射器针头刺破被检鸡只翅膀内侧的静脉血管，每只鸡更换 1 个针头。用微量移液器吸取 30 微升流出的血液，与抗原充分混合，随即

涂展成直径为1.5~2厘米的圆形混合液，摇晃玻板，并随时观察凝集反应。

（2）血清平板凝集试验。首先采集待检鸡只全血样本，将血样置于塑料离心管内，并记录对应鸡只编号，待血清自然析出后，吸取血清，进行血清平板凝集试验。

（3）结果判断。检测前，需进行抗原对照试验，取30微升抗原，与等体积标准强阳性血清、弱阳性血清、阴性血清按等体积混合，在2~3分钟内，强阳性（++++）血清出现100%凝集；弱阳性（++）血清出现50%；阴性血清不凝集（—），方可进行检测。

抗原与待检样品混合后2~3分钟，判定结果，有50%（++）以上凝集为阳性，不发生凝集为阴性。

（4）注意事项。全血平板凝集试验，操作简便、反应速度快，可在现场进行，在生产实践中应用最为广泛。但由于受鸡舍内环境、光线、温度等条件影响，致使检测结果存在一定假阳性的比例。此外，该方法灵敏度有一定的局限性，只能检测到抗体滴度较高的带菌鸡，因此常存在漏检现象。而血清中抗体含量较高，因此，血清平板凝集较全血平板凝集特异性强、敏感性高、检出阳性率高。但操作相对复杂，且需要对待检鸡只进行编号，因此，该方法适用于核心鸡群净化检疫。

检测用抗原应置于2~8℃冷暗处保存，恢复到室温后方可检测，使用过程中要保持抗原处于悬浮液状态，检测需在20~30℃的环境中进行。抗原与待检血清或全血需等体积混合，反应时间控制在2~3分钟内，不得任意延长或缩短。待检血清或全血不应有细菌污染。玻板必须光滑、洗净，否则影响实验结果。

2. 净化程序　通过检测淘汰阳性鸡只是净化工作的核心，因此，科学、严格的检测程序是实现净化的重要保障。根据白痢杆菌阳性鸡血清抗体消长规律，种鸡的首次最适检疫时间为

120～140 日龄，即开产前。此时种鸡处于性成熟阶段，血检时反应速度快，检出率高，并且在生产种蛋前进行检测，对确保种蛋无白痢杆菌感染十分重要。然而，根据鸡白痢的血清学特点，仅靠一次检疫是远远达不到净化效果的，必须通过两次甚至多次检测将处于不同感染时期的带菌鸡彻底检出并淘汰。

（1）曾祖代鸡群净化程序。在产蛋率达 10%、继代前 2 次检疫。采用血清平板凝集的方法，在鸡群产蛋率达 10%时首次普检。如果有阳性鸡检出，则在 1 个月后进行第二次普检，直至无阳性鸡检出；如果无阳性鸡检出，则以后每个月对公鸡普测，母鸡每季度抽测一次，每次抽测 5%～10%，超标时普检。继代前进行第二次普检。每次检出的阳性鸡必须立即淘汰，并对环境、笼具等彻底消毒。

（2）祖代鸡群净化程序。鸡群产蛋率达 10%时普检。如果鸡群阳性率超标（1‰），每个月普检一次，直至达标后停止普检；如果首次检测时阳性率不超标，以后每个月对公鸡普测，母鸡每季度抽测 1 次，每次抽测 5%～10%，超标时普检。每次检出的阳性鸡必须立即淘汰，并对环境、笼具等彻底消毒。

（3）父母代鸡群净化程序。鸡群产蛋率达 10%时普检。如果鸡群阳性率超标（2‰），35 周龄第二次普检。如果首次检测时阳性率低于以上标准，以后每个月对公鸡普测，母鸡每季度抽测 1 次，每次抽测 5%～10%，超标时普检。每次检出的阳性鸡必须立即淘汰，并对环境、笼具等彻底消毒。

三、传染性鼻炎

鸡传染性鼻炎是由副鸡嗜血杆菌引起的一种急性呼吸道传染病，多发生于阴冷潮湿季节。主要是通过健康鸡与病鸡接触或吸入了被病菌污染的飞沫而迅速传播，也可通过被污染的饲料、饮水经消化道传染。

（一）诊断

1. 发病情况 副鸡嗜血杆菌对各种日龄的鸡群都易感，但雏鸡很少发生。在发病频繁的地区，发病正趋于低日龄，多集中在35~70日龄。一年四季都可发生，以秋冬季、春初多发。可通过空气、飞沫、饲料、水源传播，甚至人员的衣物鞋子都可作为传播媒介。一般潜伏期较短，仅1~3天。

2. 临床症状及剖检变化 传染性鼻炎主要特征有喷嚏、发热、鼻腔流黏液性分泌物、流泪、结膜炎、颜面和眼周围肿胀和水肿。发病初期用手压迫鼻腔可见有分泌物流出；随着病情进一步发展，鼻腔内流出的分泌物逐渐黏稠，并有臭味；分泌物干燥后于鼻孔周围结痂。病鸡精神不振，食欲减退，病情严重者引起呼吸困难和啰音。

传染性鼻炎的病理变化在感染后20小时即可发现，眼部经常可见卡他性结膜炎（图5.54）；鼻腔、窦黏膜和气管黏膜出现急性卡他性炎症，如充血、肿胀、潮红，表面覆有大量黏液，窦腔内有渗出物凝块或干酪样坏死物（图5.55）；严重时可见肺炎和气囊炎。

图5.54 眼部肿胀、卡他性结膜炎

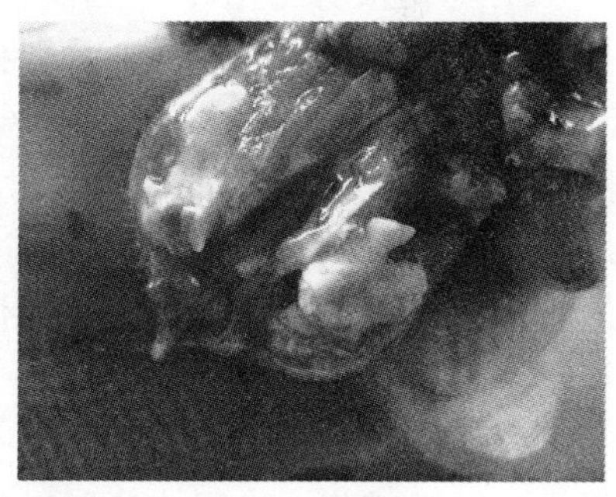

图5.55 窦腔内渗出物凝块，干酪样坏死物

（二）防制

1. 规范鸡群周转计划 副鸡嗜血杆菌对一般消毒药均敏感，容易被杀灭，且离开鸡体后很快死亡。如果鸡舍有足够的空舍时间，鸡舍内副鸡嗜血杆菌的存活率将大大降低，所以应尽量延长空舍时间。

2. 加强环境卫生和带鸡消毒工作 每天勤打扫舍内外环境卫生，及时清理落叶、杂草和污物；每天带鸡消毒两次，保证全面彻底，不留死角，有效减少环境中的病原含量。

3. 改进饲养管理 雏鸡阶段加强通风，将进风口的开启时间根据季节灵活掌握，协调好保温与通风的关系；增大相对湿度，1~7天相对湿度控制在65%，8~21天控制在50%~60%，以后维持在40%~50%。如果粪板离鸡体太近或采用人工清粪的方式则极易诱发呼吸道疾病，从而进一步诱发鼻炎，需对这种饲养管理方式进行改进。

4. 对于疫病高发期或风险较大区，坚持接种疫苗 根据本场实际情况选择适合的厂家的传染性鼻炎灭活疫苗；问题严重时可利用本场毒株制作自家苗，有的放矢地进行防制。

5. 药物预防与治疗 因病菌潜伏期较短，当发现鸡群有流鼻液或肿脸症状时，应马上采取措施。首先对病鸡进行处理，及时将病鸡挑出，隔离（放在下风口）并加以个体治疗。同时大群开始投喂抗生素，如环丙沙星、恩诺沙星等1~2个疗程，每疗程4~6天，可按具体效果决定。特别注意喂料的顺序，必须最后给病鸡喂料，防止病菌通过饲料传播给健康鸡群。病愈鸡在新鸡进入前要及时淘汰。

如果病情严重，病鸡已达到全群的10%左右时，全群开始口服或注射敏感药。口服或注射敏感药一定要掌握好时间，使用过早易复发，可采用低剂量、延长治疗时间（7天左右）的方案。如果口服或注射完敏感药后个别鸡只有复发现象，数量较少时可

及时挑出个体治疗。若复发病鸡较多，可考虑再次投喂抗生素1个疗程。经过这样治疗鼻炎基本可以得到控制。

四、鸡毒支原体病（慢性呼吸道病）

鸡毒支原体病又名慢性呼吸道病，是由鸡毒支原体引起的肉鸡的一种接触性、慢性呼吸道传染病。其特征是上呼吸道及邻近的窦黏膜炎症，常蔓延到气囊、气管等部位。表现为咳嗽、流鼻涕、气喘和呼吸杂音。本病发展缓慢，又称败血霉形体病。

（一）诊断

1. 发病情况　本病的传播方式有水平传播和垂直传播，水平传播是病鸡通过咳嗽、喷嚏或排泄物污染空气，经呼吸道传染，也能通过饲料或水源由消化道传染，也可经交配传播。垂直传播是由隐性或慢性感染的种鸡所产的带菌蛋，可使14~21日龄的胚胎死亡或孵出弱雏，这种弱雏因带病原体又能引起水平传播。

本病在鸡群中流行缓慢，仅在新疫区表现急性经过，当鸡群遭到其他病原体感染或寄生虫侵袭时，以及影响鸡体抵抗力降低的应激因素如预防接种、卫生不良、鸡群过分拥挤、营养不良、气候突变等均可促使或加剧本病的发生和流行。带有本病病原体的幼雏，用气雾或滴鼻的途径免疫时，能诱发致病。若用带有病原体的鸡胚制作疫苗时，则能造成疫苗的污染。本病一年四季均可发生，但以寒冷的季节流行较严重。

2. 临床症状　本病的潜伏期，在人工感染4~21天，自然感染可能更长。

病鸡先是流稀薄或黏稠鼻液，打喷嚏，鼻孔周围和颈部羽毛常被沾污。其后炎症蔓延到下呼吸道即出现咳嗽，呼吸困难，呼吸有气管啰音，夜间比白天听得更清楚；严重者，呼吸啰音很大，似青蛙叫。

病鸡食欲减退，体重减轻消瘦；到了后期，继发鼻炎、窦炎和结膜炎，鼻腔和眶下窦中蓄积多量渗出物，可见颜面（眼睑、眶下窦）肿胀、发硬，眼部突出如“金鱼眼”。眼球受到压迫，发生萎缩和造成失明，可以侵害一侧眼睛，也可能两侧同时发生。

本病易与大肠杆菌、传染性鼻炎、传染性支气管炎混合感染，从而导致气囊炎、肝周炎、心包炎，增加死亡率。若无病毒和细菌并发感染，死亡率较低。

3. 病理变化 肉眼可见的病变主要是鼻腔、气管、支气管和气囊中有渗出物，气管黏膜常增厚。胸部和腹部气囊的变化明显，早期为气囊膜轻度混浊、水肿，表面有增生的结节病灶，外观呈念珠状。随着病情的发展，气囊膜增厚，囊腔中含有大量干酪样渗出物，有时能见到一定程度的肺炎病变。严重的慢性病例，眶下窦黏膜发炎，窦腔中积有混浊黏液或干酪样渗出物（图5.56），炎症蔓延到头部，头部皮下形成黄色干酪样物（图5.57）。病鸡严重者常发生纤维素性腹膜炎（图5.58）或纤维素性化脓性心包炎、肝周炎（图5.59）和气囊炎，此时经常可以分离到大肠杆菌。出现关节症状时，尤其是跗关节，关节周围组织水肿，关节肿大（图5.60）。

图5.56 鼻窦、眶下窦卡他性炎症及黄色干酪样物

图5.57 头部皮下形成黄色干酪样物

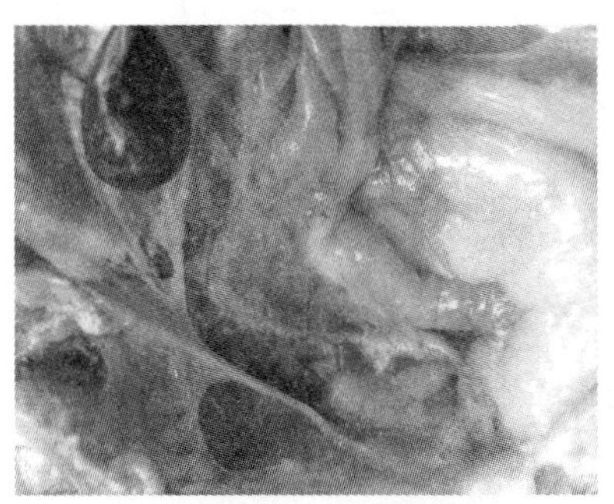

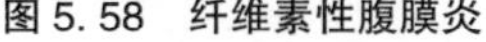
图 5.58　纤维素性腹膜炎

图 5.59　纤维素性心包炎、肝周炎

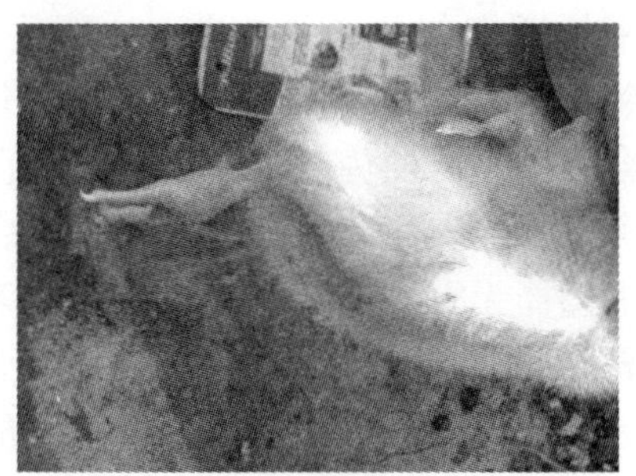

图 5.60　趾关节肿大

（二）防制措施

1. 切断传染病源　病鸡痊愈后多带菌，又可通过卵垂直感染，一旦发生即很难根除。因此应从无病鸡场引种，加强消毒工作，切断传染病源。种鸡场应建立没有本病的“净化”鸡群，给种鸡使用抗生素可降低感染率。孵化前对种蛋采用“温差法”（种蛋加热到 37.8℃后浸入 2～4℃，400～3 000 毫克/千克抗生素溶液中）使药液通过卵壳进入卵内；也可使用加热法，即在孵化器中 12～14 小时内将卵内温度逐渐升到 46.3℃，然后降至孵化温度进行孵化，这些方法可明显降低种蛋的带菌率。孵出的 1 日龄雏鸡可用抗生素滴鼻，3~4 周龄再重复 1 次。在 2 月龄、4 月龄、6 月龄时进行血清学检查，淘汰阳性鸡，将无病鸡群隔离饲养作种用，并对其后代继续观察。

2. 合理用药减少损失 抗生素只能抑制支原体在机体内的活力，单靠治疗不能消灭本病。链霉素、四环素、土霉素、红霉素、泰乐菌素、螺旋霉素、壮观霉素、卡那霉素、支原净等对鸡毒支原体都有效，但易产生耐药性。选用哪种药物，最好先做药敏试验，也可轮换或联合使用药物。抗菌药物可采用饮水或注射的方法施药，有的也可添加于饲料中。

3. 疫苗接种 疫苗有两种，弱毒活疫苗和灭活疫苗。目前国际上和国内使用的活疫苗是 F 株疫苗。F 株致病力极为轻微，给 1 日龄、3 日龄和 20 日龄雏鸡滴眼接种不引起任何可见症状或气囊上变化，不影响增重。油佐剂灭活疫苗效果良好，能防止本病的发生并减少诱发其他疾病。对其他传染性疾病进行预防接种活疫苗时，应严格选择无霉形体污染的疫苗。许多病毒性活疫苗中常常有致病性霉形体的污染，鸡由于接种这种疫苗而受到感染，所以选择无污染活疫苗也是一种极为重要的预防措施。

五、禽霍乱

禽霍乱又名禽巴氏杆菌病，或家禽出血性败血病，简称禽出败，是鸡、鸭、鹅和火鸡等的一种接触性传染病。本病的特征是急性型呈败血症和剧烈下痢，慢性型则发生肉髯水肿和关节炎。本病广泛分布于世界各地，我国各地也时有发生，对养鸡业危害甚大。

（一）流行情况

禽霍乱的病原体是（禽型）多杀性巴氏杆菌。为卵圆形小杆菌，散在，新分离的细菌具有荚膜，革兰氏染色阴性。对一般消毒药抵抗力不强，如 1%漂白粉、1%石炭酸或 0.02%~0.05%

百毒杀都可以杀死。病菌在自然干燥的环境下很快死亡，60℃ 10分钟即死亡。但在寒冷季节和土壤中生命力较强，在死禽体内可生存2~4个月，埋在土壤中可生存5个月。

病禽和带菌禽是本病的传染源。在世界多数国家散发，间或呈地方性流行。各种家禽（包括鸡、鸭、鹅、火鸡）和多种野鸟（麻雀、啄木鸟、白头翁等）都能感染。一般是中禽和成年禽多发，成年禽中尤以肥胖或产蛋量多的死亡率高。雏禽也时有发生。

禽霍乱的传播方式，主要是由于引进了带菌的家禽。带菌禽临床上不显症状，但经常或间断性地排出病原菌，污染周围环境。禽群的饲养管理不良，阴雨潮湿以及禽舍通风不良等因素，都能够促进本病发生和流行。有些外表健康的鸡，其呼吸道内也可存在毒力较弱的巴氏杆菌，当各种诱因促使鸡抵抗力降低时，可引起发病（内源传染），这是一些鸡场没有从外面引进病鸡而突然暴发禽霍乱的重要原因。

病禽的排泄物和分泌物中含有多量病菌，能污染饲料、饮水、用具和场地。狗、猫、飞禽（麻雀和鸽）甚至人都能够机械带菌。此外，有些昆虫（如苍蝇、蜱和螨等）也是传播本病的媒介。

禽霍乱的传染途径一般是经消化道和呼吸道。呼吸道传染是经飞沫传染或尘埃传染。消化道传染是通过采食和饮水。

该病的流行特点是传播稍缓，且有间歇。

（二）临床症状与病理变化

1. 临床症状　一般分为最急性型、急性型和慢性型三种病型。

（1）最急性型：常发生在本病暴发的最初阶段。常常发现有的鸡突然死亡，死前并不显现任何症状。有些鸡前一天晚上还很好，第二天早上就已经死了。肥胖和高产的鸡，容易发生最急性型禽霍乱。

（2）急性型：随着疫情的发展而出现。病鸡先是显现出精神委顿、离群、不爱活动、好睡、羽毛松乱、翅膀下垂，接着食欲消失、口渴、呼吸急促、鼻和口中流出混有泡沫的黏液；腹泻，排出黄色、灰白色或淡绿色稀粪，有时混有血液；鸡冠和肉髯变青紫色，肉髯常发生肿胀、发热和疼痛。病鸡的体温升高到43~44℃，最后因衰竭、昏迷、痉挛而死，一般经过1~3天后死亡或变为慢性。

（3）慢性型：多在流行的后期出现。病变常局限在身体的某些部位，例如有些病鸡一侧或两侧髯显著肿大；有些病鸡由于病菌侵入趾关节，引起关节肿胀和化脓，因而发生跛行；有些病鸡主要表现呼吸道症状，特征是鼻流黏液，鼻窦肿大，喉部蓄积分泌物，影响病鸡的呼吸。慢性病鸡，可拖延到几周后才死亡。或康复成为带菌鸡。

2. 病理变化　最急性型的病鸡，由于死得快，常看不到明显变化。急性型病死鸡，腹膜、皮下组织和腹部脂肪常有小点状出血；十二指肠的病变最显著，发生严重的急性卡他性肠炎或出血性肠炎，肠内容物中含有血液；肝脏肿大，色泽变淡，质地稍硬，表面散在许多灰白色、针尖大的坏死点，这是禽霍乱的一个特征性的病变。脾脏稍肿大，质地柔软。心外膜冠状沟有不同程度的出血点或斑；心包发炎，包囊内积有淡黄色液体，偶尔还混有纤维素凝块；肺充血，表面有出血点，有时有肺炎变化。慢性型则由于病菌侵染的器官不同而有差异。有的鼻窦肿大，鼻腔有多量黏液性渗出物；有的在关节和腱鞘内蓄积混浊或干酪样的渗出物。公鸡常见肉髯肿大，含有干酪样的渗出物。母鸡的卵巢常发生明显变化，卵子形状不整齐，质地柔软，有时可以见到一种淡绿色的卵子，卵巢周围有一种坚实、黄色的干酪样物质，有时黏着在内脏器官的表面。

（三）防制措施

1. 治疗　治疗的原则是抗菌消炎，对症治疗，提高抵抗力。磺胺类药物、新霉素、土霉素、喹诺酮类药物都有效。严重病鸡可注射庆大霉素。

2. 预防　发现病鸡、死鸡及时捡出，以免被同群鸡啄食，扩大传染。病死鸡全部烧毁或深埋，鸡舍、场地和用具彻底消毒。病鸡隔离治疗，病鸡群中未发病的健鸡，全部喂给磺胺类药或抗生素，以控制发病。如磺胺喹噁啉，混饲浓度0.05%～0.1%，混水浓度0.025%～0.05%，用药2～3天，停2天，再服3天。健康鸡接种，可用禽霍乱氢氧化铝菌苗。2月龄以上的鸡均可使用，每只肌内注射2毫升。有条件的地区，可于第一次接种后8～10天再接种1次，免疫效力较好。禽霍乱731弱毒菌苗为冻干苗，皮下注射时，用20%～25%氢氧化铝生理盐水稀释，稀释后须当天用完。用量，鸡为0.5亿个活菌。气雾免疫，可用5%甘油蒸馏水稀释，每只鸡的免疫量为0.5～1毫升，内含5亿个活菌，接种年龄，要在2月龄以上，免疫期暂定为3个半月。禽霍乱G190E40弱毒菌苗也是冻干苗，其用量、用法：用20%～25%氢氧化铝胶生理盐水稀释菌苗，对3月龄以上的各种鸡，一律肌内注射0.5毫升（含2 000万个活菌）。稀释过的菌苗限8小时内用完。免疫期为3个半月。

禽霍乱油乳剂灭活菌苗，适用于2月龄以上的鸡，每只颈部皮下或肌内注射0.5毫升。

禽霍乱蜂胶灭活菌苗适用于2月龄以上的鸡。每只胸肌接种1毫升，免疫期可达6个月左右，其保护率1～6个月内平均为95%。

防止发生本病，关键是平时要加强饲养管理，严格执行消毒卫生制度，引进种鸡和苗鸡时，必须从无病鸡场购买。新购入的鸡，必须施行至少2周的隔离饲养，防止带菌鸡进入鸡群，尽量做到不使各种禽类混在一起饲养管理。

六、曲霉菌病

鸡曲霉菌病是见于多种禽类和哺乳动物（包括人）的一种常见的霉菌病。发病率及病死率较高。其特征是呼吸道（尤其是肺和气囊）发生炎症和形成小结节，所以又称曲霉菌性肺炎。本病发生于世界各地，对雏鸡的危害最大，成年鸡呈慢性经过。

（一）发病情况

雏禽对烟曲霉菌最容易感染，常见急性暴发，成年鸡常个别发生。出壳后的幼雏在进入被烟曲霉菌污染的育雏室后，48 小时即开始发病死亡，4～12 日龄是流行高峰期，此后逐渐减少，至 1 月龄基本停止死亡。如果饲养管理条件差，流行死亡可延续到 2 月龄。在自然界中，曲霉菌对生活条件的要求较低，很多场合都能生长繁殖，而烟曲霉菌甚至在 37～42℃下也能很好地生长。

污染的木屑及稻草等垫料、土壤、空气和发霉的饲料，可含有大量烟曲霉菌孢子，是引起本病流行的主要传染源。鸡在被污染的环境里带菌率很高，但迁出污染环境后，带菌率即逐渐下降，至 40 天霉菌在体内基本消失。其传播途径主要是通过呼吸道和消化道传染。育雏阶段的饲养管理差，致室内温差大、通风换气不好、过分拥挤、阴暗潮湿以及营养不良等因素，都是促使本病流行的诱因。

（二）临床症状与病理变化

1. 临床症状 病鸡在临床上的表现主要是呼吸困难，急迫，气喘，但喉头无“咯咯音”。精神委顿，垂翅缩颈，闭目昏睡，体温升高，眼鼻流液，有“甩鼻”表现。食欲减退，口渴，迅速消瘦，后期下痢。食道黏膜发生病变时吞咽困难。病程一般在 1 周左右。鸡群发病后如不及时采取措施，死亡率可达 50%以

上。放养鸡群对本病抵抗力较强，几乎能避免传染。

有些雏鸡可发生曲霉菌性眼炎，通常是一侧眼的瞬膜下形成一黄色干酪样小球，致使眼睑鼓起。有些鸡还可在角膜中央形成溃疡。

2. 病理变化　剖检，肺、气囊和胸腹腔中有从针尖至小米粒大小的结节，有时互相融合成大的团块。结节呈灰白或淡黄色，柔软有弹性，内容物呈干酪样。有时在肺、气囊、气管或腹腔内有能用肉眼即可见到的成团霉菌斑。

（三）诊断

本病在临床上无特征性症状，要运用流行病学调查（呼吸道感染，特别是发霉的垫料和饲料）和病理剖检（肺和气囊膜有大小不等的结节性病灶，或伴有肺炎）进行诊断。本病的确诊，可以采取病鸡肺或气囊上的结节病灶，做成抹片后用显微镜检查曲霉菌的菌丝和孢子。有时候直接抹片检查可能看不到霉菌，就必须采取结节病灶的内容物做霉菌分离培养，才能确诊。

（四）防控措施

不使用发霉的垫料，不饲喂发霉的饲料，是预防本病的主要措施。垫料要经常翻晒，发现长霉时，可用0.3%过氧乙酸或次氯酸钠进行带鸡消毒。喂鸡的砂粒要淘洗干净。育雏室被烟曲霉菌污染后，必须彻底清扫、换土和消毒，然后再铺上干净垫草。

霉敌（有效成分为硫化苯唑）具有消除曲霉菌污染的作用，可明显降低孵化室或种蛋上真菌的污染程度。使用方法为：当种蛋孵至17天时将片剂放入孵化器内烟熏，如污染严重，需在放入种蛋的当天加熏1次，用量为每100米^{3}空间用药4~8片。烟熏时人、畜不得进入孵化室，以防中毒。

育雏室的温差不宜过大，要保持通风良好，在梅雨季节要特别注意防止垫料和饲料发霉。

本病无特效疗法，有人用制霉菌素进行治疗，每只雏鸡1次

用量为 10 万单位，混料口服，连用 4 天。重症鸡按 3 万~4 万单位/只，每天滴鼻 2 次。同时在 10 升饮水中加硫酸铜 3 克，连饮 3 天。及时更换发霉垫料，11 天后可停止死亡。口服碘化钾有一定的疗效，用量为每升饮水中加入碘化钾 5~10 克，给鸡饮用，连用 5 天。还可将碘 1 克、碘化钾 1.5 克溶于 1 500 毫升水中，进行气管或咽喉内滴注，成年鸡 2~3 毫升，用药时加热至 25℃，1 次注入即可。此外，克霉唑（抗真菌 1 号），雏鸡每 100 只用 1 克，混饲投药，有一定的疗效。

七、鸡弧菌性肝炎

鸡弧菌性肝炎又称弯杆菌性肝炎，以发病率高、病死率低、病程缓慢、产蛋量下降、日渐消瘦及肝坏死等为特征。

（一）流行情况

本病的病原体是弯曲杆菌属中的空肠弯曲杆菌。弯曲杆菌对外界环境的抵抗力较弱，干燥、日光可迅速将其杀死。对各种消毒药较敏感，5%次氯酸钠的 1∶200 000 稀释液、0.25%甲醛溶液，可在 15 分钟内将其杀死；0.15%有机酸、1∶50 000 季铵盐类化合物等，都可在 1 分钟内灭活。

本病主要通过带菌粪便污染的饲料、饮水而经消化道感染。家蝇可通过接触污染的垫料而带有空肠弯曲杆菌。调查表明，在鸡场附近有 50%家蝇感染有空肠弯曲杆菌。也有从蟑螂体内分离出了本菌的报道。这些表明，昆虫可能会起到传播作用。至于经卵垂直传播的问题，一些研究表明，没有从已知带菌的火鸡群所产受精卵和孵出的幼火鸡中分离出该菌。偶尔从冷藏蛋的内外膜可分离到该菌，但这是由于蛋壳破损所致。本菌在蛋壳上存活的时间不超过 16 小时，50%的蛋在 10 小时内已无活的弯曲杆菌。蛋产出后不久，蛋壳表面的弯曲杆菌常因干燥而死亡。以上说明，经蛋垂直传播的可能性不大。

（二）临床症状与病理变化

1. 临床症状 潜伏期，人工感染时约为48小时。病鸡表现为精神沉郁，体重减轻，鸡冠发白，干燥、萎缩并有皮屑，多数病鸡腹泻。青年鸡开产期延迟；产蛋鸡产蛋率明显下降，降幅可达25%~35%；肉鸡全群发育迟缓，增重缓慢。

2. 病理变化 最明显的病变为肝脏的变性和坏死。肝肿大、褪色，肝表面或实质内散在有黄白色星状坏死灶的约占10%，并有大小不一的出血点或出血斑，肝包膜下有大凝血块。腹腔积血。慢性经过的病例，除肝脏硬化和萎缩外，伴有腹水和心包炎，肾肿大、褪色，卵泡变形和退化，心肌出血。幼龄鸡的心肌贫血褪色，心包内有多量黄褐色明胶样渗出物。

（三）防控措施

本病目前尚无有效的免疫制剂，预防主要是加强综合性的兽医卫生措施。做好鸡舍清洁卫生，加强饲养管理，定期消毒和加强传染病、寄生虫病的防治工作。

土霉素、金霉素、链霉素、磺胺类以及氟哌酸等都有较好的疗效。金霉素混饲用量为100~500毫克/千克；土霉素为金霉素的倍量；磺胺二甲嘧啶的混饮浓度为0.1%~0.2%，连用3天；链霉素有较好的治疗效果，每只鸡1次肌内注射双氢链霉素200~250毫克。

八、卵黄性腹膜炎

在蛋鸡养殖过程中，卵黄性腹膜炎是蛋鸡开产后最常见的一种疾病。尤其在产蛋高峰期，因大肠杆菌引起的卵黄性腹膜炎最为普遍，且有逐渐增多的趋势，并且慢性的发病率高于急性腹膜炎，造成鸡生产性能下降，给养殖户造成了很大的经济损失。

（一）发病原因

1. 病理原因 鸡患传染性支气管炎、产蛋下降综合征、沙门杆菌病、新城疫、禽流感、大肠杆菌病等极易造成急性或慢性卵黄性腹膜炎，因这些病主要侵害鸡的生殖系统，造成鸡的输卵管炎症，致使输卵管破裂或发生逆蠕动，使卵子进入腹腔而形成。

2. 性成熟过早 由于饲料及管理因素，特别是光照刺激过早或时间过长，使蛋鸡开产过早，但输卵管发育成熟滞后，卵子进入输卵管出现障碍，造成卵管性腹膜炎。

3. 饲料因素 对于刚开产的蛋鸡，由于饲料营养过剩，特别是蛋白含量过高，致使卵子成熟过早或过快，使卵子坠入腹腔而产生。

4. 应激因素 致病性大肠杆菌一般都是在初开产母鸡或已开产母鸡在抗病能力低下时，尤其是不断进行抓鸡注射疫苗造成强应激，感染致病性大肠杆菌而产生炎症。

5. 水质因素 由于长时间未对饮水系统进行消毒处理，水中大肠杆菌数量严重超标，严重影响鸡只的肠道健康。

6. 人为损伤 母鸡受到强烈冲击性外力时，或人工授精用力过猛、过大时，或腹压过大时，又或输卵管蠕动功能紊乱，将刚刚进入输卵管内的卵黄挤出等因素，使卵泡破裂或者卵子落入腹腔内都会导致腹膜炎的发生。

（二）临床症状与病理变化

1. 临床症状 整个鸡群精神不振，食欲减退或废绝，病鸡羽毛逆立，嗜睡，排出白色或黄绿色稀粪。个别发病鸡呼吸困难，咳嗽。病情继续发展，鸡群产蛋率每天下降1%~3%不等，病鸡产软壳蛋、畸形蛋和沙壳蛋的比例增加。后期病鸡脱水、消瘦，眼球下陷，最终因衰竭而死，死亡鸡只的肛门周围羽毛粘有黄绿色粪便。

2. 病理变化 剖检见腹腔内有大小不一的无壳蛋或蛋壳膜，腹腔积有棕黄色混浊液体，恶臭或有黄白色干酪样物质；卵泡坏死、破裂，部分鸡只输卵管中有未成形的蛋。卵巢无卵子，发育

萎缩，输卵管有不同程度萎缩，最为典型的症状是包心、包肝。

（三）防控措施

（1）加强环境控制：加强环境控制，保证鸡舍内的清洁卫生，消除鸡舍内的卫生死角。

（2）搞好带鸡消毒：做好鸡群的带鸡消毒工作，消毒药按正确剂量使用。

（3）认真对饮水线消毒：要求定期对饮水线进行消毒处理，每周进行一次消毒，用高锰酸钾按 1/10 000 的剂量进行。

（4）保证饲料质量：正确使用储料间和料塔，防止饲料发霉变质和人为造成的污染，料塔要每周进行一次清理，鸡舍所使用的料箱每天进行清理。

（5）定期环境监测：定期对饮水系统、喂料系统、鸡舍微生物、鸡群抗体进行监测，及时反馈信息，及早处理问题。

（6）药物治疗：对于药物治疗，要正确诊断，对症下药；根据药敏试验结果选择药物，根据药物特性和鸡群病情变化来选择给药途径，注意药物的配伍禁忌。

（7）适时淘汰病鸡及时挑出病鸡，依鸡群病症状态适当给予注射给药；对没有利用价值的鸡群，要及时进行淘汰。

（8）降低密度加强笼位的利用率，降低鸡群的饲养密度，及时淘汰病、弱、残鸡。

第三节　常见寄生虫病的防制

一、球虫病

球虫病是养鸡生产中最常见的一种寄生性原虫病，由艾美耳属多种球虫寄生于鸡的肠上皮细胞内所引起。感染鸡的球虫有 7

种，分别为柔嫩、毒害、巨型、堆型、布氏、和缓和早熟艾美耳球虫。以柔嫩艾美耳球虫和毒害艾美耳球虫致病力最强，分别寄生于鸡的盲肠和小肠上皮细胞内，使肠黏膜组织受到严重损伤，并导致摄食和消化过程或营养吸收障碍。

（一）发病情况

球虫的生活周期短，潜伏期 4~7 天，繁殖力非常强大，但球虫的各阶段虫体只限于肠黏膜及其临近组织，鸡一次吃少量卵囊并不会产生大的危害。球虫进行孢子生殖的适宜温度为 20~28℃，相对湿度大于 20%，氧气充足，而所有鸡场恰好提供了这样的条件。

球虫病一年四季均可发病，4~9 月为流行季节，特别是 7~8 月最为严重。鸡舍潮湿、拥挤、饲养卫生条件差更容易发病。

球虫给鸡群造成的危害可概括为三个方面：导致鸡只的大批量发病和死亡；阻碍鸡只正常的生长发育；降低饲料报酬。球虫对不同品种、年龄、性别的鸡表现出的致病性有所不同。一般而言，15~50 日龄幼雏的易感性较大，发病多在 3~6 周龄，近年来，发病日龄有向小龄化和大龄化发展的趋势；公雏的易感性高于母雏，品系越纯对球虫的易感性越高。

球虫与其他病原具有协同的致病作用，肠道细菌如大肠杆菌、沙门杆菌等对球虫的致病力有增强作用，球虫感染后，还可使机体对新城疫、法氏囊等疾病的易感性升高。

（二）临床症状

（1）地面平养鸡发病早期偶尔排出带血粪便，并在短时间内采食加快，随着病情发展血粪增多。

（2）病鸡精神沉郁，双翅下垂，闭目缩颈（图 5.61）。靠近热源或蹲伏于墙边，死亡率逐渐增多。

（3）笼养鸡、网上平养鸡，常感染小肠球虫，呈慢性经过，病鸡排出未被完全消化的饲料粪，粪便混有血丝、胡萝卜丝样物

（图 5.62），或西红柿样稀粪（图 5.63）。

（4）全身贫血，冠、髯、皮肤颜色苍白。

（5）尾部羽毛被血液或暗红色粪便污染。

图 5.61　病鸡精神沉郁，双翅下垂，闭目缩颈

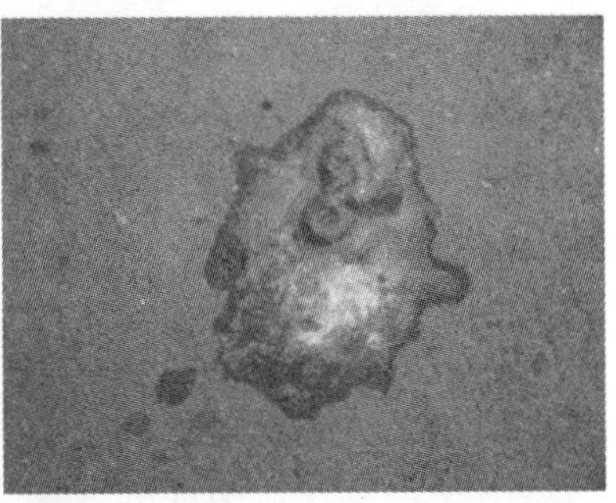

图 5.62　下痢，排出胡萝卜丝样稀粪

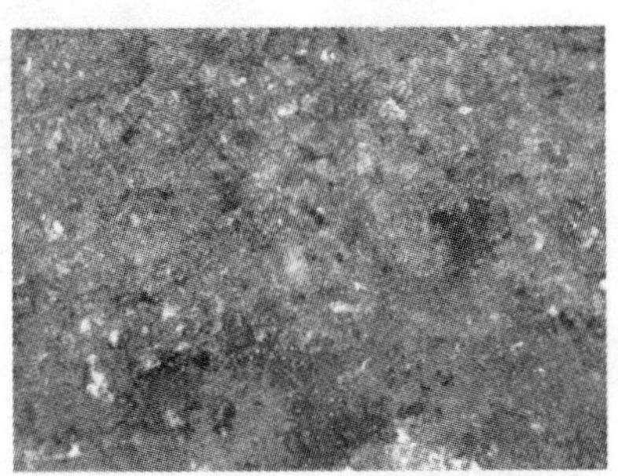

图 5.63　下痢，排出西红柿样稀便

（三）病理变化

（1）柔嫩艾美耳球虫感染时，见两侧盲肠显著肿大，增粗，外观呈暗红色或紫黑色（图 5.64），内为暗红色血凝块或血水，并混有肠黏膜坏死物质（图 5.65）；肠壁的浆膜面上可见灰白色出血斑点；盲肠壁增厚。

（2）毒害艾美耳球虫感染时，主要损害小肠的中前段。肠管增粗，肠壁增厚，有严重坏死，肠壁黏膜面上布有针尖大小出

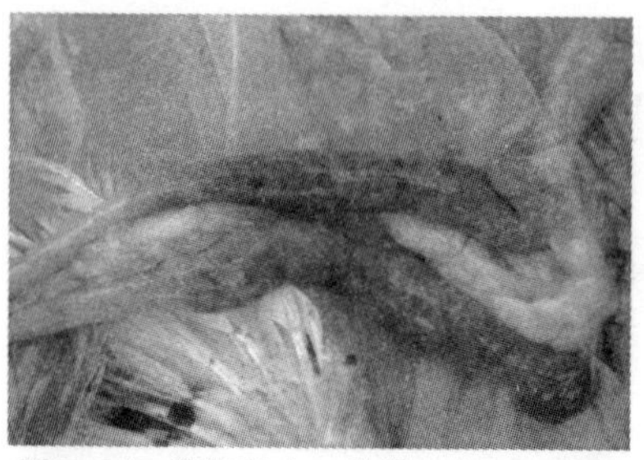
图 5.64　盲肠肿大，增粗，出血，暗红

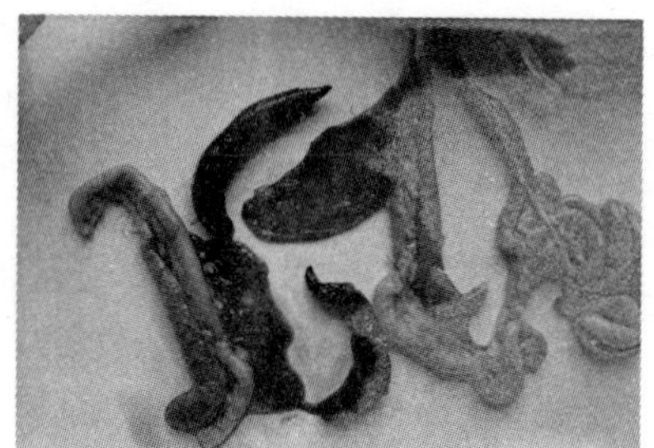
图 5.65　盲肠内为暗红色凝血块

血点，肠浆膜面上有明显的淡白色斑点。小肠后段肠壁脆弱，肠管扩张，充满气体和黏液，肠黏膜上有致密的麸皮样黄色假膜，肠壁增厚，剪开自动外翻（图 5.66）。小肠肿胀，出血，浆膜面布满灰白色坏死灶（图 5.67）。

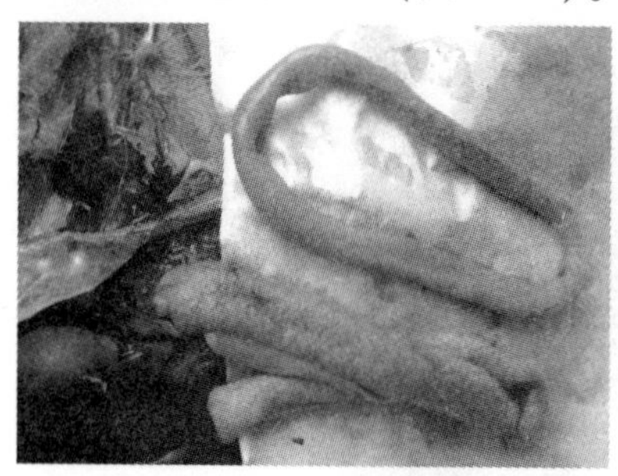
图 5.66　肠黏膜上有致密的麸皮样黄色假膜，肠壁增厚，剪开自动外翻

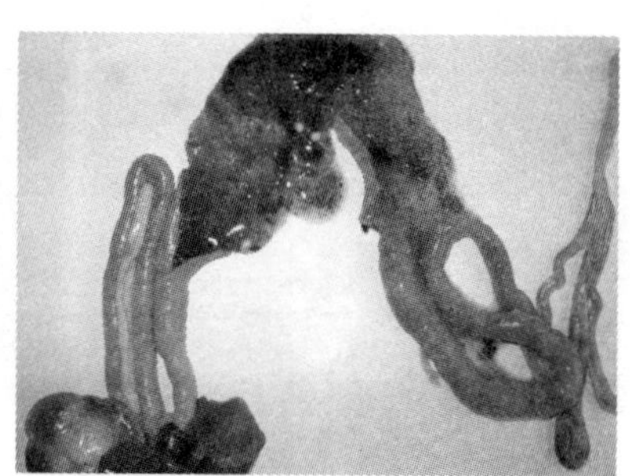
图 5.67　空肠肿胀，出血，浆膜面布满灰白色坏死灶

（3）巨型艾美耳球虫感染时，损害整个小肠，可使肠管扩张，小肠增生，浆膜外有点状坏死（图 5.68）。

（4）堆型艾美耳球虫感染时，在小肠前半段有白色病变，水肿。并且同一段的虫体常聚集在一起，在被损伤肠段出现大量淡白色斑点或斑纹。

（5）哈氏艾美耳球虫感染时，损伤小肠前段，肠壁上出现小米粒大小的出血点（图 5. 69），黏膜水肿和严重出血。

图 5. 68　小肠增生，浆膜外有点状坏死

图 5. 69　回肠后段浆膜面上密布的出血点

（四）防控措施

1. 空舍消毒程序中要有针对球虫的消毒措施　空鸡舍在进行完常规消毒程序后，应用酒精喷灯对鸡舍的混凝土、金属物件器具以及墙壁（消毒范围不能低于鸡群 2 米）进行火焰消毒，消毒时一定要仔细，不能有疏漏的区域。

对木质、塑料器具用 2%～3%的热碱水浸泡洗刷消毒。对饲槽、饮水器、栖架及其他用具，每 7～10 天（在流行期每 3～4 天），要用开水或热碱水洗涤消毒。出入鸡场的车辆及人员要严格消毒，杜绝外来人员参观。

2. 预防

（1）推广肉鸡网上平养或笼养模式。网上平养或笼养模式，使鸡群几乎没有直接跟粪便接触的机会，因而可大大减少球虫病的发生，是控制球虫病最为理想的饲养模式。

（2）加强对垫料的管理。地面平养的鸡群应 5～7 天换一次垫料，新的垫料要在直射阳光下暴晒 2～3 天，保证垫料松软、干燥、无霉变、吸水性好。

（3）重视鸡舍管理。鸡舍保持清洁干燥，搞好舍内卫生，要使鸡舍内温度适宜，阳光充足，通风良好。严格控制鸡舍湿度，炎热的夏季慎用喷雾法降温。

（4）注意营养调控。加强饲养管理，供给雏鸡富含维生素的饲料，以增强鸡只的抵抗力；在饲料或饮水内要增加维生素 A 和维生素 K，这样可增强抗病力，减少死亡。

（5）做好定期药物预防工作。肉鸡可以在 7 日龄首免新城疫后，选择地克珠利、妥曲珠利配合鱼肝油，将球虫在生长前期杀死。如有明显肠炎症状，可用地克珠利、妥曲珠利配合氨苄西林钠、舒巴坦钠、肠黏膜修复剂等治疗。在二免新城疫之前，若鸡群中有球虫病时，必须先治疗球虫病，再做新城疫免疫，防止免疫失败。10 日龄前，也可不予预防性投药，待出现球虫后再做治疗，可以使肉鸡前期轻微感染球虫，后期获得对球虫感染的抵抗力。

生产实践中，各种抗球虫药在使用一段时间后，都会引起虫体的耐药性，甚至会产生耐药虫株，有时可对该药的同类其他药物也产生耐药性。因此，必须合理使用抗球虫药。在生产中，常以下列方案来防止虫体产生耐药性。

1）穿梭方案。即在开始时使用一种药物，到生长期时使用另一种药物。如 1~4 周龄时使用一种化学药物（如球痢灵），自 4 周龄到屠宰前使用另一种离子载体抗生素（如盐霉素或马杜霉素等）。

2）轮换方案。即合理地变换使用抗球虫药，在春季和秋季变换药物可避免耐药性的产生，从而改善鸡群的生产性能。

对于网上饲养或笼养的后备母鸡和蛋鸡，不需采用药物预防。对于从平养移到笼养的后备母鸡，在上笼之前，需要使用常规用量的抗球虫药进行预防，但在上笼之后就不需要再使用药物预防了。

3. 治疗 对急性盲肠球虫病，以 30%的磺胺氯吡嗪钠为代表的磺胺类药物是治疗本病的首选药物。按鸡群全天采食量每

100 千克饲料 200 克饮水，4～5 小时饮完，连用 3 天。对急性小肠球虫病的治疗，复合磺胺类药物是治疗本病的首选药物，另外加治疗肠毒综合征的药物同时使用，效果更佳。对慢性球虫病，以尼卡巴嗪、妥曲珠利、地克珠利为首选药物，配合治疗肠毒综合征的药物同时使用，效果更好。对混合球虫感染的治疗，以复合磺胺类药物配合治疗肠毒综合征的药物饮水，连用 2 天，晚上用健肾、护肾的药物饮水。

同时，要注意辅助治疗：

（1）保护肠道黏膜，促进肠黏膜的修复：修复和保护肠道黏膜，以提高鸡对球虫和其他病原微生物的抵抗力。如用次碳酸铋、活性炭、白陶土等收敛剂。补充维生素 A、维生素 E，保护黏膜系统。

（2）止血、消炎：止血可采用维生素 K_3、安络血等药物，采用硫酸安普霉素、丁胺卡那霉素、新霉素等抗菌药物，防止大肠杆菌等细菌性疾病的继发或并发。

（3）补充体液、消除自体中毒，调节体内电解质及酸碱平衡。饲料或饮水中添加电解质、多维素等。消除自体中毒可采取“先泻后复”的措施，先用泻药促进毒素及坏死黏膜的排出，然后再用肠道收敛剂止泻修复肠黏膜。

（4）健肾利尿：当采用磺胺类药物治疗球虫病时，长期应用易造成肾脏严重损伤，引起肾肿、尿酸盐沉积、功能障碍等，可采用肾肿解毒中药、乙酰水杨酸、小苏打等药物配合治疗。

二、住白细胞原虫病

鸡住白细胞原虫病是由住白细胞原虫属的原虫寄生于鸡的红细胞和单核细胞而引起的一种以贫血为特征的寄生虫病，俗称白冠病。主要由卡氏住白细胞原虫和沙氏住白细胞原虫引起。其中，以卡氏住白细胞原虫危害最为严重。该病可引起雏鸡大批死亡，中鸡发育受阻，成鸡贫血。

（一）发病情况

该病的发生与蠓和蚋的活动密切相关。蠓和蚋分别是卡氏住白细胞原虫和沙氏住白细胞原虫的传播媒介，因而该病多发生于库蠓（图 5.70）和蚋（图 5.71）大量出现的温暖季节，有明显的季节性。一般气温在 20℃ 以上时，蠓和蚋繁殖快，活动强，该病流行严重。我国南方地区多发于 4～10 月，北方地区多发生于 7~9 月。

图 5.70　库蠓

图 5.71　蚋

（二）诊断

1. 临床症状

（1）雏鸡感染多呈急性经过，病鸡体温升高，精神沉郁，乏力，昏睡；食欲减退，甚至废绝；两肢轻瘫，行步困难，运动失调；口流黏液，排白绿色稀便。

（2）12～14 日龄的雏鸡因严重出血、咯血和呼吸困难而突

然死亡，死亡率高。血液稀薄呈水样，不凝固。

（3）消瘦、贫血：鸡冠和肉髯苍白。鸡冠、肉髯上有小米粒大小梭状结节（图 5.72）。

2. 病理变化

（1）咯血（图 5.73）。皮下、肌肉，尤其胸肌和腿部肌肉有明显的点状或斑块状出血（图 5.74，图 5.75），各内脏器官也呈现广泛性出血。

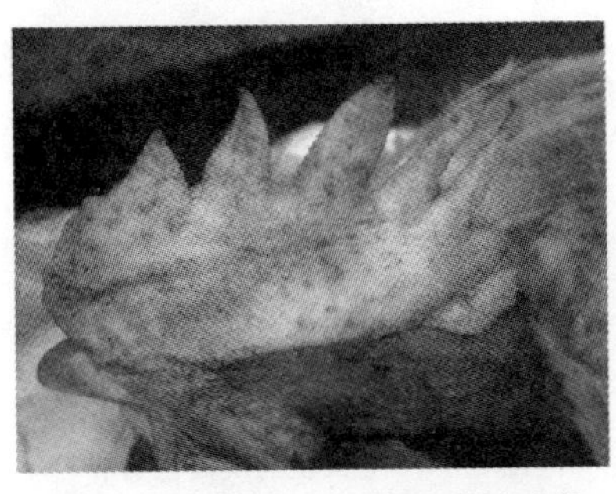

图 5.72 鸡冠苍白，有小米粒大小梭状结节

图 5.73 咯血

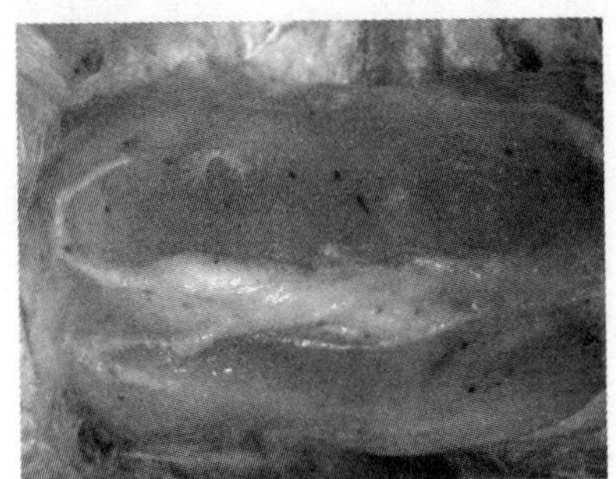

图 5.74 胸部肌肉上的点状出血，贫血

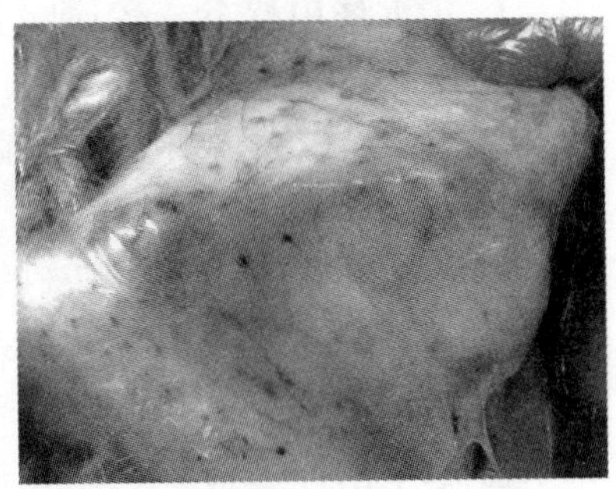

图 5.75 腿部肌肉上的点状出血

（2）肝、脾明显肿大，质脆易碎，血液稀薄、色淡；严重的肺脏两侧都充满血液；肾周围有大片血液，甚至部分或整个肾脏被血凝块覆盖。

（3）肠系膜、心肌、胸肌或肝、脾、胰等器官，有住白细胞原虫裂殖体增殖形成的针尖大或粟粒大，与周围组织有明显界限的灰白色或红色小结节（图 5.76，图 5.77）。

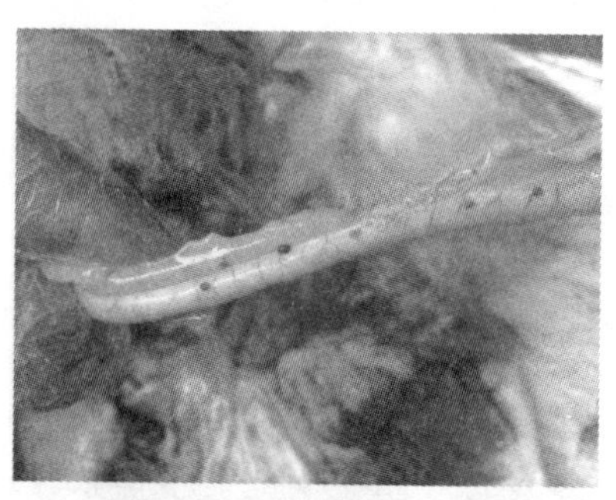

图 5.76　小肠浆膜面上隆起的结节性出血

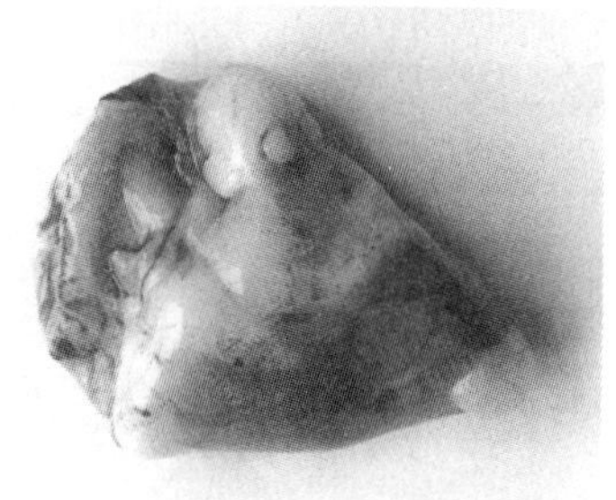

图 5.77　心尖上的灰白色结节

（三）防制措施

1. 消灭昆虫媒介，控制蠓和蚋　要抓好三点：一是要注意搞好鸡舍及周围环境卫生，清除鸡舍附近的杂草、水坑、畜禽粪便及污物，减少蠓、蚋滋生繁殖与藏匿；二是蠓和蚋繁殖季节，给鸡舍装配细眼纱窗，防止蠓、蚋进入；三是对鸡舍及周围环境，每隔 6～7 天，用 6%～7%的马拉硫磷溶液或溴氰菊酯、戊酸氰醚酯等杀虫剂喷洒 1 次，以杀灭蠓、蚋等昆虫，切断传播途径。

2. 尽早治疗　最好选用发病鸡场未使用过的药物，或同时使用两种有效药物，避免有抗药性而影响治疗效果。可用磺胺间甲氧嘧啶钠按 50～100 毫克/千克饲料，并按说明用量配合维生素 K_3 混合饮水，连用 3～5 天，间隔 3 天，药量减半后再连用5～

10天即可。

三、组织滴虫病

鸡组织滴虫病又称盲肠肝炎、鸡黑头病，是鸡的一种急性原虫病。主要特征是盲肠出血肿大，肝脏有扣状坏死溃疡灶。

（一）发病情况

病原为火鸡组织滴虫，为多样性虫体，大小不一。火鸡组织滴虫的生活史与异刺线虫和存在于鸡场土壤中的几种蚯蚓密切相关联。鸡盲肠内同时寄生着组织滴虫和异刺线虫，组织滴虫可钻入异刺线虫体内，在其卵巢中繁殖，异刺线虫卵可随鸡粪排到外界，成为重要的感染源，土壤中的蚯蚓吞食异刺线虫卵后，组织滴虫可随虫卵进入蚯蚓体内。当鸡吃到这种蚯蚓后，便可感染组织滴虫病。

鸡组织滴虫病常发生于2周龄至4月龄的鸡，散养优质肉鸡多见。本病的发生与盲肠内异刺线虫有关，蚯蚓作为搬运宿主具有传播作用。

（二）临床症状与病理变化

1. 临床症状 病鸡表现为精神不振，食欲减退，翅下垂，呈硫黄色下痢，或淡黄色或淡绿色下痢。病鸡头部皮肤发绀，变成紫黑色，故称黑头病。病鸡主要表现为盲肠和肝脏严重出血坏死。盲肠的一侧或两侧发炎、坏死，肠壁增厚或形成溃疡，有时盲肠穿孔、引起全身性腹膜炎，盲肠表面覆盖有黄色或黄灰色渗出物，并有特殊恶臭。有时这种黄灰绿色干酪样物充塞盲肠腔，呈多层的栓子样（图5.78，图5.79）。外观呈明显的肿胀和混杂有红灰黄等颜色。

2. 病理变化 肝脏肿大，表面有特征性扣状（榆钱样）凹陷坏死灶（图5.80，图5.81）。肝出现颜色各异、不整圆形稍有凹陷的溃疡状灶，通常呈黄灰色，或是淡绿色。溃疡灶的大小不等，一般为 1~2 厘米的环形病灶，也可能相互融合成大片的溃疡区。大多数感染鸡群通常只有剖检足够数量的病死鸡只，才能发现典型病理变化。

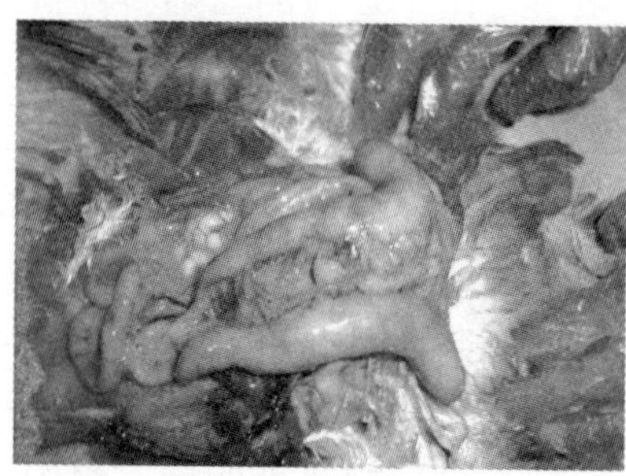

图 5.78　盲肠内形成黄色栓塞

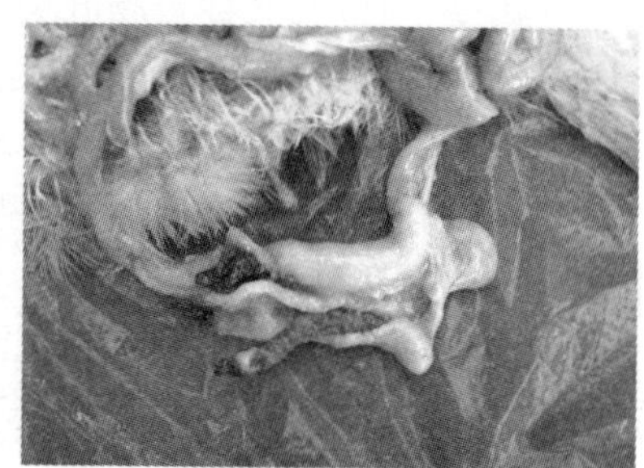

图 5.79　盲肠内形成的栓塞物

图 5.80　肝脏肿大，表面有扣状凹陷坏死灶

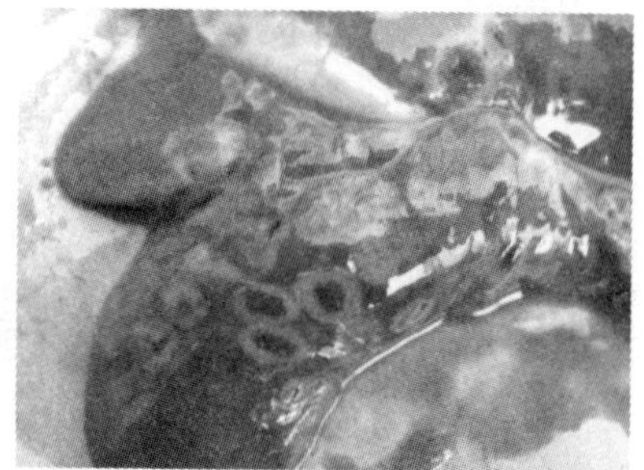

图 5.81　肝脏肿大，表面有榆钱样坏死灶

（三）防控措施

加强饲养管理，建议采用笼养方式。用伊维菌素定期驱除异刺线虫。发病鸡群用 0.1%的甲硝唑拌料，连用 5~7 天有效。

四、蛔虫病

鸡蛔虫病是由鸡蛔虫寄生于鸡小肠内引起的一种常见寄生虫病。该病常影响雏鸡的生长发育甚至引起大批死亡，严重影响养鸡业的发展。

（一）发病情况

鸡蛔虫是寄生在鸡体内最大的一种线虫，呈淡黄白色，头端有3个唇片。雄虫长26~27毫米，尾端向腹面弯曲，有尾翼和尾乳突；雌虫长65~110毫米，阴门开口于虫体中部，尾端钝直。虫卵呈深灰色，椭圆形，卵壳厚，新排出虫卵内含1个椭圆形胚细胞。

受精后的雌虫在鸡的小肠内产卵，卵随鸡粪排出体外。虫卵在适宜的温度和湿度等条件下，经1~2周发育为含感染性幼虫的虫卵，即感染性虫卵，其在土壤内6个月仍具感染力。鸡因吞食了被感染性虫卵污染的饲料或饮水而感染。幼虫在鸡胃内蜕掉卵壳进入小肠，钻入肠黏膜内，经一定时间发育后返回肠腔发育为成虫。从鸡吃入感染性虫卵到在鸡小肠内发育为成虫，需35~50天。除小肠外，在鸡的腺胃和肌胃内，有时也有大量虫体寄生。3~4月龄以内的雏鸡最易感染和发病，1岁以上的鸡多为带虫者。

（二）临床症状与诊断

1. 临床症状　有蛔虫的雏鸡常表现为生长发育不良，精神沉郁，行动迟缓，食欲减退，腹泻，有时粪中混有带血黏液，羽毛松乱，消瘦、贫血，黏膜和鸡冠苍白，最终可因衰弱而死亡。严重感染者可因肠堵塞导致死亡。成年鸡一般不表现出症状，但严重感染时表现腹泻、产蛋量下降和贫血等。

2. 诊断　流行病学资料和症状可做参考。饱和食盐水漂浮法检查粪便发现大量虫卵；或尸体剖检，在小肠或有时在腺胃和肌胃内发现有大量虫体可确诊。

（三）防控措施

预防本病须实施全进全出制度，鸡舍及运动场地面认真清理消毒，并定期铲除表土。由地面平养改为网上笼养，使鸡与粪便隔离，减少感染机会。料槽和水槽要定期消毒。及时清除粪便，堆积发酵，杀灭虫卵。做好鸡群的定期预防性驱虫，每年2~3次；发现病鸡，及时用药物治疗。驱虫药物可用：丙硫咪唑（抗蠕敏），每千克体重15~20毫克，一次性内服；左旋咪唑，每千克体重20~30毫克，一次性内服。

五、绦虫病

鸡绦虫病是由赖利属的多种绦虫寄生于鸡的十二指肠中引起的，常见的赖利绦虫有棘沟赖利绦虫、四角赖利绦虫和有轮赖利绦虫等三种。各种年龄的鸡均能感染，其他如火鸡、雉鸡、珍珠鸡、孔雀等也可感染，17~40日龄的雏鸡易感性最强，死亡率也最高。

（一）临床症状与病理变化

1. 临床症状 由于棘沟赖利绦虫等各种绦虫都寄生在鸡的小肠，用头节破坏了肠壁的完整性，引起黏膜出血、肠道炎症，严重影响消化功能。病鸡表现为下痢，粪便中有时混有血样黏液。轻度感染造成雏鸡发育受阻，成鸡产蛋量下降或停止。寄生绦虫量多时，可使肠管堵塞，肠内容物通过受阻，造成肠管破裂和引起腹膜炎。绦虫代谢产物可引起鸡体中毒，出现神经症状。病鸡还表现为食欲减退，精神沉郁，贫血，鸡冠和黏膜苍白，极度衰弱，两足常发生瘫痪而不能站立，最后因衰竭而死亡。

2. 病理变化 剖检可以从小肠内发现虫体。肠黏膜增厚，肠道有炎症，肠道有灰黄色的结节，中央凹陷，其内可找到虫体或黄褐色干酪样栓塞物。

（二）诊断

鸡绦虫病的诊断常利用尸体剖检法。剪开肠道，在充足的光线下，可发现白色带状的虫体或散在的节片。如把肠道放在一个较大的带黑底的水盘中，虫体就更易辨认。因绦虫的头节对种类的鉴定是极为重要的，因此要仔细寻找。剥离头节时，可用外科刀深割下那块带头节的黏膜，并在解剖镜下用两根针剥离黏膜。对细长的膜壳绦虫，必须快速挑出头节，以防其自解。

检出的绦虫成虫，可用下述方法处理后观察。

（1）将头节和虫体末端部的孕卵节直接（不需固定）放入乳酸苯酚液中，透明后在显微镜下观察。乳酸苯酚液的成分为乳酸 1 份，石炭酸 1 份，甘油 2 份，水 1 份。为了在高倍镜下检查头节上的小钩，可在载玻片上滴加一滴 Hoyer 液使头节透明。Hoyer 液的配制：在室温下依次加入 50 毫升蒸馏水，30 克阿拉伯胶，200 克水合氯醛和 20 克甘油。有时为了及时诊断，可用生理盐水或常水做成临时的头节压片，可立即做出鉴定。

（2）取成熟节片直接（不经固定）置于醋酸洋红液中染色 4~30 分钟，移入乳酸苯酚液中透明，然后在显微镜下观察。醋酸洋红液的配制法：用 45%醋酸配制的洋红饱和溶液 97 份，再加用冰醋酸配制的醋酸铁饱和液 3 份。此液需现用现配。

虫种的鉴别，还需要测量节片的长度和宽度，头节（在高倍镜下）顶突或吸盘钩（在油镜下），以及虫卵的大小和六钩蚴的钩长（在高倍镜下）。

通过对活鸡的粪检可找到白色小米粒样的孕卵节片。某些绦虫（如膜壳绦虫）的虫卵可散在于粪便的涂片中。

（三）防制措施

1. 治疗　当鸡发生绦虫病时，必须立即对全群进行驱虫。常用的驱虫药有：硫双二氯酚（别丁），每千克体重 150~200 毫克，以 1∶30 的比例与饲料配合，一次投服；氯硝柳胺（灭绦灵)，每千克体重 50~60 毫克，一次投服；吡喹酮，按每千克体重 10~15 毫克，一次投服，可驱除各种绦虫；丙硫苯咪唑，按每千克体重 10~20 毫克，一次投服；氟苯哒唑，鸡按 3×10^{-5} 浓度混入饲料，对棘沟赖利绦虫有效；羟萘酸丁萘脒，鸡按每千克体重 400 毫克，一次投服，对赖利绦虫有效。

2. 预防　由于鸡绦虫在其生活史中必须要有特定种类的中间宿主参与，因此预防和控制鸡绦虫病的关键是消灭中间宿主，从而中断绦虫的生活史。集约化养鸡场，采取笼养的管理方法，使鸡群避开中间宿主，这可以作为易于实施的预防措施。使用杀虫剂消灭中间宿主是比较困难的。

六、鸡虱

(一) 病原和危害

鸡虱有短角羽虱科和长角羽虱科的羽虱，羽虱主要靠咬食羽毛基鞘、细羽绒、皮羽碎屑及吸吮血液为生，感染鸡表现为烦躁不安、发痒、消瘦、生产性能下降。

每一种羽虱均有一定的宿主与一定的寄生部位，但一只鸡常被数种羽虱寄生。常见的鸡羽虱有：

(1) 长羽虱，又称鸡翅虱，寄生于鸡翅羽毛下面，体细长。

(2) 鸡圆羽虱，又称鸡绒毛虱，寄生于鸡背部、臀部的绒毛上，体形较小。

(3) 鸡角羽虱，又称大圆羽虱，寄生于鸡体各部，但以肛门附近为最多，严重时在胸、背和翼下也可见到，体形较大。

(4) 鸡头虱，又称异形圆腹虱，寄生于雏鸡的头颈部。

(5) 鸡羽干虱，又称鸡羽虱，寄生于鸡的羽干上。

(6) 草黄鸡体虱，又称鸡体虱，寄生于鸡羽毛较稀的皮肤上。

（二）临床症状

（1）病鸡奇痒，不安，影响休息和采食，因啄痒而伤及皮肤，羽毛脱落，严重时可啄破皮肤、肌肉，消瘦，贫血，雏鸡生长发育明显受阻，蛋鸡产蛋量明显下降。

（2）鸡头虱对雏鸡的危害相当严重，可使雏鸡的生长发育停止，甚至引起死亡。

（三）治疗方法

1. 溴氰菊酯　2.5%溴氰菊酯粉剂配成0.3%的水溶液，喷雾鸡体或药浴，隔7~10天再使用1次。

2. 蝇毒磷　配成0.25%水溶液，喷雾鸡体或药浴。

3. 药浴法和沙浴法

（1）药浴法：将配成一定浓度的药液放在缸中，先浸透鸡的躯体，再捏住鸡嘴浸一下鸡头，把鸡提起，等鸡身上药液稍流干后，将鸡放掉。最后将多余的药液喷洒鸡舍。

（2）沙浴法：在鸡的运动场中建一方形浅池，每100千克细沙中加入10千克硫黄粉或0.05千克除虫菊粉，充分混匀，铺成10~20厘米厚度，让鸡自行沙浴，效果较好，适用于平养鸡。

七、鸡膝螨病

鸡膝螨病是由疥癣虫引起的病害，常表现为脱羽痒症和石灰腿症两种病症。

（一）发病情况

病原属蛛形纲，同蜘蛛一样有8条腿。虫体很小，一般为0.3~1毫米，肉眼不易看清。常见的有鸡刺皮螨、突变膝螨和鸡膝螨等。雌虫近圆形，足极短；雄虫卵圆形，足较长。其中突变膝螨雄虫长0.19~0.20毫米，宽0.12~0.13毫米；雌虫长0.41~0.44毫米，宽0.33~0.38毫米。鸡膝螨较小，体长0.3毫米左右。

鸡刺皮螨白天潜伏于墙壁、笼架等缝隙中，并在这些地方产卵和繁殖；夜晚爬到鸡体上叮咬吸血，每次1小时以上，吸饱后离开。突变膝螨寄生于鸡趾和胫部皮肤鳞片下面，鸡膝螨寄生于鸡羽毛根部皮肤上，二者生活史相似，全部在鸡身上进行；成虫在皮肤挖洞，在隧道中产卵，孵化幼虫，再蜕化后发育为成虫。

鸡遭大量刺皮螨侵袭时，日渐贫血、消瘦。成年鸡产蛋量降低；雏鸡生长发育受阻，失血严重时可引起死亡。鸡膝螨多沿羽毛侵入皮肤，寄生在羽毛根部，引起发炎。多见于鸡的背部、翅部、臀部、股部等部位，局部剧痒，脱羽，故称脱羽痒症。病鸡啄拔羽毛，致使羽毛脱落，皮肤发红，在皮肤上形成赤裸裸的斑点，触摸时有脓疱感觉。

鸡石灰腿症的病原为突变膝螨，寄生于鸡腿部下方无羽毛的鳞片内层，引起皮肤发炎。病鸡表现有剧痒之感，蹭伤患部时，易出血或有渗出物，干涸后会形成一层白色痂皮，像涂上了一层石灰，故称石灰腿症。患病鸡行走困难，有时出现走飞交替现象。严重时影响采食和生长发育。

（二）防制措施

鸡的脱羽痒症和石灰腿症两种病症都是通过接触传染，多在平养密集条件下发生。鸡群一旦感染此病，便会很快蔓延全群。因此，如果发现病鸡应立即隔离治疗，对新购入的鸡要严格检查。

（1）鸡刺皮螨：用0.5%敌百虫水喷洒鸡笼设备。舍内墙缝、角落先喷洒0.5%敌百虫水，再用0.5%敌百虫加石灰浆刷堵墙缝。舍内清除出的垫料等杂物，能烧掉的烧掉，不能烧掉的用0.5%敌百虫水浇透，远离鸡舍。隔1周，再重复处理1次。

（2）鸡脱羽痒症：用阿维菌素按有效成分0.3毫克/千克体重拌料喂服。或取松焦油1份、硫黄1份、软肥皂2份、0.5%乙醇2份，混合调匀涂搽患部。也可用10%硫黄软膏涂搽治疗。

(3) 鸡石灰腿症：将患部浸入温水或肥皂水中，使痂皮软化，然后刷去痂皮，待干后涂上一层煤油，每日 1 次，7 天为 1 个疗程。胺丙畏配成 0.05%浓度浸泡“石灰脚”。或清除痂皮后涂搽 10%硫黄软膏，每天 2 次，连用 3~5 天。

第四节　常见代谢类疾病的防制

一、痛风

鸡痛风病是由于鸡机体内蛋白质代谢发生障碍，使大量的尿酸盐蓄积，沉积于内脏或关节而形成的高尿酸血症。临床上以消瘦、关节肿大、运动障碍、消瘦和衰弱等症状为特征。主要特征是大量尿酸和尿酸盐在内脏器官或关节中沉积。

(一) 发病原因

1. 饲料蛋白量过高　主要指大量饲喂富含核蛋白和嘌呤碱的蛋白质饲料。这些饲料是动物内脏（肝、脑、肾、胸腺、胰腺)、肉屑、鱼粉、大豆、豌豆等。有两位学者曾在火鸡的饲料中加入去脂肪的马肉和 5%尿素，使饲料中蛋白质含量达 40%，结果产生了痛风；又有人试验，当日粮中蛋白质含量占 38%时，也引起幼火鸡的痛风，而把蛋白质的含量降至 20%时，痛风则停止发病，病火鸡逐渐康复。

2. 饲料含钙或镁过高　如有的养殖场（户）用蛋鸡料喂肉鸡，引起痛风；有的补充矿物质用石灰石粉，也引起痛风，这是由于含镁量过高，病鸡血清经化验分析，含钙 8~11 毫克/100 毫升，无机磷 6~11 毫克/100 毫升，而镁达 4~12 毫克/100 毫升(正常为 1.8~3 毫克/100 毫升)。

3. 缺乏维生素 A　日粮中长期缺乏维生素 A，可发生痛风性肾炎，病鸡呈现明显的痛风症状。若是种鸡，所产的蛋孵化出的雏鸡往往易患痛风，在 20 日龄时即提前出现病症，而一般是在 110~120 日龄。

4. 肾功能不全 凡是能引起肾功能不全（肾炎、肾病等）的因素皆可使尿酸排泄障碍，导致痛风。如磺胺类药中毒，引起肾损害和结晶的沉淀；慢性铅中毒、石炭酸、升汞、草酸、霉玉米等中毒，引起肾病；家禽患肾病变型传染性支气管炎、传染性法氏囊病、禽腺病毒鸡包涵体肝炎和鸡产蛋下降综合征-76（EDS-76）等传染病；患雏鸡白痢、球虫病、盲肠肝炎等寄生虫病；以及患淋巴性白血病、单核细胞增多症和长期消化紊乱等疾病过程，都可能继发或并发痛风。

5. 管理因素 饲养在潮湿和阴暗的鸡舍、密集的管理、运动不足、日粮中维生素缺乏和衰老等因素皆可能成为促进本病发生的诱因。另外，遗传因素也是致病原因之一，如新汉普夏鸡就有关节痛风的遗传因子。

（二）临床症状与病理变化

1. 临床症状 患病鸡开始无明显症状，以后逐渐表现为精神萎靡，食欲减退，消瘦，贫血，鸡冠萎缩、苍白；泄殖腔松弛，不自主地排白色稀便（图 5.82），污染泄殖腔下部羽毛；关节型痛风，可见关节、脚垫肿胀（图 5.83），有白色尿酸盐沉积。瘫痪；幼雏痛风，出壳数日到 10 日龄，排白色粪便。

2. 病理变化 病死鸡肾脏（图 5.84，图 5.85）、心包（图 5.86）、腹部（图 5.87）等覆盖一层白色尿酸盐，似石灰样白膜；肾脏肿大、苍白，肾脏肿大 3~4 倍。肾小管内被沉积的灰白色尿酸盐扩张，单侧或两侧输尿管扩张变粗，输尿管中有石灰样物流出，有的形成棒状痛风石而阻塞输尿管。关节内充满白色黏稠液体，严重时关节组织发生溃疡、坏死。

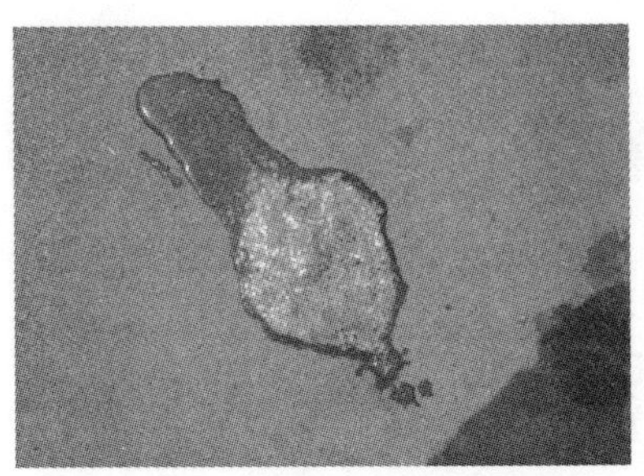

图 5. 82　夹杂有白色尿酸盐的粪便

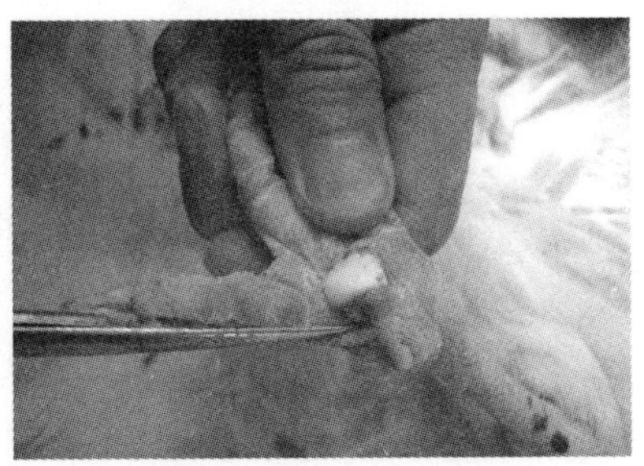

图 5. 83　脚垫肿胀，有白色尿酸盐沉积

图 5. 84　肾脏表面的尿酸盐沉积

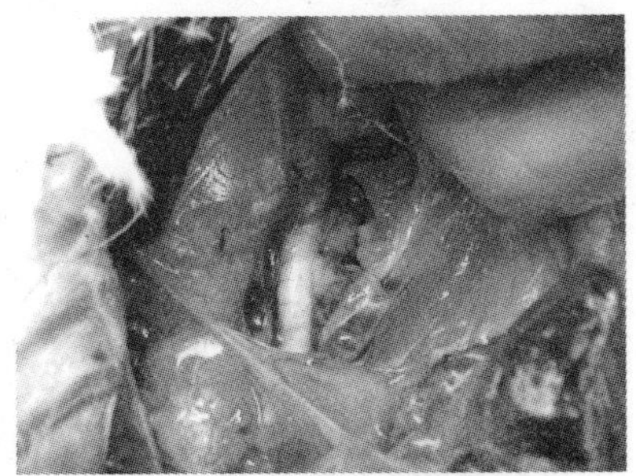

图 5. 85　肾脏肿胀，输尿管增粗

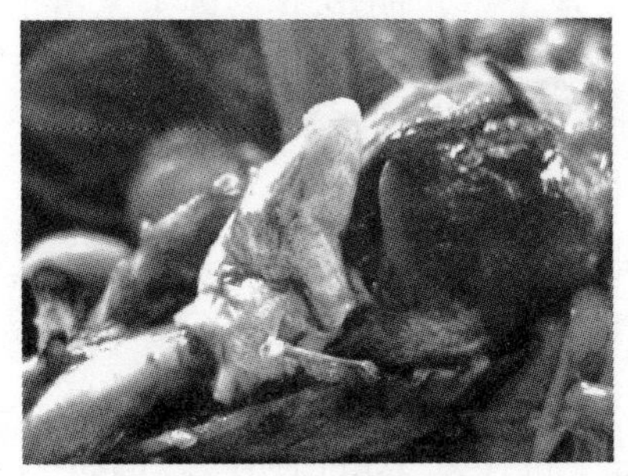

图 5. 86　心包内大量尿酸盐沉积

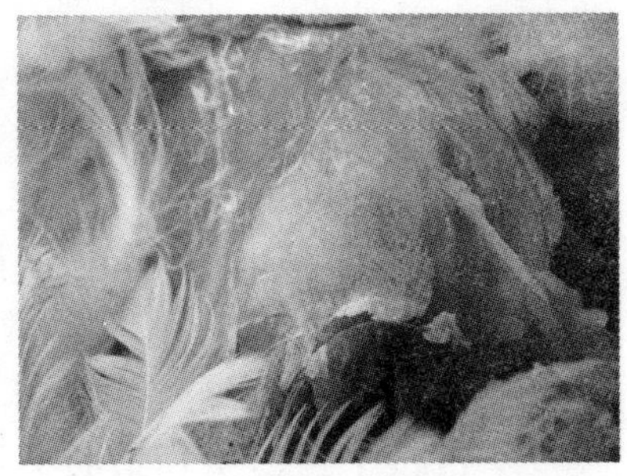

图 5. 87　腹部脂肪上的尿酸盐沉积

（三）防制措施

加强饲养管理，保证饲料的质量和营养的全价，尤其不能缺乏维生素 A；做好诱发该疾病的防治工作；不要长期使用或过量使用对肾脏有损害的药物及消毒剂，如磺胺类药物、庆大霉素、卡那霉素、链霉素等。

治疗过程中，降低饲料中蛋白质的水平，饮水中加入电解多维，给予充足的饮水，停止使用对肾脏有损害作用的药物和消毒剂。饲料和饮水中添加阿莫西林、人工补液盐等，连用 3~5 天，可缓解病情。使用清热解毒、通淋排石的中药方剂，也有较好疗效。

二、鸡维生素 A 缺乏症

鸡维生素 A 缺乏症是由于日粮中维生素 A 供应不足或消化吸收障碍，引起的以黏膜、皮肤上皮角化变质，生长停滞，眼干燥症和夜盲症为主要特征的营养代谢性疾病。

（一）发病原因

1. 日粮中缺乏维生素 A 或胡萝卜素（维生素 A 原） 禽类体内没有合成维生素 A 的能力，体内所有的天然维生素 A 都来源于维生素 A 原。各种青饲料（青干草、胡萝卜、黄玉米等）都含有丰富的维生素 A 原。另一种维生素 A 原是隐黄素，是黄色玉米中的类胡萝卜素。但在米糠、麸皮、棉籽、亚麻籽、马铃薯、白萝卜及麦草等饲料中，几乎不含维生素 A 原。

2. 饲料调制加工不当 饲料经过长期贮存、烈日暴晒、高温处理等，皆可使其中脂肪酸败变质，加速饲料中维生素 A 类物质的氧化分解过程，导致维生素 A 缺乏。

3. 日粮中蛋白质和脂肪不足 机体处于蛋白质缺乏的状态下，不能合成足够的视黄醛结合蛋白质去运送维生素 A；脂肪不足会影响维生素 A 类物质在肠中的溶解和吸收。因此，当蛋白质

和脂肪不足时，即使在维生素 A 足够的情况下，也可发生功能性的维生素 A 缺乏症。

4. 维生素 A 的需要量增加　根据美国 NRC（美国科学院全国研究理事会）饲养标准，配合饲料中维生素 A 的含量：雏鸡和肉鸡为 1 500 国际单位/千克，产蛋鸡、种鸡及火鸡为 4 000 国际单位/千克，鹌鹑为 5 000 国际单位/千克。由于当前生产的配合饲料不能满足鸡对维生素的需要，许多学者认为，鸡维生素 A 的实际需要量应高于 NRC 标准。另外，胃肠吸收障碍，发生腹泻或其他疾病，使维生素 A 消耗或损失过多；肝病使其不能利用及储藏维生素 A，皆可引起维生素 A 缺乏。

（二）临床症状与病理变化

1. 临床症状　维生素 A 缺乏时，主要表现为喙和脚趾部皮肤黄色消失，病鸡眼中流出黄色分泌物，眼睛被分泌物粘在一起，严重时眼内有干酪样分泌物，造成角膜软化和穿孔，最后导致失明。剖检，以消化道黏膜肿胀、角质化为特征。

（1）幼鸡和初生蛋的新母鸡：常易发生维生素 A 缺乏症。鸡一般发生在 6~7 周龄。若 1 周龄的鸡发病，则与母鸡缺乏维生素 A 有关。成年鸡通常在 2~5 个月内出现症状。

（2）雏鸡：主要表现为精神委顿，衰弱，运动失调，羽毛松乱，生长缓慢，消瘦。喙和小腿部皮肤的黄色消退。流泪，眼睑内有干酪样物质积聚，常将上下眼睑粘在一起，角膜混浊不透明，严重的角膜软化或穿孔，失明。口腔黏膜有白色小结节或覆盖一层白色的豆腐渣样的薄膜，剥离后黏膜完整并无出血溃疡现象。有些病鸡受到外界刺激即可引起阵发性的神经症状，头颈扭转，做圆圈式扭头并后退和惊叫，此症状发作的间隙期尚能吃食。

（3）成年鸡，发病呈慢性经过，主要表现为食欲不佳，羽毛松乱，消瘦，爪、喙色淡，冠白有皱褶，趾爪蜷缩，两肢无力，步态不稳，往往用尾支地。母鸡产蛋量和孵化率降低。公鸡性机能降低，精液品质退化。鸡群的呼吸道和消化道黏膜抵抗力降低，易感染传染病等多种疾病，使死亡率增高。有些病鸡也可出现从眼睑和鼻孔流出透明或混浊的黏稠性渗出物，与雏鸡相似症状。

2. 病理变化

（1）严重维生素 A 缺乏可引起小鸡肾功能障碍，尿酸盐正常排泄受阻，血液中尿酸含量升高，肾和输尿管内有白色尿酸盐沉着，肾灰白并有纤细白线状的网，甚至输尿管极度扩大，心脏、肝、脾均有尿酸盐沉着。

（2）该病的病变主要特点是：眼、口、咽、消化道、呼吸道和泌尿生殖器官等上皮的角质化，肾及睾丸上皮的退行性变化。有的中枢神经系统也见退行性变化。

（3）病鸡口腔、咽喉黏膜上散布有白色小结节或覆盖一层白色的豆腐渣样的薄膜，剥离后黏膜完整并无出血溃疡现象，此点可与鸡白喉区别。呼吸道黏膜被一层鳞状角化上皮代替，鼻腔内充满水样分泌物，液体流入副鼻窦后，导致一侧或两侧颜面肿胀，泪管阻塞或眼球受压，视神经损伤。严重病例角膜穿孔，肾呈灰白色，肾小管和输尿管充塞着白色尿酸盐沉积物，心包、肝和脾表面也有尿酸盐沉积。

（三）防制措施

1. 治疗 首先要消除病因。对病鸡用维生素 A 治疗，剂量为日维持需要量的 10~20 倍。可投服鱼肝油，每只每天喂 1~2 毫升，雏鸡则酌情减少。对发病的大群鸡，可在每千克饲料中拌入 2 000~5 000 国际单位的维生素 A。或补充含有抗氧化剂的高含量维生素 A 的饲用油，日粮约补充 11 000 国际单位/千克。在短期内给予大剂量的维生素 A，对急性病例疗效迅速而安全，但慢性病例不可能完全康复。由于维生素 A 不易从机体内迅速排

出，注意防止长期过量使用引起中毒。

2. 防制 鸡因消化道内微生物少，大多数维生素在体内不能合成，必须从饲料中摄取。因此要根据鸡的生长与产卵不同阶段的营养要求特点，调节维生素、蛋白质和能量水平，保证其生理和生产需要。目前有些学者认为鸡维生素 A 的实际需要量应高于美国 NRC 饲养标准。

由于维生素 A 或胡萝卜素存在于油脂中而易被氧化，因此饲料放置时间过长或预先将脂式维生素 A 掺入饲料中，尤其是在大量不饱和脂肪酸的环境中更易被氧化。鸡只易吸收黄色及橙黄色的类胡萝卜素，所以黄色玉米和绿叶粉等富含类胡萝卜素的饲料可以增加蛋黄和皮肤的色泽，但这些色素随着饲料的贮存时间延长也易被破坏。因此，在防制上要注意避免。

三、鸡维生素 D 缺乏症

维生素 D 是鸡正常骨骼、喙和蛋壳形成中所必需的物质。因此，当日粮中维生素 D 供应不足、光照不足或消化吸收障碍等皆可致病，使鸡的钙、磷吸收和代谢障碍，发生以骨骼、喙和蛋壳形成受阻为特征的维生素 D 缺乏症。

（一）发病原因

1. 日粮中维生素 D 缺乏 按 NRC 标准：肉鸡日粮需维生素 D_3 400 国际单位/千克；蛋鸡为 200 国际单位/千克；种用蛋鸡为 500 国际单位/千克。1 国际单位相当于 0.025 微克结晶维生素 D_3 或 10 微克结晶维生素 D_3 相当于 400 国际单位维生素 D。在生产实践中要根据实际情况灵活掌握维生素 D 用量，否则，易造成缺乏症或过多症。

2. 日光照射不足 维生素 D 种类很多，均系类固醇衍生物，其中以维生素 D_2（麦角钙化醇）和 D_3（胆钙化醇）较为重要和实用。对鸡补充维生素 D_3，主要来源靠日光照晒和脂肪内的 7-

脱氢胆固醇转变而成。维生素 D_3 在植物性饲料中含量很少，在动物中以鱼肝油含量最丰富，其次为牛奶、动物肝及蛋黄中较多。对鸡用鱼肝油防治维生素 D 缺乏症，通常不如用维生素 D_3 有效果。

3. 消化吸收功能障碍等因素 消化吸收功能障碍严重地影响维生素 D 的吸收，也能造成维生素 D 缺乏症。另外，饲粮中钙磷比例适宜，需要维生素 D 量减少；饲粮中磷不足或钙过量，则需摄入大量的维生素 D 才能平衡钙磷元素的代谢。

4. 其他 患有肾、肝疾病时，维生素 D_3 羟化作用受到影响而易发病。

（二）临床症状与病理变化

1. 临床症状

（1）鸡维生素 D 缺乏时主要表现为两腿畸形，无力，站立不稳，常以跗关节蹲伏。蛋鸡产薄壳、无壳蛋，肋骨和肋软骨连接处明显肿大并形成圆形结节，呈串珠状，长骨脆而易骨折，胸骨变软呈 S 状弯曲。

（2）雏鸡或雏火鸡通常在 2~3 周龄时出现明显的症状，除了生长迟缓、羽毛生长不良外，主要表现为以骨骼极度软弱为特征的佝偻病。其喙与爪变柔软，行走极其吃力，躯体向两边摇摆，不稳定地移行几步后即以跗关节伏下。

（3）产蛋母鸡往往在缺乏维生素 D 2~3 个月才开始出现症状。产薄壳蛋和软壳蛋的数量显著地增多。随后产蛋量明显减少，孵化率同时也明显下降，这是由于鸡胚中钙缺乏的结果。产蛋量和蛋壳的硬度下降一个时期之后，接着会有一个相对正常时期，可能循环反复，形成几个周期。有的母鸡可能出现暂时性的不能走动，常在产一个无壳的蛋之后即能复原。病重母鸡表现出像“企鹅型蹲着”的特别姿势，以后鸡喙、爪和龙骨渐变软，胸骨常弯曲。胸骨与脊椎骨接合部向内凹陷，产生肋骨沿胸廓呈

内向弧形的特征。

2. 病理变化

(1) 因维生素 D 缺乏症病死的雏鸡，其最特征的病理变化是肋骨与脊椎连接处出现串珠状，肋骨向后弯曲。在胫骨或股骨的骨骺部可见钙化不良。劈开的骨头浸入硝酸银溶液内，在火焰上固定几分钟，则钙化区与非钙化的软骨区即易分别开来。

(2) 成年产蛋和种用的鸡或火鸡死于维生素 D 缺乏症时，其尸体剖检所见的特征性病变局限于骨骼和甲状旁腺。骨骼软而容易折断，在肋骨内侧面的硬软肋连接处出现明显的串珠状结节。

(三) 防制措施

首先要根据临诊症状、尸体剖检的病理变化，通过调查病史、分析日粮配方等，找出病因，针对病因采取有力措施。并且对病鸡单独一次过大剂量喂给 15 000 国际单位/只的维生素 D，比应用大剂量维生素 D 加入饲料中饲喂能更快地收到疗效。如若对雏鸡和生长鸡预防性地给予维生素 D，应根据维生素 D 缺乏的程度给予适宜的量，防止过大剂量加入饲料内引起中毒。

四、鸡维生素 E 缺乏症

维生素 E 缺乏能引起小鸡脑软化症、渗出性素质和肌肉萎缩症；火鸡跗关节肿大和肌肉萎缩；鸭肌肉萎缩症等多种疾病，但它的缺乏症往往和硒缺乏症有着密切的联系。日粮供应量不足或饲料贮存时间过长是诱发本病的主要原因。

病鸡主要表现为脑软化，渗出性素质，白肌病，种鸡出现受精率、孵化率降低。剖检小脑出现软化、水肿、出血、坏死，腹部皮下胶样浸润，心包积液，心脏扩张，胸肌苍白呈水煮样并有灰白色条纹。

在临诊实践中，维生素 E 缺乏症与硒缺乏往往同时发生，脑软化、渗出性素质和肌营养不良常交织在一起，可以在用维生素E的同时也用硒制剂进行防治。对雏鸡出血性素质和肌营养不良治疗，于每千克饲料中加维生素E 20国际单位（或0.5%植物油），连用14天；或每只雏鸡单独一次口服维生素E 300国际单位，都有防治作用，若同时在每千克饲料内加入亚硒酸钠0.2毫克、蛋氨酸2～3克更能收到良好疗效。此类病若不及时治疗，则可造成急性死亡。维生素E仅对轻症的小鸡脑软化症和火鸡跗关节肿大病例有一定的治疗效果。

第五节　常见综合征的防制

一、气囊炎

气囊炎的发生在近几年较为普遍和频繁，特别是肉鸡方面更为严重，一些养殖密集地区呈现发病重、病程长、致死率高、难以治疗的特点，特别是15日龄至出栏阶段比较常见，秋末冬初至来年春天这个时间，更为常见。

首先应该指出的是，气囊炎只是一个症状，而并不是一个独立的病。现在，有不少兽医，在临床诊断时往往把发生气囊炎后的病简单地以气囊炎命名之，这一是说明我们对气囊炎本质问题的认识上有欠缺，二是对养殖户有搪塞的嫌疑。必须明白，气囊炎只是由于一些因素导致气囊发炎的一种表现，引起气囊炎的原因有很多。

（一）常见的病原

（1）流感病毒，致使气囊炎症。流感病毒是近年来发生气囊炎的一个主导性病原，也是这些年气囊炎发病严重的一个主要原因。应该指出的是，现阶段流感病毒的危害比较严重，特别是

温和型流感更加普遍。不过，H5 流感病毒对鸡群的危害更加严重，以前 H5 侵害蛋鸡比较常见，近几年 H5 在肉鸡上的危害也时常见到，这是我们应该重视的。

（2）大肠杆菌，也是导致气囊炎发病的常见病原。有人说大肠杆菌和霉形体是姊妹病，有一种病原发病，另一种病原即可被激发起来导致发病，不无道理。

（3）支原体（霉形体），是导致气囊炎的最常见病原。单纯支原体发病，发生气囊炎的程度较轻，一般采取治疗有比较客观的效果，但恢复后遇到一些诱因出现和机体抵抗力下降时易复发。支原体是导致呼吸道病发生的基础病。

（4）传染性支气管炎病毒。十几天内发病的病例，发病率高、死亡率高、危害较大，气囊炎的发生比较严重，也经常导致支气管干酪样堵塞现象，给养殖造成很大影响。

（5）曲霉菌病。鸡的曲霉菌病导致肺部和气管瘀血、发黑发紫、灰白色，质地变硬，切面坏死，气囊发生炎症表现气囊混浊，有霉菌结节形成。

此外，这几年鼻气管鸟疫杆菌的发病，在一些地区屡有报道，引起的气囊炎和肺炎现象比较严重，会导致心肺和气囊的炎性渗出，也是需要引起注意的一种重要传染病。

（二）环境、管理因素

（1）气候因素。气囊炎的发生主要集中于每年的 10 月至翌年的 5 月，这个时间段或是气候温差变化较大，或是室外气温较低，室内外温差较大，管理容易出问题。温差变化大极容易因为管理不当而造成冷应激，这也是造成呼吸道病发病的诱因之一。

（2）通风、密度和湿度的问题。养殖密度过大，长期不消毒，不定期清粪，通风不良，粉尘过多，室内空气质量下降，湿度小，呼吸道疾病发生概率增大，同时病原微生物通过呼吸侵入气囊而引起气囊炎。

（3）免疫抑制病的存在也是发生气囊炎的一个诱因。由于一些免疫抑制病如网状内皮增生症、马立克病、白血病、传染性贫血、传染性法氏囊炎等的存在，导致呼吸道黏膜免疫系统的免疫力下降，而使得一些病原容易侵入呼吸系统而导致气囊炎的发生。

（三）临床症状与病理变化

1. 临床症状　发生气囊炎时，鸡群呼吸急促甚至张口呼吸，皮肤及可视黏膜瘀血，外观发红、发紫，精神沉郁，死亡率上升。

2. 病理变化　剖检见患气囊炎病鸡，气囊混浊呈云雾状、泡沫样（图 5. 88），有严重的干酪样物质渗出（图 5. 89）；严重病例，气囊变成一个外观看似实体器官的瘤状物，打开可以见到干酪样物质充满其中。气囊增厚，气囊上的血管变粗。同时伴发心包炎，肝周炎；心包积液，有时出现胸腔积液（图 5. 90）。

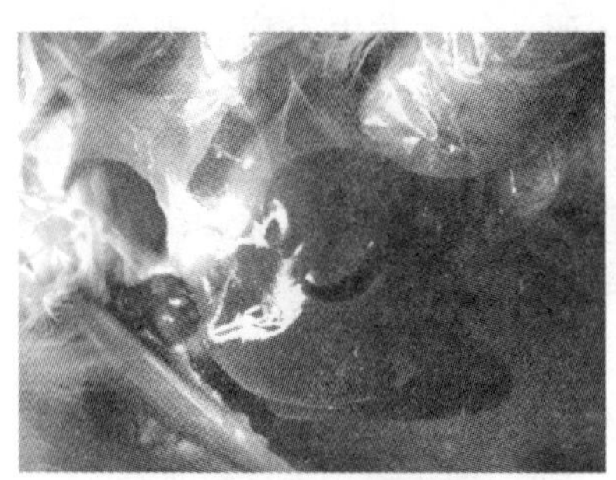

图 5. 88　气囊混浊

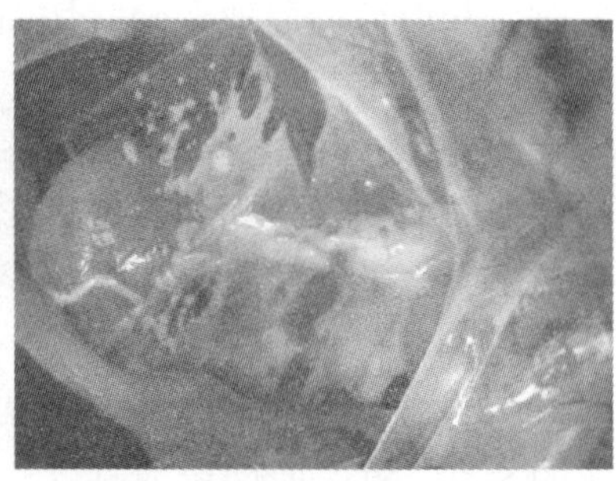

图 5. 89　气囊变厚，有黄色干酪样物

（四）防控措施

要对气囊炎进行有效的治疗，首先应搞明白发生气囊炎的原因。如果只对气囊炎本身采取措施，不会取得很好的效果。

1. 治疗的基本原则

（1）消除病因，对症治疗。针对气囊炎发生的原因采取相

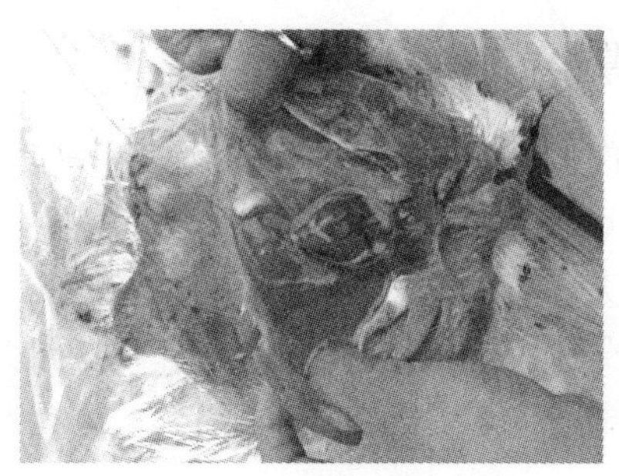

图 5.90　心包炎，胸腔积液

应的措施，如抗病毒、抗菌消炎，清热、化痰、平喘等。改善饲养环境，处理好通风与保温的矛盾。

（2）加强饲养管理。生物安全措施的实施是防止传染病的根本措施。

（3）控制好免疫抑制性疾病的发生。这是控制气囊炎发生的一个重要方面。

（4）采取综合措施。不要只强调对气囊炎的单纯治疗，应重视对因治疗和全身治疗。

2. 用药方案

（1）通过注射、饮水、拌料等途径治疗气囊炎，药物的吸收难以达到有效的血药浓度，对气囊上的微生物很难杀死，因此效果不很可靠。所以，在药物选择上，应该选用组织穿透能力强、血液浓度高、敏感程度高的药物作为首选药物。

（2）使用气雾法用药能够使药物直达病灶，对气囊上的微生物予以直接杀灭。但气雾法用药应使用能调节雾滴粒子大小的专门的气雾机来进行，适宜大小的雾滴能够穿透肺脏而直达气囊。

二、肌腺胃炎

近几年来，肉鸡生产中出现了一种以生长发育不良、整齐度差、腺胃肿大如乒乓球，腺胃黏膜溃疡、脱落，肌胃糜烂为主要特征的传染病，大家习惯上称作传染性腺胃炎，目前没有确切的定论。发病后，没有特效的药物治疗，有一些治疗组方也只能缓解病情，很难在短时间内彻底治愈。鸡场一旦感染本病，损失严重。

（一）发病情况

（1）腺胃炎可发生于不同品种、不同日龄的肉鸡。无季节性，一年四季均可发生，但以秋、冬季最为严重，多散发。流行广，传播快。在 7~10 日龄各品种雏鸡易感中，育雏室温度较低的鸡群更易发病，死亡率低，发病后其继发大肠杆菌、支原体、新城疫、球虫、肠炎等疾病，而引起死亡率上升。

（2）该病的发生可能有比较大的局限性（即发病多集中在一个地理区域）。可通过空气飞沫传播或经污染的饲料、饮水、用具及排泄物传播，与感染鸡同舍的易感鸡通常在 48 小时内出现症状。

（3）该病是一种综合征，也是一种“开关”式疾病，病因复杂。该病的病原多是呈垂直传播的或污染马立克疫苗或鸡痘疫苗而传播的，在良好饲养管理下（无发病诱因时）不表现临床症状或发病很轻。当有发病诱因时，鸡群则表现出腺胃炎的临床症状；诱因越重越多，腺胃炎的临床症状表现越重，诱因起到了“开关”的作用。

（二）主要病因

1. 非传染性因素

（1）日粮中所含的生物胺（组胺、尸胺、组氨酸等）：日粮

原料如堆积的鱼粉、玉米、豆粕、维生素预混料、脂肪、禽肉粉和肉骨粉等含有高水平的生物胺，这些生物胺都会对机体有毒害作用。

(2) 饲料条件诱因：饲料营养不平衡（主要是饲料粗纤维含量高），以及蛋白低、维生素缺乏等都是发病的诱因。

(3) 霉菌、毒素类：镰孢霉菌产生的 T2 毒素具有腐蚀性，可造成腺胃、肌胃和羽毛上皮黏膜坏死；桔霉素是一种肾毒素，能使肌胃出现裂痕；卵孢毒素能使肌胃、腺胃相连接的峡部环状面变大、坏死，黏膜被假膜性渗出物覆盖；圆弧酸可造成腺胃、肌胃、肝脏和脾脏损伤，腺胃肿大，黏膜增生，溃疡变厚，肌胃黏膜出现坏死。

2. 传染性因素

(1) 鸡痘。尤其是眼型鸡痘（以瞎眼为特征的），是腺胃炎发病很重要的病因。临床发现，每年秋季的北方，是鸡痘发病比较严重的季节，腺胃炎发病也非常严重，很多鸡群都是先发生了鸡痘，后又继发腺胃炎，造成很高的死亡率，并且药物治疗无效。

(2) 不明原因的眼炎。如传染性支气管炎、各种细菌、维生素 A 缺乏或通风不良引起的眼炎，都会导致腺胃炎的发生。

(3) 一些垂直传播的病原或污染了特殊病原的马立克病疫苗，很可能是该病发生的主要病原。如鸡网状内皮增生症、鸡贫血因子等。

（三）临床症状与病理变化

1. 临床症状　本病潜伏期内，鸡群的精神和食欲没有明显变化，仅表现为生长缓慢和打盹。感染后，初期症状表现为缩头垂尾，羽毛蓬乱（图 5.91），有呼吸道症状如咳嗽、张口呼吸、有啰音，有的甩头，欲甩出鼻腔和口中的黏液，流眼泪、眼水肿，大群内可听见呼噜声；发病中后期，呼吸道症状基本消失，表现为精神沉郁，畏寒，闭眼呆立，给予惊吓刺激后迅速躲开，缩头垂尾，乍毛，采食和饮水急剧减少，个别病鸡眼结膜混浊不清，有的出现失明而影响采食。病鸡饲料转化率降低，排出白色、白绿色、黄绿色稀粪，油性鱼肠子样或烂胡萝卜样，少数病鸡排出绿色粪便，粪便中有未消化的饲料和黏液（图 5.92），沾污肛门周围羽毛。有的病鸡嗉囊内有积液，颈部膨大。病鸡渐进性消瘦，生产水平下降，少量病鸡可发生跛行，最终衰竭死亡。耐过鸡大小、体重参差不齐。病程一般为 8～10 天，死亡高峰在临床症状出现后 4～6 天。

图 5.91　缩头垂尾，羽毛不整

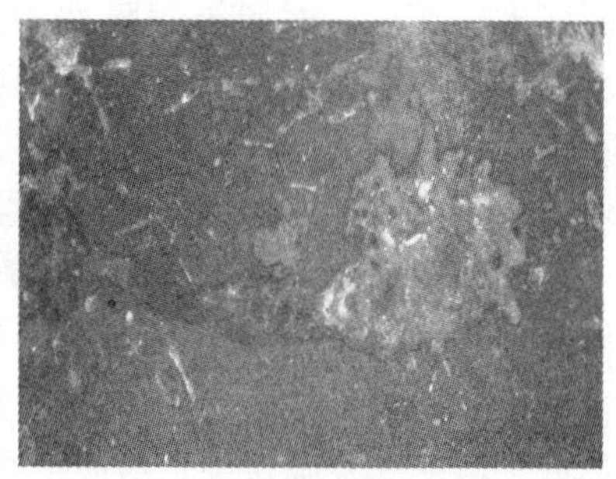
图 5.92　排白色鱼肠子样粪便

2. 病理变化　病鸡腺胃肿大如球，呈乳白色（图 5.93）。肌胃内径变粗，长度缩短，外观有明显红、白相间的凝固性坏死灶或坏死斑，肌胃壁肿胀增厚（图 5.94），腺胃、肌胃连接处呈不同程度的糜烂、溃疡（图 5.95、图 5.96）。法氏囊萎缩，嗉囊扩张，内有黑褐色米汤样物。腺胃乳头呈不规则突出、变形、肿大，轻轻挤压可挤出乳状液体（图 5.97）。胸腺、脾脏严重萎缩（图 5.98）。肠道前期肿胀，充血，呈暗红色，剖检肠壁外翻；后期黏膜脱离，易碎，变薄无物，肠道有不同程度的出血性炎症，内容物为含大量水的食糜。个别病死鸡有的盲肠扁桃体肿大出血，十二指肠轻度肿胀，空肠和直肠有不同程度的出血。胰腺

萎缩，色泽变淡。

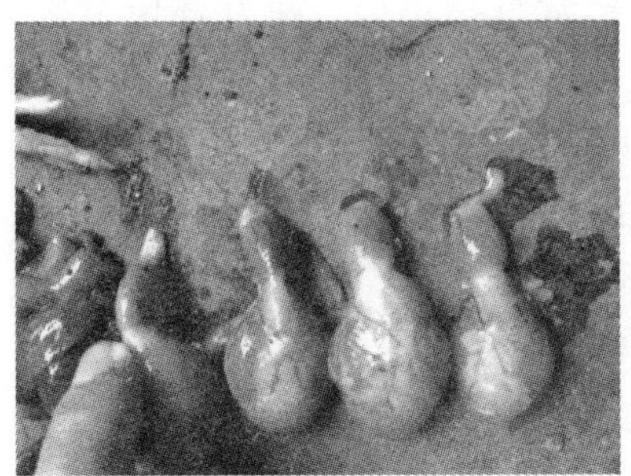

图 5.93　雏鸡腺胃肿大

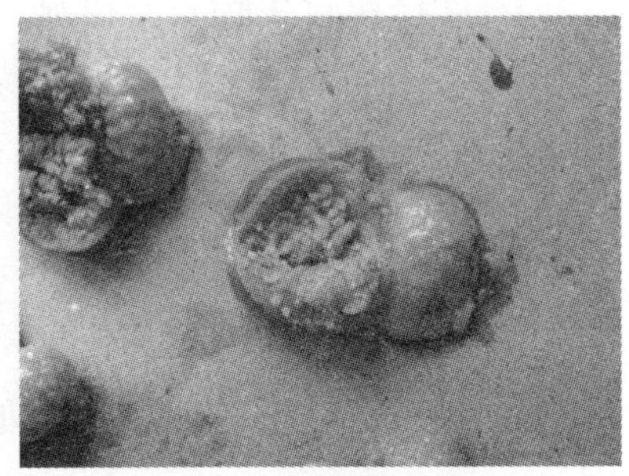

图 5.94　肌胃壁增厚

图 5.95　腺胃肿大，肌胃角质层增厚、糜烂

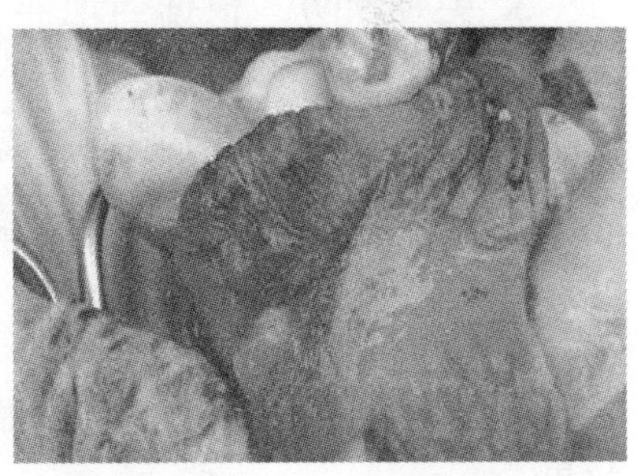

图 5.96　腺胃、肌胃交界处糜烂、溃疡，肌胃萎缩

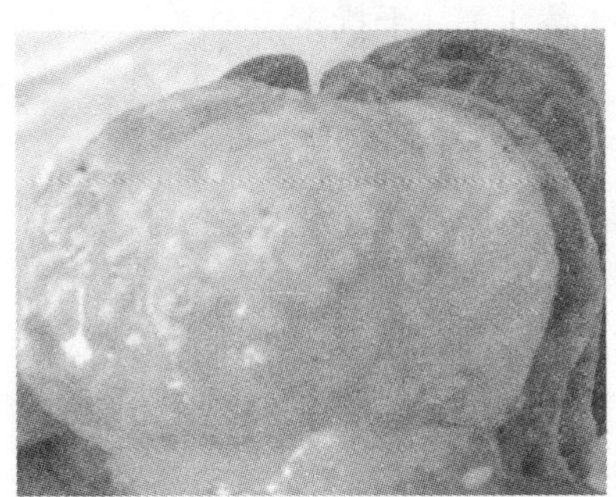

图 5.97　腺胃乳头水肿

图 5.98　胸腺萎缩、褪色

（四）防控措施

1. 严格执行生物安全措施 经常打扫鸡舍，搞好环境卫生，并加强对鸡舍和环境的卫生消毒，以有效地减少鸡群感染疫病的机会。注重鸡舍内通风换气，适度饲养，改善养鸡的环境条件，减少和杜绝应激因素，增强鸡群的抗病能力和免疫力。

2. 加强饲养管理 按鸡的不同生长阶段饲喂全价料，特别注意鸡饲料中粗蛋白质、维生素的供应。注重配制鸡饲料原料的品质，防范霉菌、毒素的隐性危害，尽可能减少鸡腺胃炎的诱因。

3. 免疫预防 根据当地养鸡疫病流行特点，结合本场的实际，科学制订免疫程序，并按鸡群生长的不同阶段，严格进行免疫接种。着重做好鸡新城疫、禽流感、传染性支气管炎、传染性法氏囊病的免疫接种，是防治鸡腺胃炎发生的重要手段之一。

4. 药物防治

（1）中西结合：中药木香、苍术、厚朴、山楂、神曲、甘草等分别粉碎过筛后，与庆大霉素、雷尼替丁同时使用，有较好效果。

（2）在饮水中添加维生素 B+青霉素（或头孢类）+中药开胃健胃口服液（严重个别鸡投西咪替丁）+干扰素。

三、肠毒综合征

鸡肠毒综合征又叫过料症，是商品肉鸡群普遍存在的一种以腹泻、粪便中含有未被消化的饲料、采食量明显下降、生长缓慢或体重减轻、脱水和饲料报酬下降为特征的疾病。地面平养肉鸡发病率高于网上平养。各年龄段，早至 7～10 天，晚至 40 多天均有发病。投服常规肠道药不能收到理想的效果，最后导致鸡群体弱多病，料比增高，后期伤亡率较大，大大增加了饲养成本。

（一）发病原因

1. 感染小肠球虫　小肠球虫的感染为本病的始发点，多种细菌、病毒乘虚而入，为本病起了推波助澜的作用。环境条件相对比较潮湿，为球虫的滋生提供了良好的条件。小肠球虫感染机体后开始无明显症状，往往不能引起人们的重视，但其长期作用会导致肠黏膜严重脱落，肠道的完整性遭到破坏，为肠道内多种有害微生物提供了易感机会。

2. 病鸡死亡的原因　大量崩解的球虫卵囊、细菌等病原体的代谢产物脱落的肠黏膜等共同作用导致肠道内环境的改变，加速了有害菌的繁殖，造成消化不良、腹泻等症状。大量毒素随血液循环带到全身，形成败血症或自体中毒，出现神经症状，加速了病鸡的死亡。

3. 混合感染　长期腹泻，再加上通风不良，易造成鸡舍内氨气浓度超标，导致鸡体质下降，引发大肠杆菌和呼吸道的混合感染。这时即使各种疫苗都是接种比较规范的鸡群，由于呼吸道、消化道黏膜等处的局部免疫力保护不足，稍遇自然毒株或野毒侵袭便很容易感染新城疫、法氏囊等传染病。更有甚者，一批鸡就免疫一次新城疫疫苗，无论是整体循环抗体水平还是局部抗体水平都是很低，所以这种鸡群非常危险。

4. 使用高能量高蛋白饲料　高能量高蛋白饲料为鸡体提供了营养的同时，也为病原体的繁殖提供了良好的物质基础。所以往往越是饲喂高质量饲料的鸡群，发生本病后越顽固。

（二）临床症状与病理变化

1. 最急性病例　死亡很快，死前不表现任何临床症状，死后两脚直伸，腹部朝天，多为鸡群中体质较好者。剖检病死鸡，嗉囊内积满食物，心肌圆硬，有时有少量心包积液，肠管增粗，外观像水煮样，肠腔内积有大量未消化完的饲料。

2. 急性病鸡　以尖叫、奔跑、瘫痪和采食量迅速下降为特征，鸡群中突然出现部分鸡只尖叫、奔跑、乱窜，接着腾空跳跃几下便仰面朝天而死。也有的鸡群突然采食量下降，好多鸡只卧地不起，有的一只脚直伸（图 5. 99），轻者强行驱赶，以关节着地蹒跚行走，靠两翅来支撑平衡。重者头颈震颤、贴地，干脆卧地不起。剖检发现心肌圆硬、腺胃水肿、肠道水肿、发硬、像腊肠样，有的肠段粗细不均。肠壁浆膜面有大量针尖出血点或斑块状出血，肠黏膜像有一层黄白色麸皮样物质脱落，肠内容物多为橘黄色泡沫样内容物。

图 5. 99　病鸡一只脚直伸

3. 慢性病鸡　本病慢性病例最多见，初期无明显症状，仅消化不良、粪便颜色也接近料色，内含未消化完全的饲料；时间稍长会发现鸡群长势不佳、减料、料比偏高。随着时间的延长，鸡的粪便中出现肉样或烂西红柿样、鱼肠子样夹带白色石灰样稀便或灰黄色（接近饲料颜色）的水样稀便。投服常规肠道药无效。长期拉稀造成机体脱水、精神沉郁、脚趾干瘪，尾部及下腹部羽毛被粪便污染，最终衰竭而死。大部分慢性病例最后都继发新城疫、大肠杆菌等病混合感染而死。病程长者，剖检见肠管增

粗，肠壁菲薄，有像水煮过样颜色苍白；有的肠壁出血严重，整个肠道像红肠子样，从浆膜面会看到有斑点状出血。肠内有未消化完全的饲料（图 5.100）或脓性分泌物（图 5.101）。肠壁出血，肠内有被脓性分泌物包裹的未消化的饲料渣（图 5.102）。

直肠黏膜出血，泄殖腔积有大量石灰膏样粪便。病程短者，肠壁增厚，肠腔空虚，肠黏膜表面被大量黄白色麸皮样内容物附着，并有橘黄色或红色絮状物，剪开后肠壁自动外翻成条索状。

图 5.100　肠内未消化的饲料

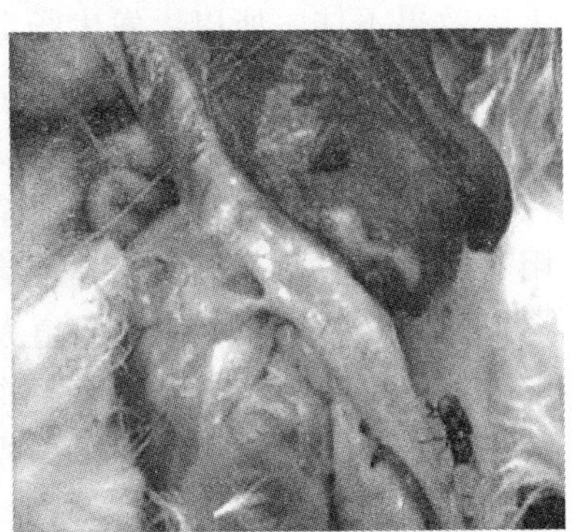

图 5.101　肠道内脓性分泌物

图 5.102　肠壁出血，肠内有被脓性分泌物包裹的未消化的饲料渣

（三）防制措施

1. 避免以下防制误区

（1）强制止泻：发生肠毒综合征后，病鸡通常排黄色、暗红色、褐色糖稀样的粪便，很多兽医工作者的第一反应通常是立即用药止泻，仿佛止泻成功与否决定了治疗的成败。但是，肠毒综合征死亡率高的原因不在于腹泻，而是自体中毒。因此如果强制止泻反而加剧了自体中毒，死亡率会不降反升，或者是投药数天后效果不佳。所以，发生肠毒综合征应该是引导排毒，而不是一味止泻。

（2）发病早期用猛药：在肠毒综合征发现的早期，人们往往像对待其他传染病一样，抓紧时间下猛药治疗，但结果往往是用药后死亡率立刻显现，并且治疗两个疗程以上才有所减轻。原因很简单，革兰阴性菌在肠道大量繁殖，可导致肠道消化功能紊乱，使球虫繁殖释放大量有害物质，再加上使用大剂量抗生素治疗后，革兰阴性菌死亡解体释放的超剂量内毒素，可引起机体调节系统紊乱甚至休克死亡。

（3）用多种维生素：多种维生素可以补充营养、增强机体抵抗力，但是鸡患肠毒综合征时要禁止使用。因为发生肠毒综合征时，肠道功能已经紊乱，会造成营养吸收障碍，有害的物质却没少吸收。同时饲料在消化道内和脱落的肠黏膜混合在一起，导致细菌大量繁殖，此时如果增加多种维生素，一则吸收不了，二则增加了肠内容物的营养，反而利于有害菌繁殖，对治疗有百害而无一利。

（4）拌料给药：肠毒综合征会导致肉鸡不断勾料（把料筒的料勾到地上），再加上鸡只发病后采食量会出现不同程度的下降，如果此时拌料给药，就会导致饲料被大多数健康鸡和症状轻微的鸡吃掉，病鸡没食欲，或者吃得很少，达不到治疗效果，不能产生应有的疗效。

2. 主要防控措施　适时合理地进行药物防治，尤其注意预防球虫病的发生，是治疗肠毒综合征的第一要务，而且使用磺胺药才是正确的选择。可首先在饮水、饲料中使用磺胺类药物，球虫药用到第3天时使用抗生素，氨基糖苷类和喹诺酮类联合使用效果不错；对细菌、病毒混合感染的情况，在使用大环内酯类药物的同时，添加黄芪多糖粉。

平时要加强饲养管理，中后期尽可能保持鸡舍内环境清洁干燥，加强通风换气，减少球虫、呼吸道和大肠杆菌等的感染机会。

四、腹水综合征

腹水综合征是由诸多种致病因子造成的慢性缺氧，代谢功能紊乱而引起的右心室肥大扩张、肺瘀血水肿、肝肿大和腹腔大量积液为特征的综合征。

（一）发病原因

（1）遗传因素：本病多发生于快长型肉鸡品种，有明显的遗传倾向。

（2）缺氧：冬季鸡舍通风不良，饲养密度过大或有害气体增多等环境因素导致相对缺氧；高海拔地区，氧分压低，易致慢性缺氧；肉鸡生长速度快，代谢旺盛，耗氧量大，而心脏负担能力增强较慢，也可形成缺氧。

（3）心、肺、肝损害：肺脏受损，肺呼吸量减少，致使机体缺氧，心脏受损。例如食盐中毒，会引起血液中大量水潴留，影响心脏功能，引起腹水；霉菌毒素中毒引发肝脏纤维化，形成腹水。

（4）饲料因素：日粮能量偏高、添加脂肪超过4%、使用颗粒料等，都可导致腹水征的发生。

（二）临床症状与病理变化

1. 临床症状 病鸡表现为腹部膨大，臌如水袋，触之有波动感，皮肤变薄发亮，外观呈暗褐色。病鸡站立困难，以腹部着地呈企鹅状；行动缓慢，呈鸭步样。由于腹压增大，呼吸困难。鸡冠发紫，有时怪叫，有的腹泻，排白色、黄色或绿色稀粪。出现腹水后2天左右死亡。

2. 病理变化 剖检见腹腔积水，积液清亮透明呈淡黄色或带血色，腹水中含巨噬细胞和淋巴细胞等，腹内各处有纤维蛋白凝块；心包积液，有时呈胶冻状；心脏增大，心壁变薄，右心室明显扩张、柔软。肝充血、肿大或瘀血或萎缩或硬化，实质部有圆形斑点或结节，表面常有灰白色或淡黄色胶冻样薄膜，类似蛋清物；肺显著瘀血、水肿；肠道严重出血，肠管变细，内容物稀少；肾肿大、充血，有尿酸盐沉积；脾脏较小，皮下水肿，胸肌、腿肌瘀血。

（三）防控措施

1. 加强饲养管理 注意通风，保持空气清新，减少不良应激，保持舍内合理的温度，保证通风换气良好，并妥善解决保温与通风的矛盾；对昼夜温差大、降雨多或高海拔地区，要定期适当补充氧气；及时清除粪便和灰尘，保持舍内清洁，并做好消毒工作；保持合理的饲养密度。

2. 实施限喂制度 1~3周龄肉仔鸡适度限饲，或从13日龄起减少饲料量10%，维持2周，以后转入正常饲养。

3. 合理的配料 按照生长需要供给平衡的优质饲料。一般2~3周龄喂给粉料，4周龄至出栏给予颗粒料，能有效地降低本病发生率和死亡率。

4. 间歇光照 间歇光照能有效减少本病发生，因减少光照，采食量也相应减少，长速减缓。在间歇光照时，黑暗期鸡的产热和需氧量明显减少，因而合理控制光照时间既可促进生长，又能

降低本病发生。具体实施办法是晚上采用间歇光照法，即 2~3 周龄光照 1 小时，黑暗 3 小时；4~5 周龄光照 1 小时，黑暗 2 小时；6 周龄至出栏期光照 2 小时，黑暗 1 小时。

5. 治疗 无特殊疗法，勤观察，早发现，注意全群防范，增强机体抵抗力。可在饲料内添加维生素 C，每吨饲料 400~500 克，食盐含量均衡，钙磷平衡，可适当补维生素 E、硒等。

五、胸囊肿

胸囊肿是肉鸡常见的疾病，严重影响肉鸡的商品等级。预防肉鸡胸部囊肿，需要针对发生囊肿的原因，采取对应的控制策略。

肉鸡采食量大，增重快，身体负担重，喜欢俯卧，平养时，一天当中有 60%~70%的时间处于俯卧状态，胸部受压明显。龙骨外皮层受到压迫、摩擦等刺激后，产生囊状组织并蓄积黏稠渗出液后形成胸部囊肿，随病情加重，面积不断增大，颜色不断加深。日常管理不细致，腿部发生疾病，或者胸部皮肤受损伤，也能增加胸部囊肿的发病率。采用笼养方式时，肉鸡长期站立在细铁丝网上，影响腿部的血液循环，既容易引起腿部病变，也容易使胸部出现水肿，最后导致胸部囊肿。

预防肉鸡胸囊肿病，要注意以下几点：

1. 降低饲养密度 按照肉鸡发育规律，及时分群，一般在 1.5 千克左右，每平方米饲养 14~17 只，到 3 千克左右，每平方米饲养 7~8 只，让肉鸡占有较为宽松的空间，这样能增加肉鸡的活动范围和运动量，减少肉鸡趴卧的时间，从而减少胸部囊肿的发生率。

2. 加强垫料管理 选择质地柔软、干燥、吸湿性强、不容易板结、霉变的材料作垫料，如锯末、木屑、稻草、麦秸等，给肉鸡创造舒适的俯卧条件。垫料要铺垫平整，保持 5~10 厘米的厚度，细心清除其中夹杂的尖利异物，避免扎伤肉鸡胸部。平时加强垫料管理，定期翻动，一般 3～5 天翻动一次，剔除结块和发霉的垫料。

3. 增设弹性底网 使用铁丝笼饲养肉鸡时，在铁丝网上加一层弹性塑料底网，有利于增加舒适度，让肉鸡站立时脚部受压均匀，能有效地降低腿部病变和胸囊肿的发生率。

4. 重视日常管理 注意搞好鸡舍通风，保持舍内合适的湿度。喂料时要少喂勤添，适当增加饲喂次数，这样能减少俯卧时间，增加肉鸡的活动量。配合巡视检查，轻轻轰赶鸡群，促其站立起来活动。加强日常卫生消毒，避免葡萄球菌、化脓杆菌等病菌感染伤口。发生疾病时，尽量不在胸肌部位注射药物，尤其是那些溶解性差、不容易吸收的药物。试验证明，用碳酸氢钠代替部分食盐，可使肉鸡饮水量减少，提高垫料的卫生质量，垫料品质得到改善，胸部囊肿的发生率显著下降。

5. 注意预防腿病 预防肉鸡腿部发生疾病的措施，都有防止发生胸部囊肿的间接效果。主要做法是：饲料中配足矿物质和维生素，特别是钙、磷、锰、维生素 D；搞好免疫接种，加强消毒管理，避免发生马立克病、病毒性关节炎、葡萄球菌病，严防发生霉菌毒素中毒；在转群、疫苗接种时，应尽可能减少应激，平时要防止惊群，尽量避免捕捉肉鸡。

六、啄癖

啄癖也称异食癖，有啄羽、啄肛、啄血、啄趾癖、异食等几种情况，是由多种营养物质缺乏及其代谢障碍所致，各日龄、各品种鸡群均发生，但以雏鸡时期为最多，轻者啄伤翅膀，造成流血伤残，影响生长发育和外观；重者啄穿腹腔，拉出内脏，有的半截身被吃光致死，严重影响生产性能和经济效益。

（一）啄癖的类型

肉鸡中最常见的啄癖是啄羽和啄肛。

1. 啄羽　这是最常见的互啄类型，指鸡啄食其他鸡的羽毛，特别易啄食背部尾尖的羽毛，有时拔出并吞食（图 5.103）。主要表现为进攻性的鸡啄怯弱型的鸡，羽毛脱落并导致组织出血，诱发啄食组织使鸡受伤而被淘汰或死亡。有时，互啄羽毛或啄脱落的羽毛，啄至皮肉暴露出血后，可发展为啄肉癖（图 5.104）。

图 5.103　乌鸡的啄羽癖

图 5.104　啄肉癖

啄羽会增加饲养成本，啄羽后形成的“裸鸡”（图 5.105）需要多采食 20%的饲料来保暖。有资料显示，每减少 10%的羽毛，鸡每天需要多采食 4 克的饲料。好动或者户外散养的“裸鸡”需要更多的饲料。

2. 啄肛　常见于高产小母鸡群。通常在小母鸡开始产蛋几天后发生，大概与其体内的激素变化有关，产蛋后子宫脱垂或产大蛋使肛门撕裂，导致啄肛。对肉用仔鸡，啄肛易发生在生长期的限食阶段（图 5.106）。

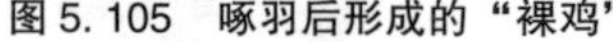
图 5.105　啄羽后形成的“裸鸡”

图 5.106　啄肛

（二）临床症状

1. 羽毛消失　鸡每天都有羽毛掉落到地面上。如果羽毛从地面上消失，说明羽毛被鸡吃掉。这是鸡群出现问题的信号（图 5.107）。

2. 鸡群中其他鸡对死鸡或受伤鸡表现出特有的兴趣（图 5.108）　这也是鸡出现啄癖的重要信号。因此，应当把死鸡和受伤鸡及时清理掉。

图 5.107　羽毛从地面上消失

图 5.108　受伤鸡成为相残的共同目标

（三）发病原因与预防

1. 无聊的环境　鸡的天性喜欢在地上觅食，如果地面上没有它们感兴趣的东西，如饲料、垫料，它们将寻找可供啄食的

东西。

预防：①雏鸡阶段，尽可能地让鸡在纸上或料盘里吃料（图5.109）。②提供垫料（图5.110）或可供挖刨的干草。③让鸡尽快离开饲喂系统。特别是肉质肉鸡，尽快放归自然，实行生态放养。

图5.109　让鸡在料盘里吃料

图5.110　给雏鸡提供可供挖刨的垫料

2. 水和饲料缺乏　水和饲料缺乏，特别是饲料粒度不均匀、粉末状饲料多（图5.111），导致鸡挑食勾料，由于营养缺乏而需要纤维素，空腹和饥饿等情况出现时，鸡也会拉出彼此的羽毛。

预防：在饲料中添加纤维素、苜蓿干草或额外的垫料。

图5.111　颗粒饲料中粉末过多导致鸡挑食勾料

3. 改变的社交方式 在大的鸡群中，经常会遇到一些陌生鸡，通过互啄来相互认识。

预防：实行分栏饲养，缩小鸡群（图 5.112）。

图 5.112 分栏饲养，缩小鸡群

4. 高密度饲养 因高密度饲养，使鸡舍内环境不良（二氧化碳、氨气、炎热和尘土等）。

预防：谨防高密度鸡群，小鸡需要有足够的空间；保持良好的舍内环境。

（四）断喙

快大型商品肉鸡因为生长时间短，一般管理中不用断喙，但为了防止发生啄癖，肉种鸡和优质肉鸡需要断喙（图 5.113）。

断喙可以有效地防止啄癖的发生。鸡只在 10 日龄左右断喙一次，鸡喙断取上 1/2，下 1/3（图 5.114），在 110 日龄左右再补断一次。

断喙会给鸡造成极大的痛苦。为了减轻鸡的痛苦，可以给优质鸡戴眼罩，防止发生啄癖。

鸡眼罩又叫鸡眼镜（图 5.115），是用佩戴在鸡的头部遮挡

图 5.113　用断喙器给肉雏鸡断喙

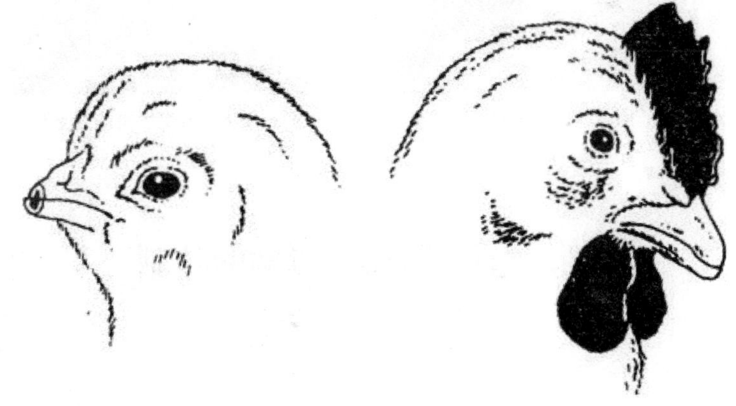

图 5.114　断喙后的鸡

鸡眼正常平视光线的特殊材料制成的。使鸡不能正常平视，只能斜视和看下方，防止饲养在一起的鸡群相互打架，相互啄毛、啄肛、啄趾、啄蛋等，降低死亡率，提高养殖效益。也可以让鸡戴着眼镜出售，这样就出现了一种新型的眼镜鸡，售价相对就可以提高很多。

当肉质肉鸡体重达 500 克以后，就开始佩戴鸡眼罩至上市。把鸡固定好，先用一个牙签或金属细针在鸡的鼻孔里用力扎一下并穿透，如有少量出血，可用乙醇棉擦拭。左手抓住鸡眼镜突出部分向上，插件先插入鸡眼镜右孔后对准鸡鼻孔，右手用力穿过鸡鼻孔，最后插入左眼镜片，整个安装过程完毕（图 5.116）。

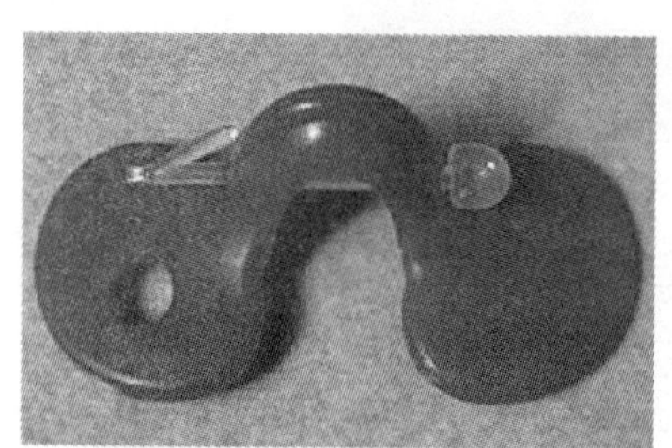
图 5.115　眼罩

图 5.116　给优质肉鸡戴上眼罩

第六节　常见中毒病的防制

一、食盐中毒

食盐是鸡日粮配合不可缺少的成分之一，含量一般为 0.3%~0.4%。当鸡摄入过量食盐时很快出现中毒反应，雏鸡最敏感。一般雏鸡料中食盐达 0.7%、成鸡料中达 1%时就可引起鸡明显口渴和腹泻；当雏鸡日粮中食盐含量超过 1%、成鸡日粮中超过 3%、饮水中超过 0.5%，就可引起鸡的大量死亡。

食盐中毒的鸡，因摄取食盐量的多少和持续时间的长短而有不同的临床表现。症状轻微的，饮水增加，粪便稀薄或混有稀水；严重者，病雏羽毛松乱无光、高度兴奋不安、鸣叫、争相饮

水，食欲减退或废绝，嗉囊软胀、口角有黏性分泌物，两腿软弱无力或前后平伸、倒退运动，后退几步即瘫于地上或向一侧运动或呆立一旁。有的病雏表现为精神沉郁、弓背缩颈、垂头闭眼，后期水样腹泻。死前表现为阵发性痉挛、两翅伸展、喙着地，最后虚脱而死。剖检死鸡皮下水肿或有淡黄色胶样物浸润；胸、腿部肌肉弥漫性出血；腹腔内大量积水，呈淡黄色，并混有灰白色纤维蛋白渗出物；嗉囊积有大量黏液，腺胃黏膜充血，有的形成假膜；小肠发生急性卡他性肠炎或出血性肠炎；肝色淡肿大，边缘钝圆质脆，肝被膜附有凝血块，多数病例呈现肝实质萎缩，表面不平变硬，偶见肝面呈裂纹状，胆囊皱缩；心外膜毛细血管扩张或出血，心包有积液；肺水肿，色淡灰红；脑膜及大脑皮层充血或水肿。

发现鸡食盐中毒后，要立即停喂原有饲料，多喂嫩青菜叶，供给充足、新鲜饮水或5%葡萄糖水和0.5%醋酸钾溶液，连饮3天。正确计算用盐量，均匀拌料；平时配料所用鱼干或鱼粉一定要测定其含盐量。含盐量高的要少加，含盐量低的可适当多加，但日粮中的含盐量应控制在0.25%~0.5%之间，以0.37%最合适。发现鸡群异常喝水，要对饲料抽样进行盐分测定。及时隔离中毒鸡，并喂给红糖水，增加多种维生素用量，有条件者可静脉注射葡萄糖和维生素C。

二、磺胺类药物中毒

磺胺类药物可分为三类：一类是易于肠道内吸收的；另一类是难以吸收的；第三类是局部外用的。其中以第一类中毒较易发生，常见的药物有磺胺噻唑、磺胺二甲嘧啶等。

磺胺类药物中毒的常见原因有四个：一是长时间、大剂量使用磺胺类药物防治鸡球虫病、禽霍乱、鸡白痢等疾病；二是在饲料中搅拌不匀；三是由于计算失误，用药量超过规定的剂量；四是用于幼龄或弱质肉鸡，或饲料中缺乏维生素 K。

雏鸡比成年鸡更易患病，常发生于6周龄以下的肉鸡群。病鸡表现为精神委顿、采食量减少、体重减轻或增重减慢，常伴有下痢。由于中毒的程度不同，鸡冠和肉髯先是苍白，继而发生黄疸。

使用磺胺类药物时用量要准确，搅拌要均匀；用药时间不应过长，一般不超过 5 天；雏鸡应用磺胺二甲嘧啶和磺胺喹噁啉时要特别注意；用药时应提高饲料中维生素 K 和维生素 B 的含量；将 2~3 种磺胺类药物联合使用可提高防治效果，减慢细菌耐药性。对发病的鸡立即停药，饮 1%~2%的小苏打水和 5%葡萄糖水，加大饲料中维生素 K 和维生素 B 的含量；早期中毒可用甘草糖水进行一般性解毒，严重者可考虑通肾。

三、马杜霉素中毒

马杜霉素是一种广谱、高效、用量极小的单糖苷聚醚类抗生素型抗球虫药，仅用于肉鸡，全价饲料中推荐剂量为 5 毫克/千克，宰前 5 日停药。马杜霉素近几年在我国广泛使用，但由于其有效剂量安全范围较窄，与中毒量接近，因此在使用过程中中毒现象屡有发生。

马杜霉素多因重复使用或拌料不匀所致。常突然发病，病鸡表现为精神不振，羽毛松乱，脚软无力，步态不稳、喜卧，食欲减退，拉水样粪便。严重者，突然死亡。病鸡脖子后拗转圈，或两腿僵直后退，双翅耷拉，或兴奋亢进、狂蹦狂跳、乱抖乱舞，原地急速打转，然后两腿瘫痪，阵发抽搐且头颈不时上扬，张口呼吸。

剖检，胸肌、腿肌不同程度地充血、出血；肝脏肿大，呈紫红色，表面有出血斑点，胆囊充盈；心脏内、外膜及心冠脂肪出血；肠道黏膜充血、出血，特别是十二指肠出血最为严重，嗉

囊、肌胃、腺胃及肠道内容物较多，腺胃黏膜易剥离；肾肿，充血或出血，输尿管内有白色尿酸盐沉积；法氏囊肿大。

发现中毒鸡，要立即停喂含马杜霉素的饲料，更换新饲料。全群交替供饮口服补液盐水（每1 000毫升水中加氯化钠2.5克、氯化钾1.5克、碳酸氢钠2.5克、葡萄糖20克，现配现用）或电解多维。将病重鸡挑出，单独饲养，口服投药的同时，皮下注射5~10毫升（含50毫克）维生素C，每日2次。为了防止鸡中毒后抵抗力下降而发生继发感染，可在饮水中添加盐酸环丙沙星。

使用马杜霉素必须均匀拌料，严格掌握剂量，避免同类药物重复使用。

四、痢菌净中毒

痢菌净学名乙酰甲喹，为兽用广谱抗菌药物，由于其价格低廉，且对大肠杆菌病、沙门杆菌病、巴氏杆菌病等都有较好的治疗作用，故在养鸡生产中被广泛应用。但是由于养殖户对此药缺乏正确的认识，兽药生产厂家对含有乙酰甲喹的产品缺乏明显标示以及胡乱添加等原因，导致养鸡生产中因不明成分重复添加，造成添加过量，引起中毒的现象非常普遍。

中毒的原因，一是搅拌不匀导致中毒，特别是雏鸡更为明显；二是计算错误或称重不准确，使药物用量过大而导致中毒；三是重复或过量用药，由于当前兽药品种繁多，很多品种未标明实有成分，致使两种药物合用加大了痢菌净的用量，造成中毒；四是个别养殖户滥用药，随意加大用药剂量导致中毒。

鸡痢菌净中毒造成的死亡率可达20%~40%，有的甚至达90%以上，且鸡日龄越小，对药物越敏感，给养鸡业造成的损失也就越大。

病鸡缩颈呆立，翅膀下垂，喙、爪发绀，不喜活动，常呆立，采食减少或废绝。个别雏鸡发出尖叫声，腿软无力，步态不稳，肌肉震颤，最后倒地，抽搐而死。病程随中毒程度不同而不同，本病刚开始中毒的特点是长得越快的鸡死亡率比例越高，观察临床表现时应注意这点。

刚中毒时解剖症状是腺胃和肌胃交接处有暗褐色坏死（图 5.117、图 5.118），到发病后期坏死更严重，有的从外面就能看见。死亡后的雏鸡全身脱水，肌肉呈暗紫色，腺胃肿胀，乳头出血，肌胃皮质层脱落、出血、溃疡。肺脏瘀血、肿大，肠道有弥漫性小出血点，小肠末段局灶性出血（图 5.119）。肝脏肿大，呈暗红色，质脆易碎；肾脏出血；心脏松弛，心内膜及心肌有散在性的出血点。有极个别鸡盲肠壁还出现出血（图 5.120）。

图 5.117　腺胃和肌胃交接处有暗褐色坏死

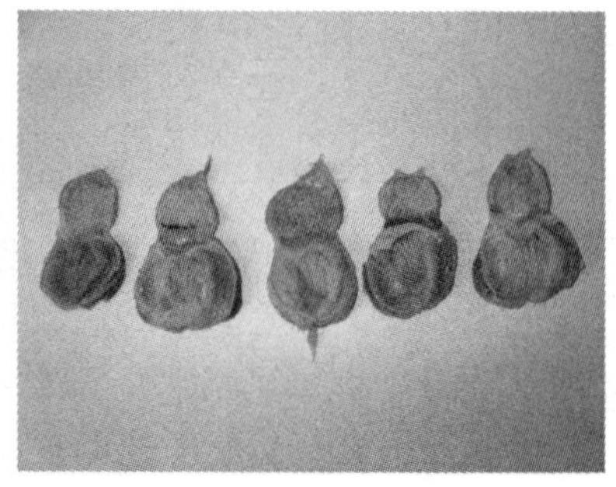

图 5.118　腺胃、腺胃和肌胃交接处的陈旧性出血、糜烂

该病发生后死亡速度很快，在免疫后第一天死亡猛增，第二、第三天死亡率可达到高峰，日死亡率有的高达 15%。

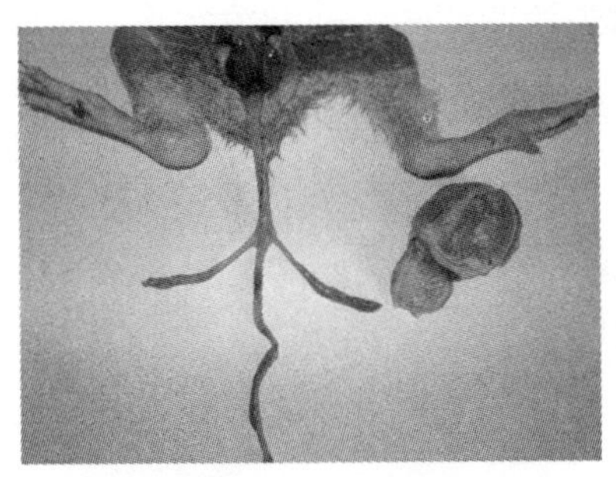

图 5.119 小肠末段局灶性出血

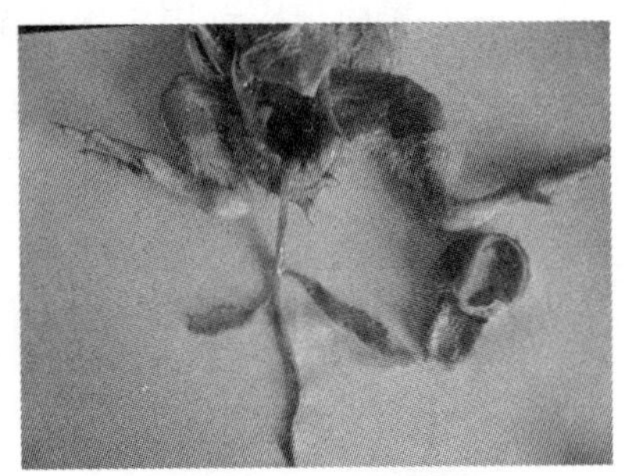

图 5.120 盲肠出血

诊断时应注意与新城疫、传染性法氏囊炎等病的鉴别诊断。新城疫外观常表现呼吸道症状，剖检可见腺胃乳头出血，腺胃与肌胃交界处有带状出血，盲肠扁桃体肿大出血，整个肠道，尤其是十二指肠出血严重并伴有枣核状溃疡灶；而痢菌净中毒则无呼吸道症状，且肠道出血、溃疡多为陈旧性的。传染性法氏囊炎剖检可见法氏囊显著肿大、出血，并伴有胸肌和腿肌刷状出血，而痢菌净中毒则没有该病变。

一旦鸡群中出现生长较快的鸡只死亡，并且临床症状与剖检变化和痢菌净中毒相似时，不管所用药物是否标明含有痢菌净成分，都应考虑是否是痢菌净中毒表现。

本病的治疗原则是解毒、保肝、护肝、强心脱水。首选药物为 5%葡萄糖和 0.1%维生素 C，并且维生素 C 要在 0.1%的基础上逐渐递减，同时要严禁用对肝和肾有副作用的药物以及干扰素类生物制品。

因痢菌净中毒没有特效解毒药，鸡只一旦中毒，死亡率高，病程较长，损失很大，停药后仍然陆续死亡，因此在实际生产中应用痢菌净防治细菌性疾病时应慎重。

目前，由于痢菌净价格低廉，致使一些非正规药厂随意大量生产并隐含其成分，造成广大养殖户重复、过量用药，引起中

毒。故广大用户应选用正规厂家生产的产品，并弄清含量，避免不必要的损失。

参 考 文 献

[1] 陈理盾，李新正，靳双星．禽病彩色图谱 [M]．沈阳：辽宁科学技术出版社，2009.

[2] 李连任，于永斌，杨开明．商品肉鸡常见病防制技术 [M]．北京：化学工业出版社，2012.

[3] 杨柏萱．规模化肉鸡场饲养管理 [M]．郑州：河南科学技术出版社，2011.

图 5.7　腺胃乳头肿胀、出血

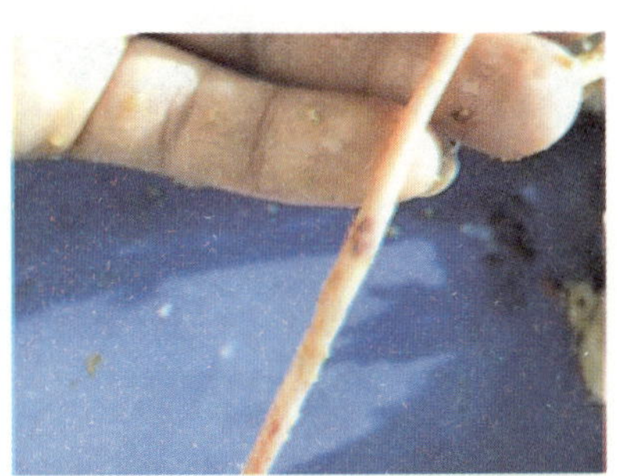
图 5.8　小肠淋巴滤泡肿胀出血

图 5.9　小肠黏膜出血溃疡

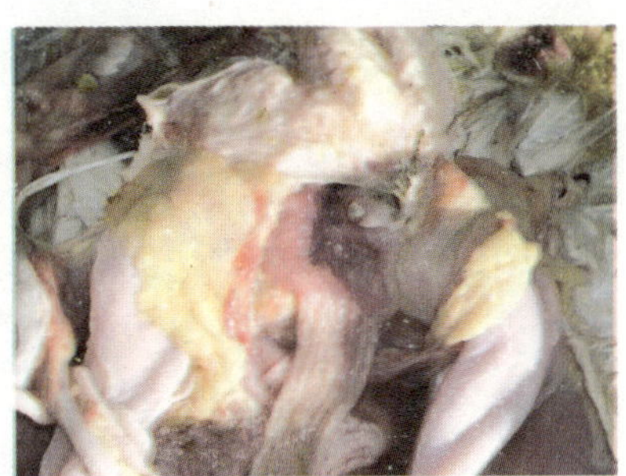
图 5.10　泄殖腔黏膜出血

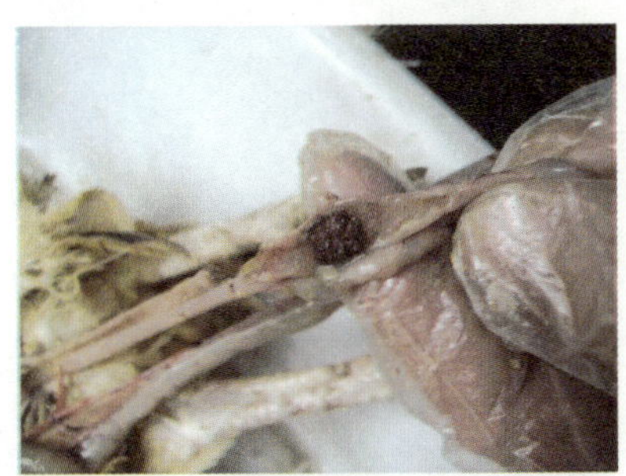
图 5.11　盲肠扁桃体肿大、出血

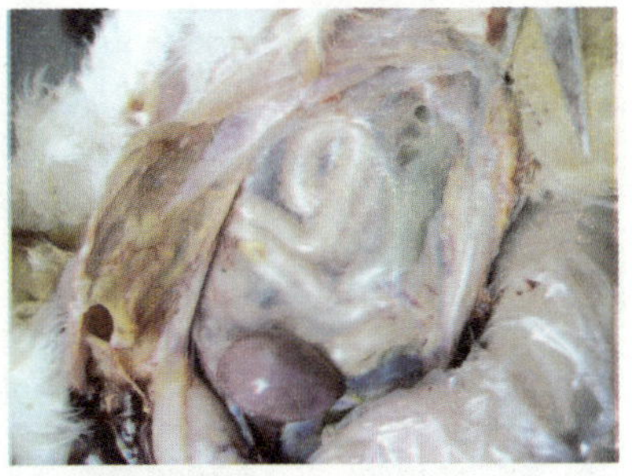
图 5.12　腹膜炎

(注：为方便读者查阅，第五章部分图制作彩插页，且彩图序号同第五章内文图序号，并保留内文中第五章的图)

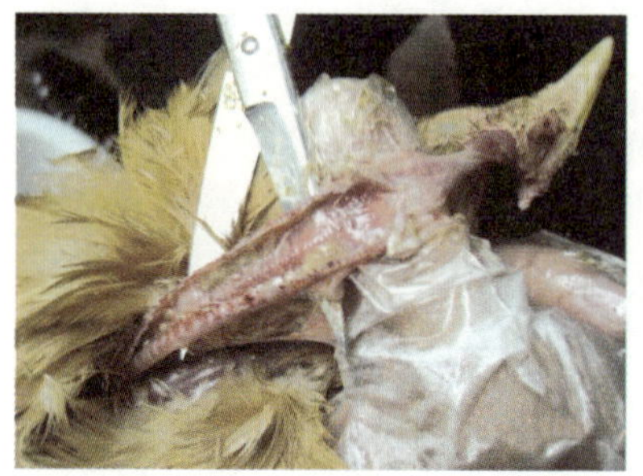

图 5. 13　气管出血，有黄色干酪样物

图 5. 14　鸡冠、肉髯肿胀、发紫

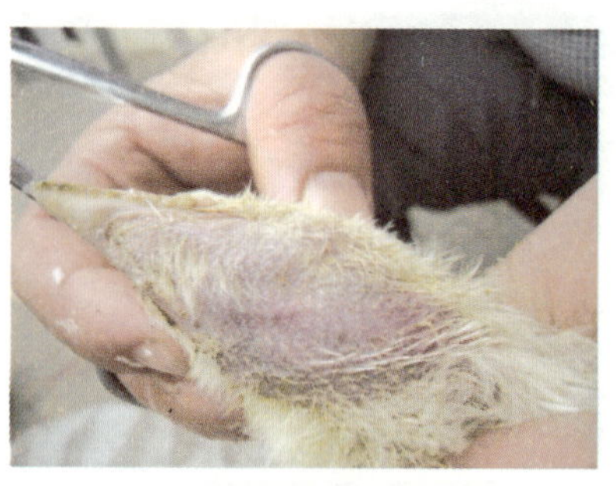

图 5. 15　病鸡下颌肿胀、发硬

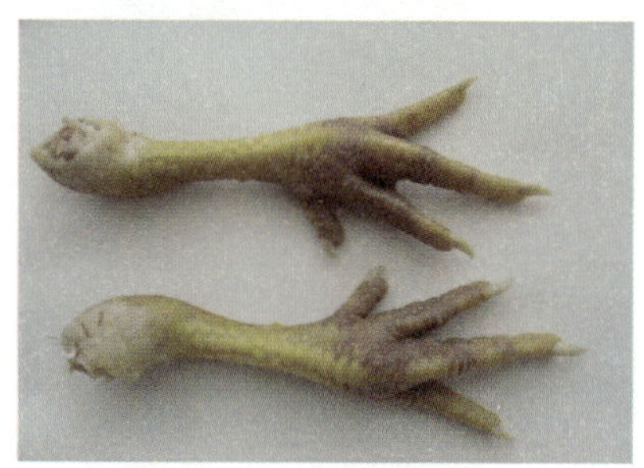

图 5. 16　胫部鳞片下出血

图 5. 17　继发大肠杆菌后大批死亡，病死鸡鸡冠发绀

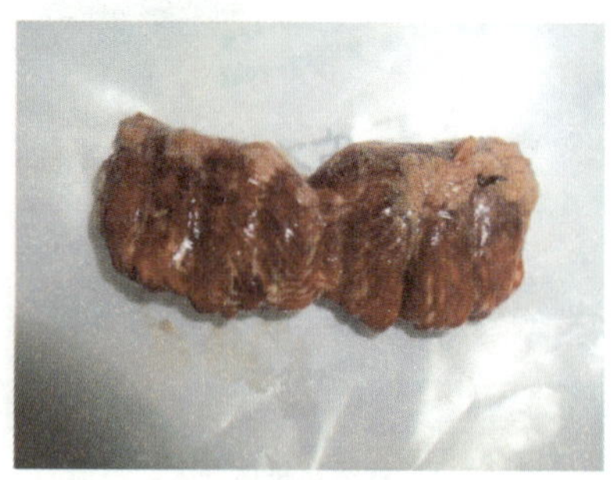

图 5. 18　肺脏瘀血水肿

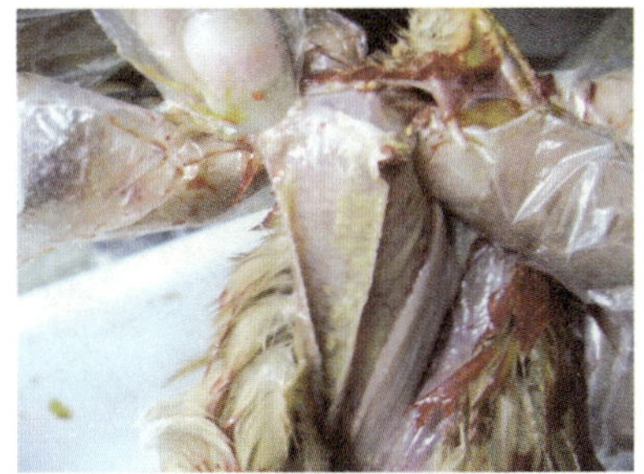

图 5.19　气管内黄色干酪样物

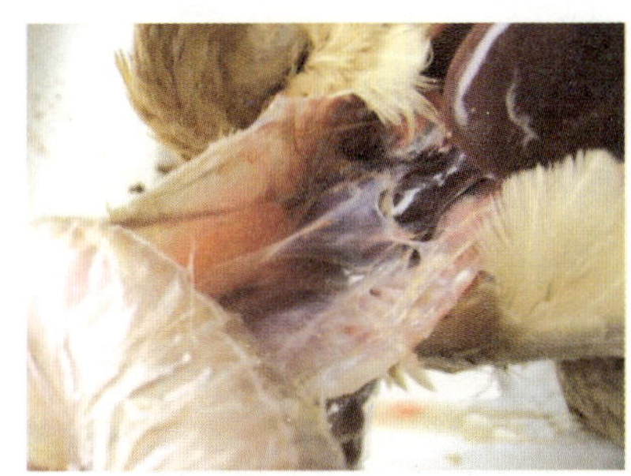

图 5.20　气囊混浊，有黄色干酪样物

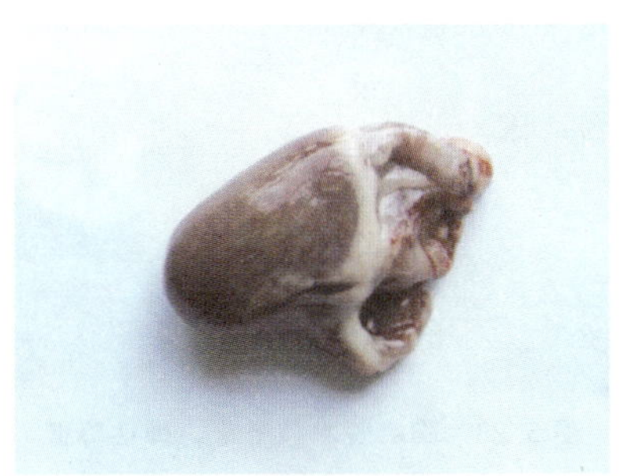

图 5.21　心肌变性、坏死

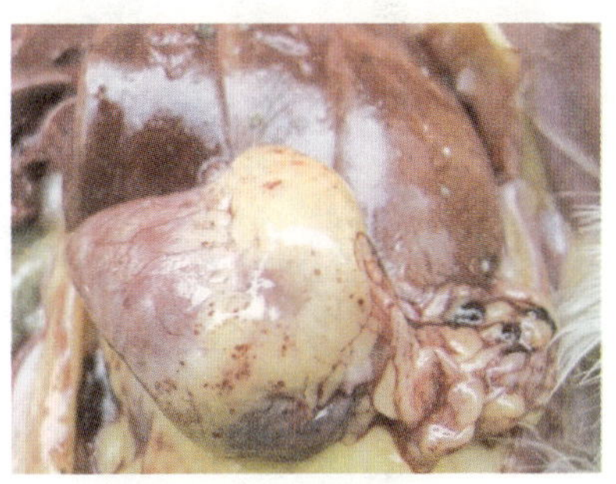

图 5.22　心冠脂肪出血

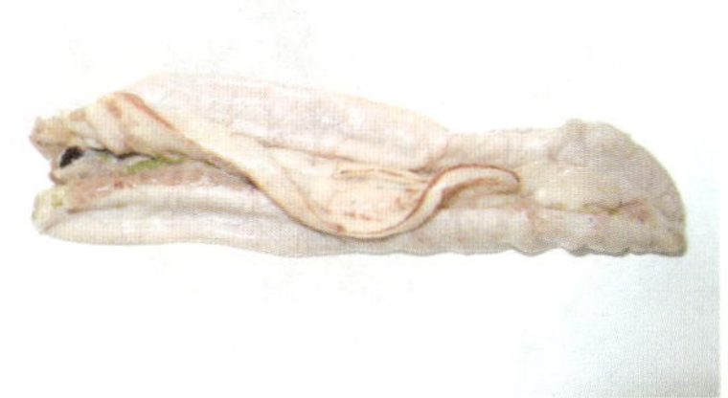

图 5.23　胰腺边缘出血

图 5.24　脾脏肿大，有灰白色坏死灶

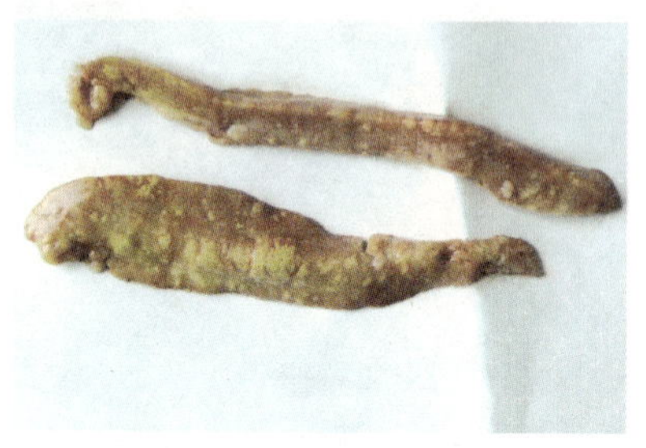

图 5.25　胰腺灰白色坏死

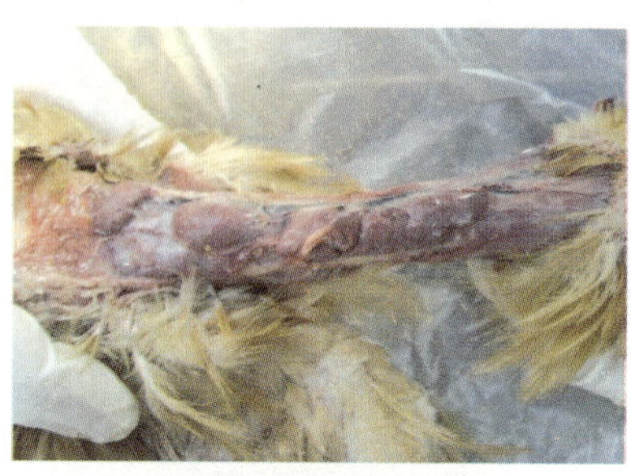

图 5.26　胸腺萎缩、出血

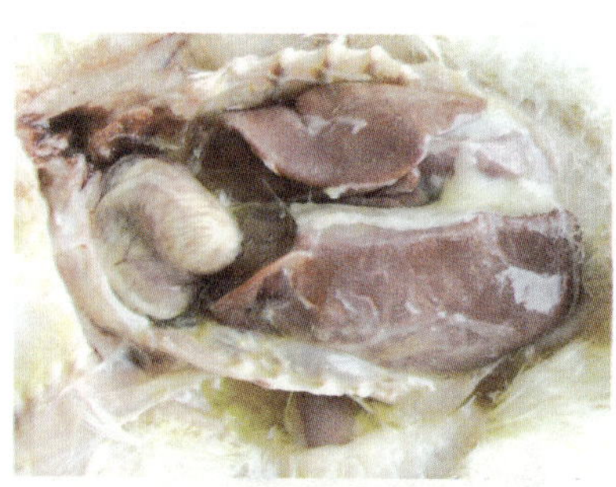

图 5.27　禽流感继发心包炎、肝周炎

图 5.28　胸肌脱水，干瘪，弹性降低

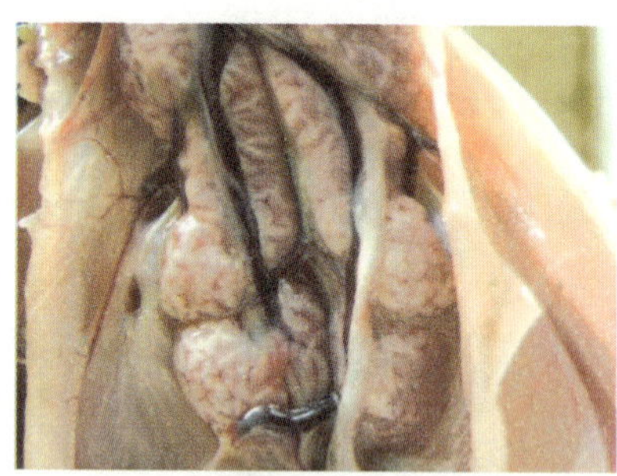

图 5.29　肾肿，花斑肾，输尿管内有大量尿酸盐

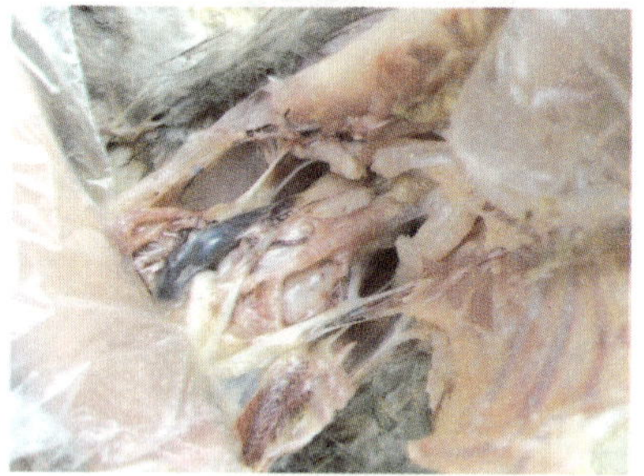

图 5.30　气管环出血

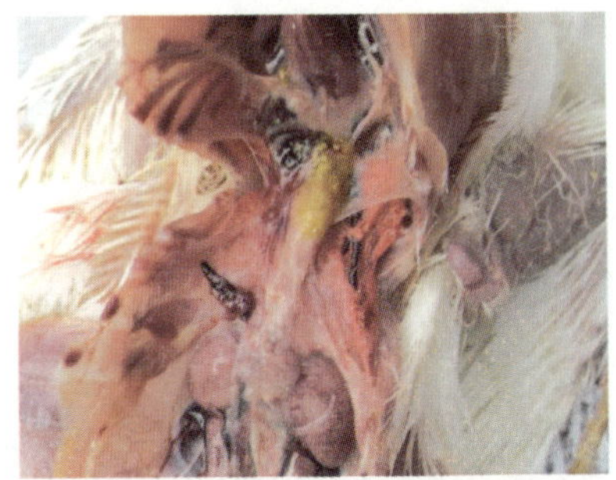

图 5.31　肺水肿、出血，气囊浑浊

图 5.32　腺胃肿大、坚硬

图 5.33　腺胃壁增厚，剪开往往外翻；腺胃乳头肿大、突起

图 5.34　排出米汤样稀白粪便

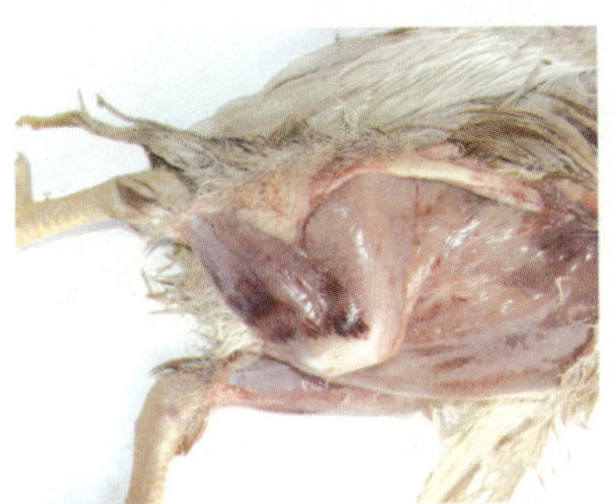

图 5.35　腿部肌肉刷状出血

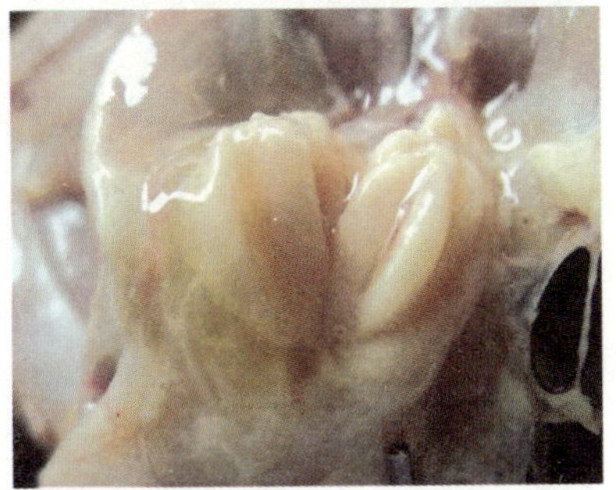

图 5.36　法氏囊内部黄色胶冻样渗出物

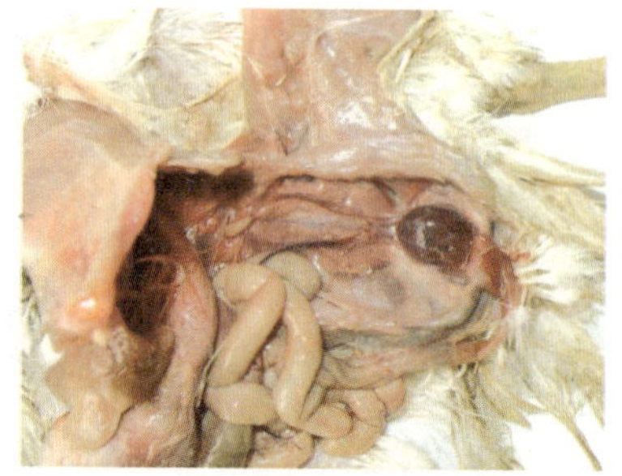
图 5.37　法氏囊肿大、出血，呈紫葡萄样

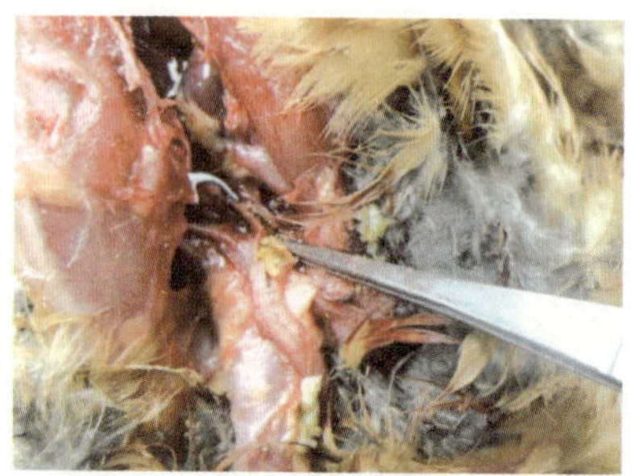
图 5.38　气管内黄色纤维素性干酪样假膜

图 5.39　病鸡跛行

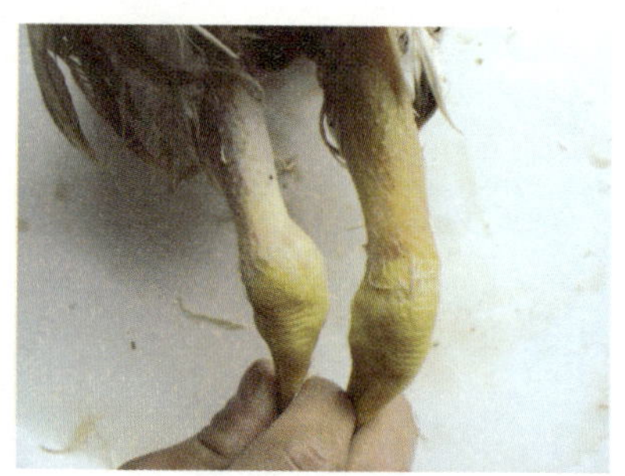
图 5.40　跗关节肿胀

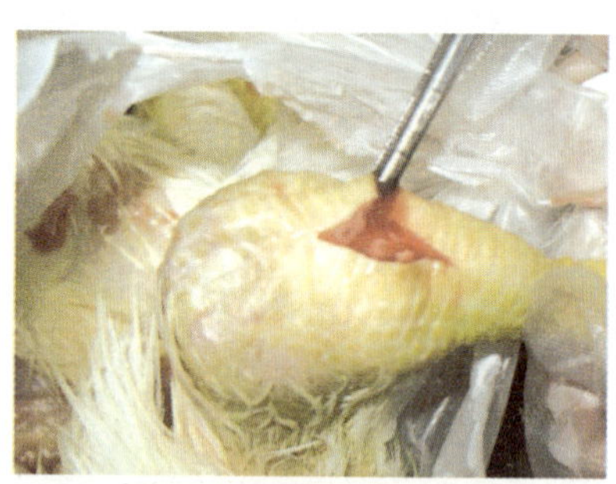
图 5.41　跗关节肿胀，腔内有分泌物

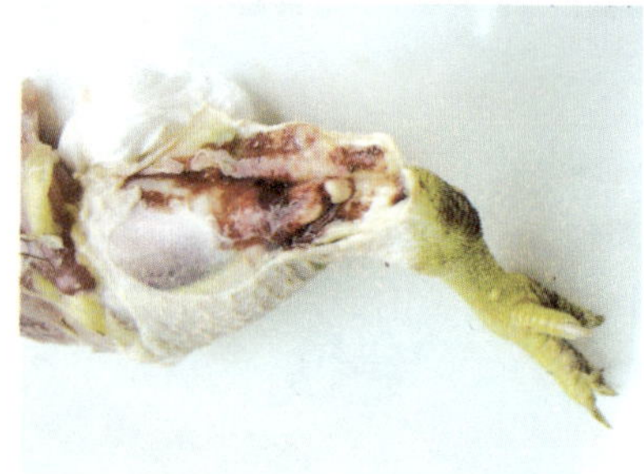
图 5.42　腓肠肌筋腱断裂

图 5.43　鸡痘严重影响肉鸡白条外观质量

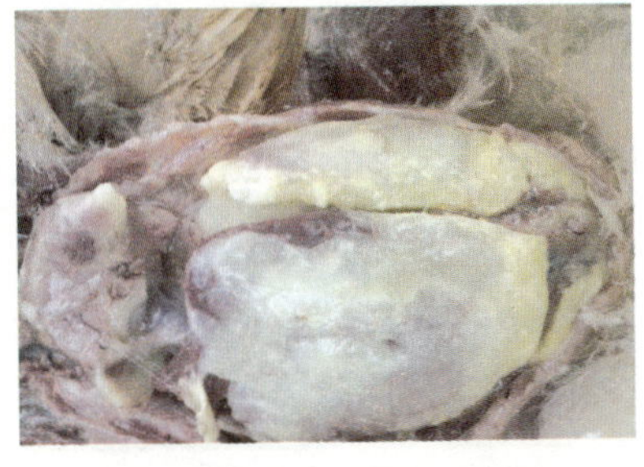

图 5.44　肝脏表面形成的干酪物

图 5.45　糊肛

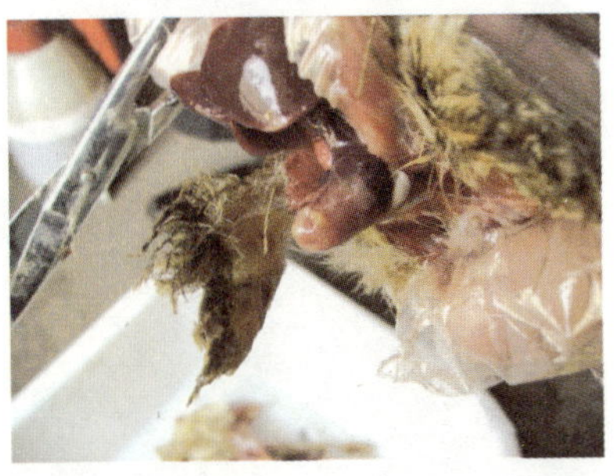

图 5.46　心脏上的黄色米粒大小的坏死灶

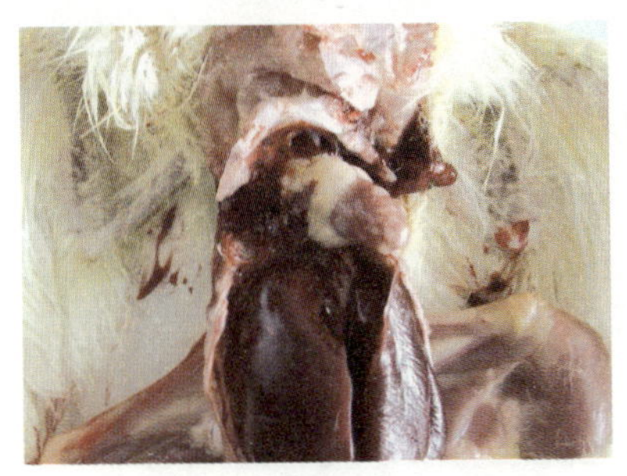

图 5.47　心脏肉芽肿、变性

图 5.48　病鸡瘦弱，肝脏上有密集的灰白色坏死点

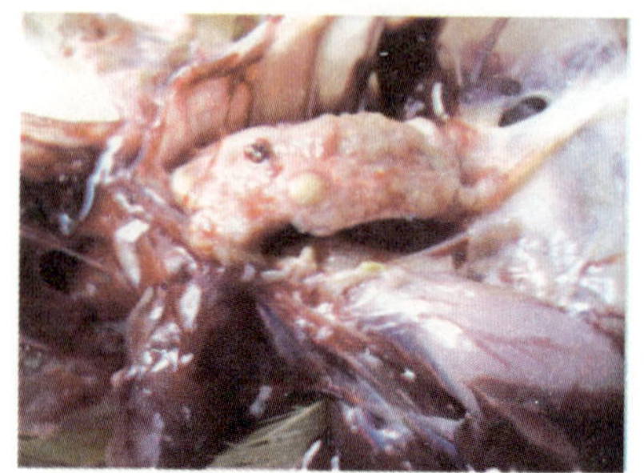

图 5.49　肺坏死性结节

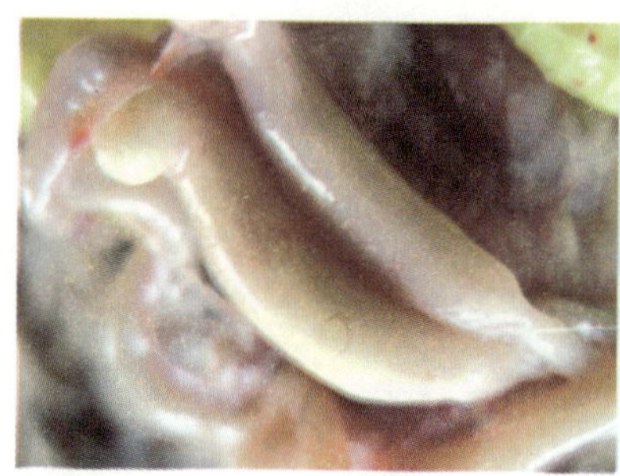

图 5.50　慢性白痢引起盲肠肿大，形成肠芯

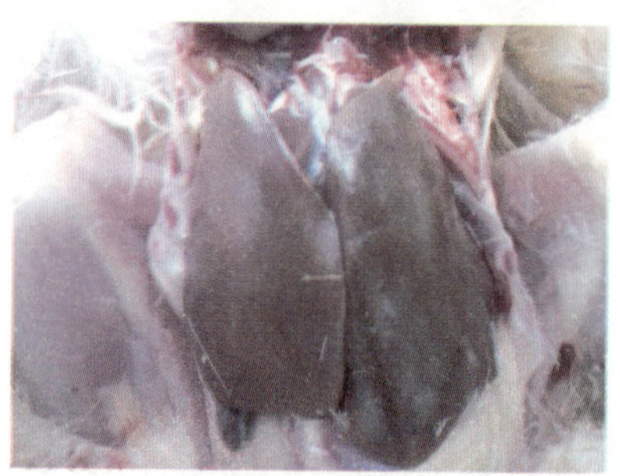

图 5.51　伤寒引起的肝脏肿大，青铜肝

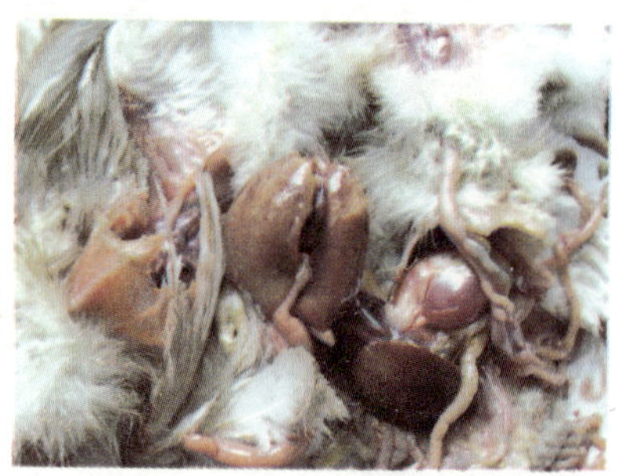

图 5.52　肝脏肿大，表面有坏死灶

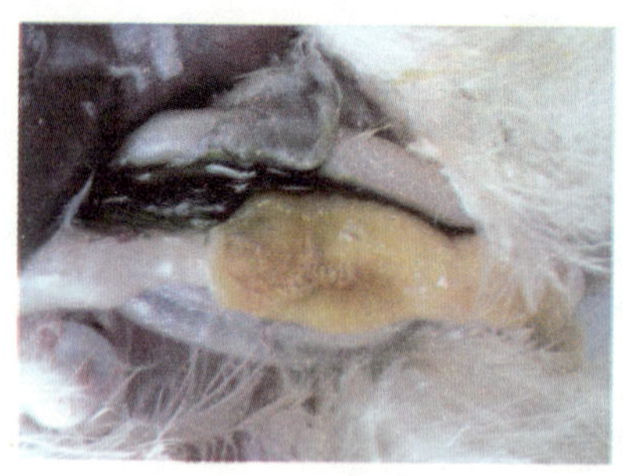

图 5.53　肠黏膜溃疡

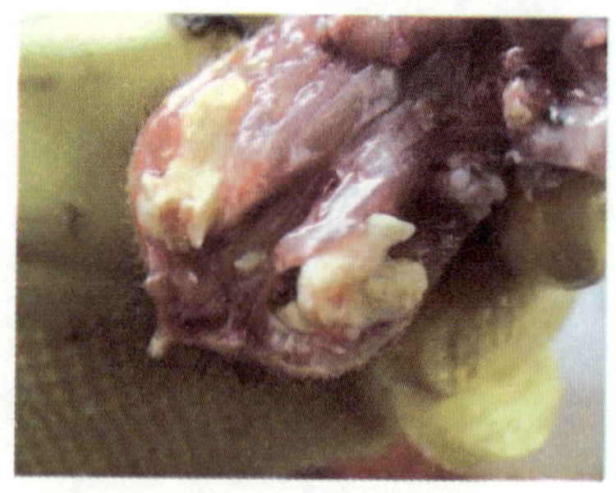

图 5.55　窦腔内渗出物凝块，干酪样坏死物

图 5.56 鼻窦、眶下窦卡他性炎症及黄色干酪样物

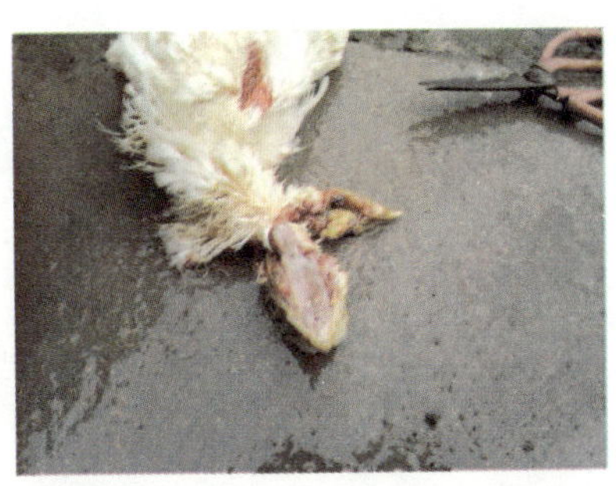

图 5.57 头部皮下形成黄色干酪样物

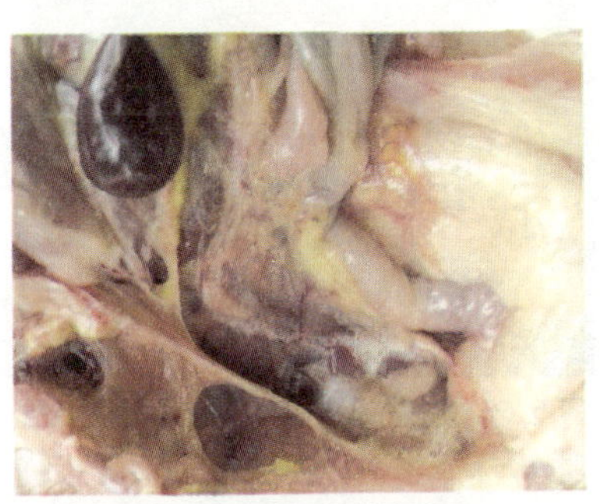

图 5.58 纤维素性腹膜炎

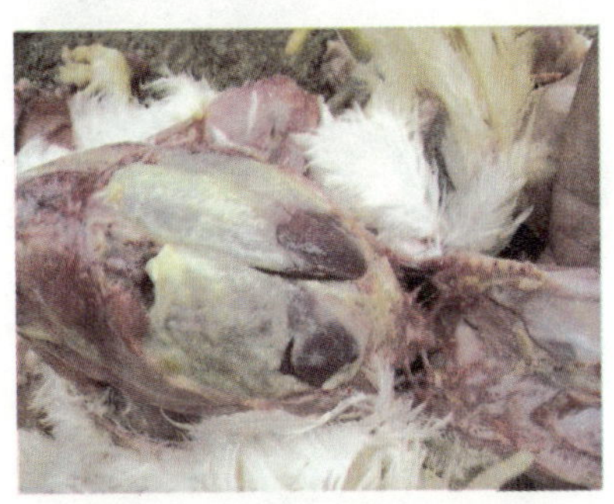

图 5.59 纤维素性心包炎、肝周炎

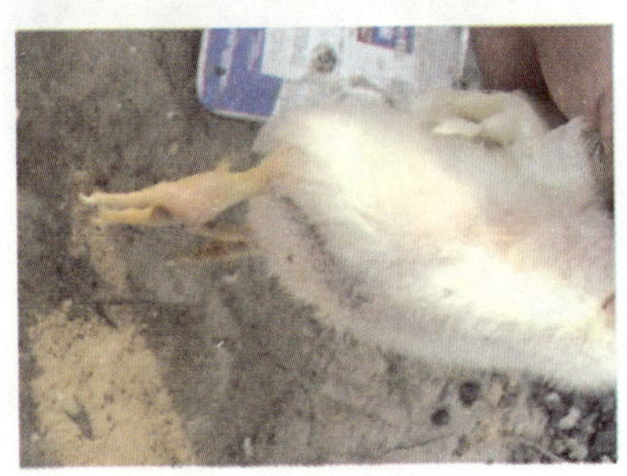

图 5.60 趾关节肿大

图 5.62 下痢，排出胡萝卜丝样稀粪

图 5.63　下痢，排出西红柿样稀便

图 5.64　盲肠肿大，增粗，出血，暗红

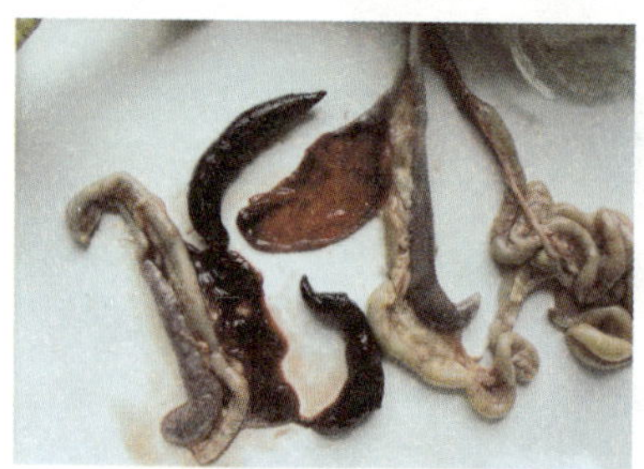

图 5.65　盲肠内为暗红色凝血块

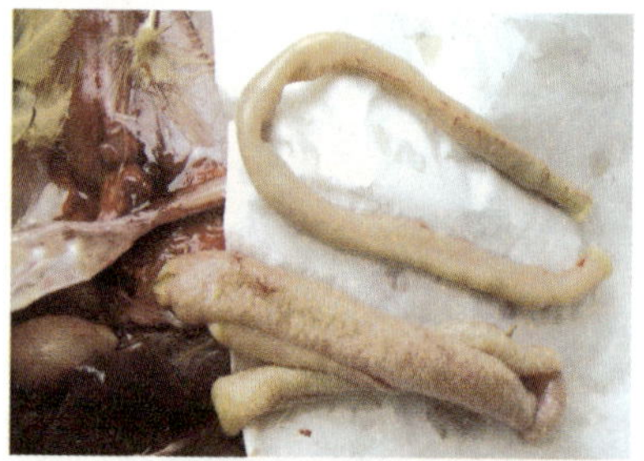

图 5.66　肠黏膜上有致密的麸皮样黄色假膜，肠壁增厚，剪开自动外翻

图 5.67　空肠肿胀，出血，浆膜面布满灰白色坏死灶

图 5.68　小肠增生，浆膜外有点状坏死

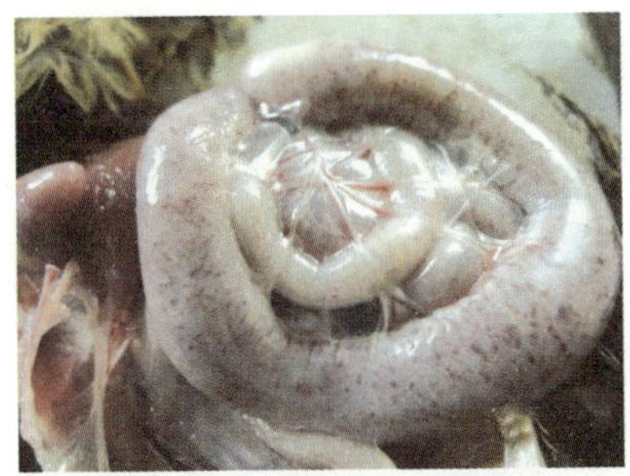

图 5.69　回肠后段浆膜面上密布的出血点

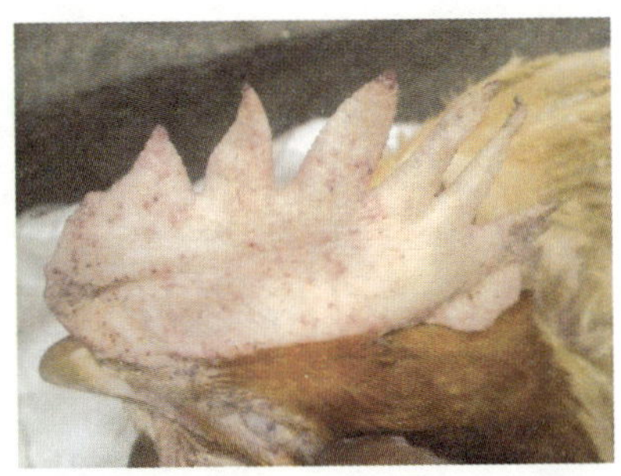

图 5.72　鸡冠苍白，有小米粒大小梭状结节

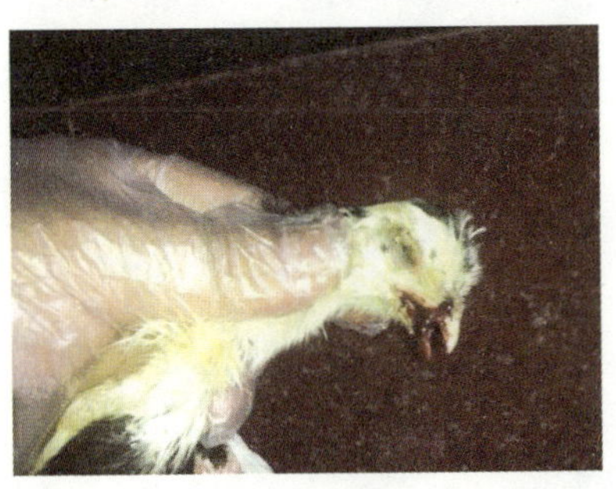

图 5.73　咯血

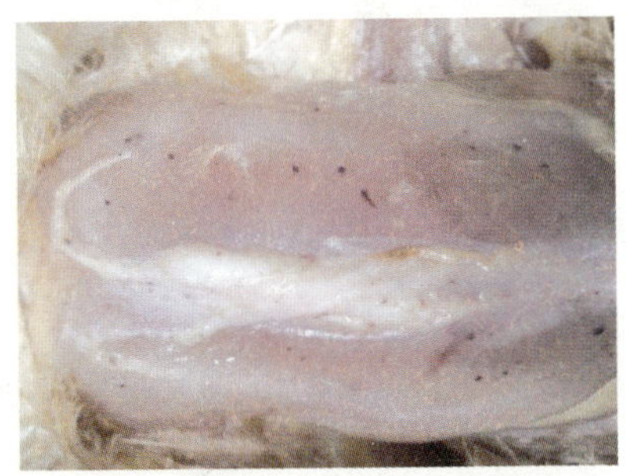

图 5.74　胸部肌肉上的点状出血，贫血

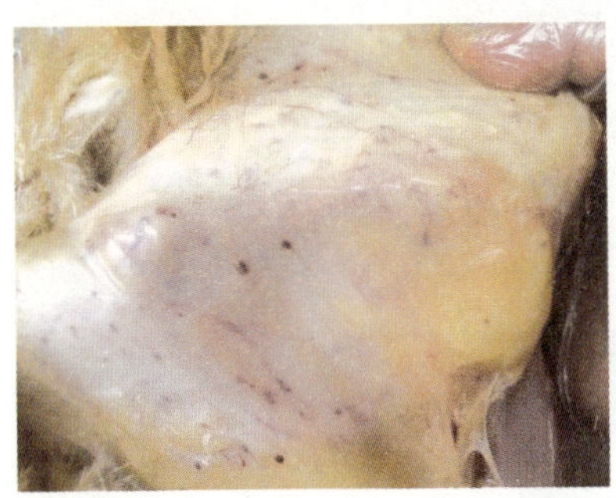

图 5.75　腿部肌肉上的点状出血

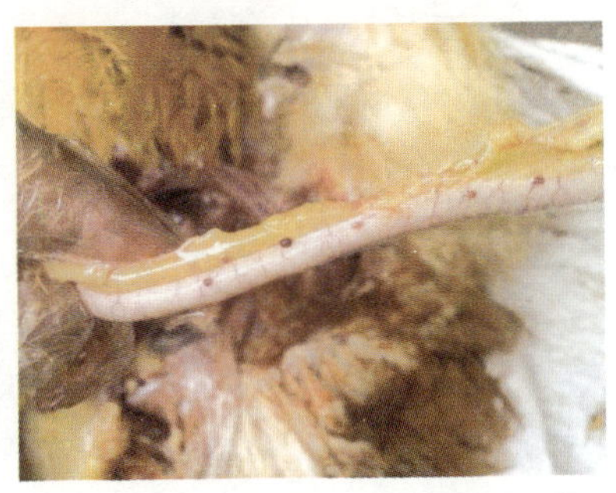

图 5.76　小肠浆膜面上隆起的结节性出血

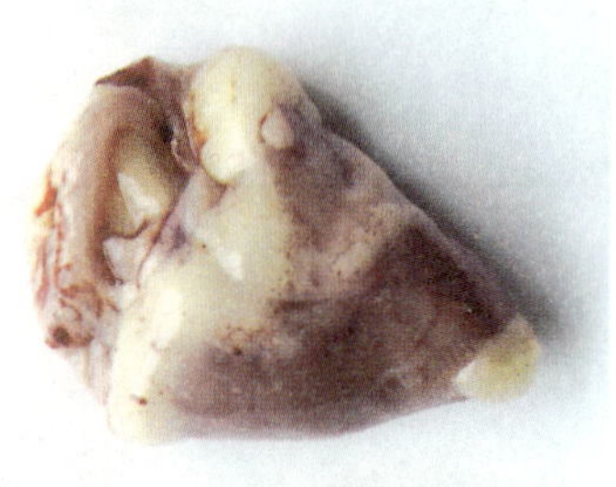

图 5.77　心尖上的灰白色结节

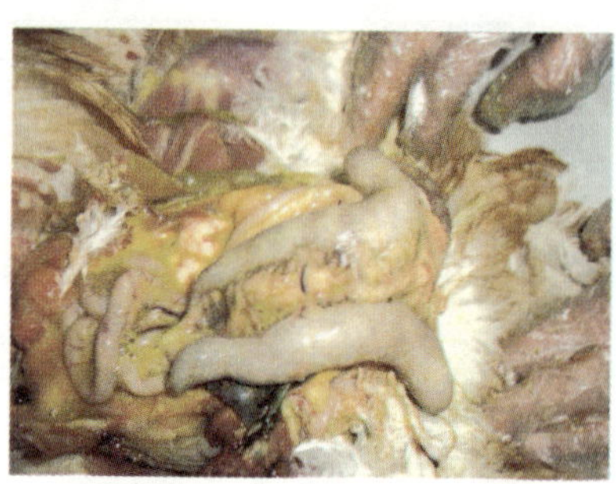

图 5.78　盲肠内形成黄色栓塞

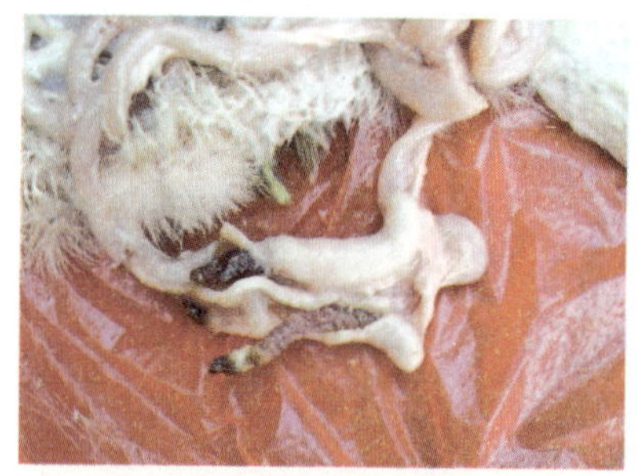

图 5.79　盲肠内形成的栓塞物

图 5.80　肝脏肿大，表面有扣状凹陷坏死灶

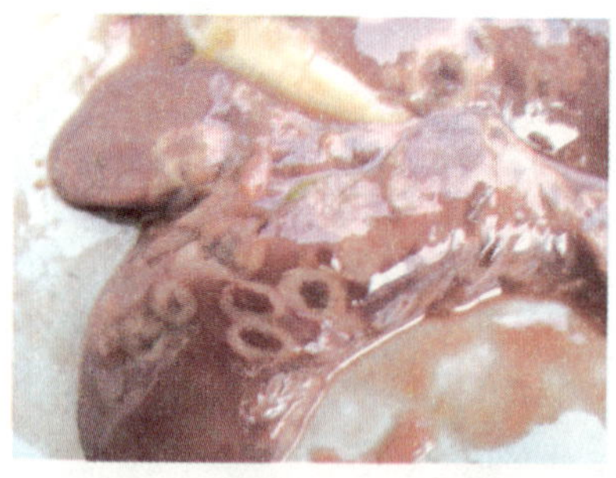

图 5.81　肝脏肿大，表面有榆钱样坏死灶

图 5.82　夹杂有白色尿酸盐的粪便

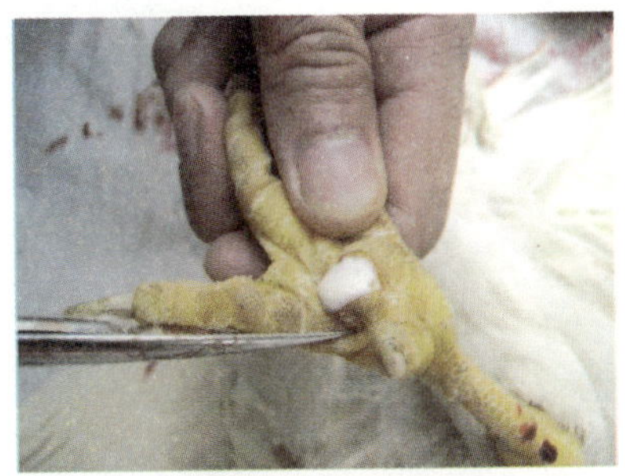
图 5.83　脚垫肿胀，有白色尿酸盐沉积

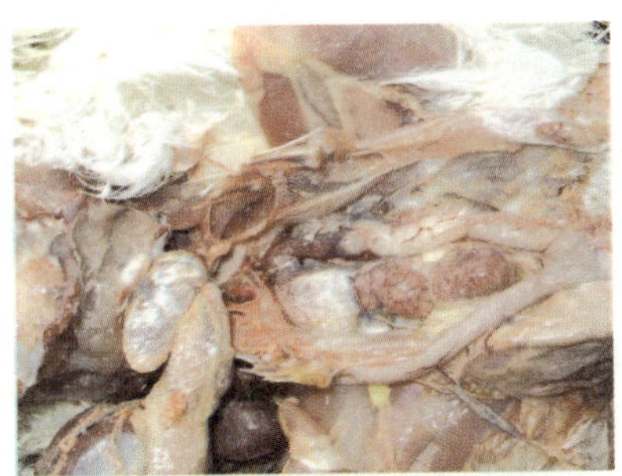
图 5.84　肾脏表面的尿酸盐沉积

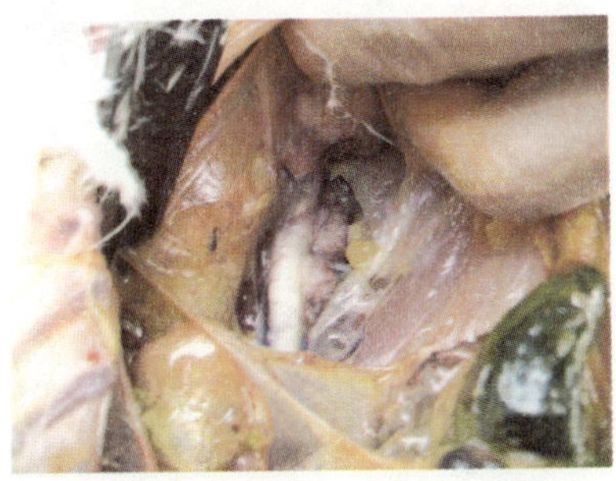
图 5.85　肾脏肿胀，输尿管增粗

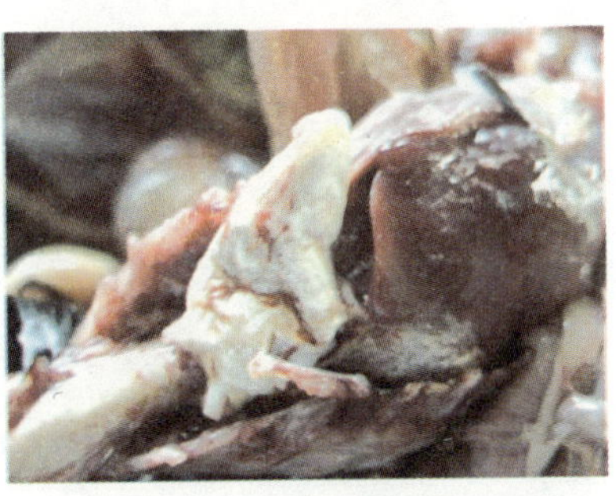
图 5.86　心包内大量尿酸盐沉积

图 5.87　腹部脂肪上的尿酸盐沉积

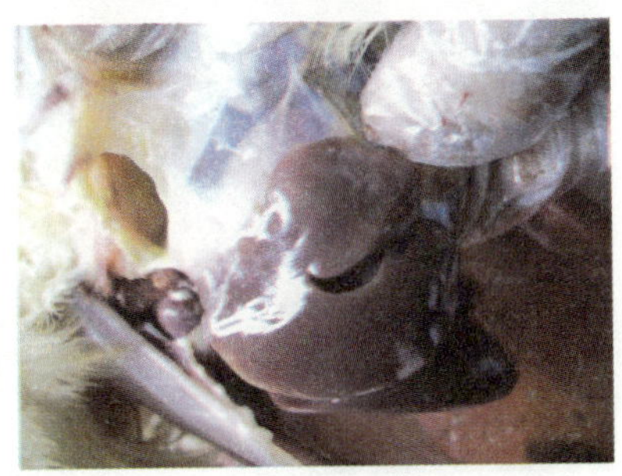
图 5.88　气囊混浊

图 5.89　气囊变厚，有黄色干酪样物

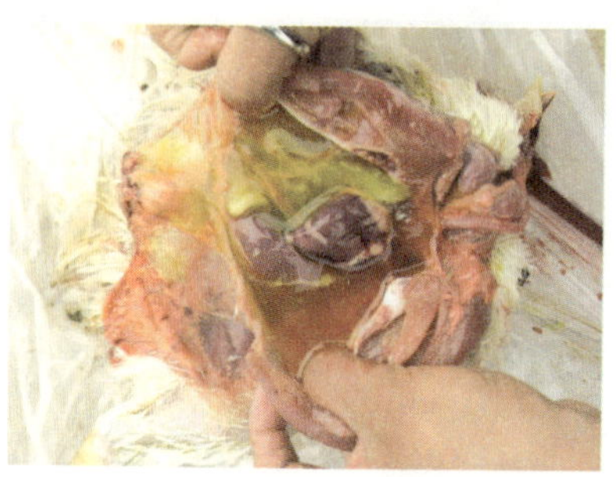

图 5.90　心包炎，胸腔积液

图 5.91　缩头垂尾，羽毛不整

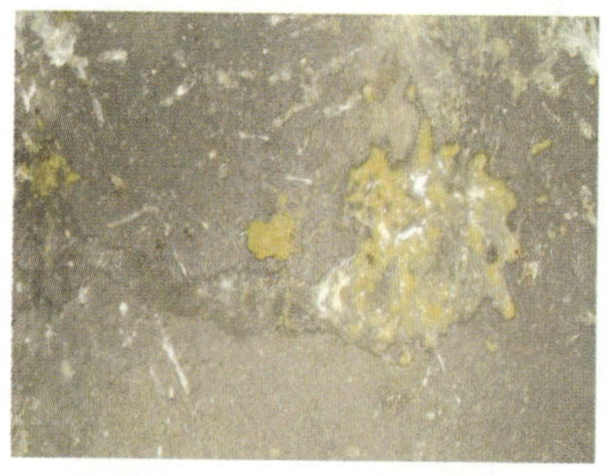

图 5.92　排白色鱼肠子样粪便

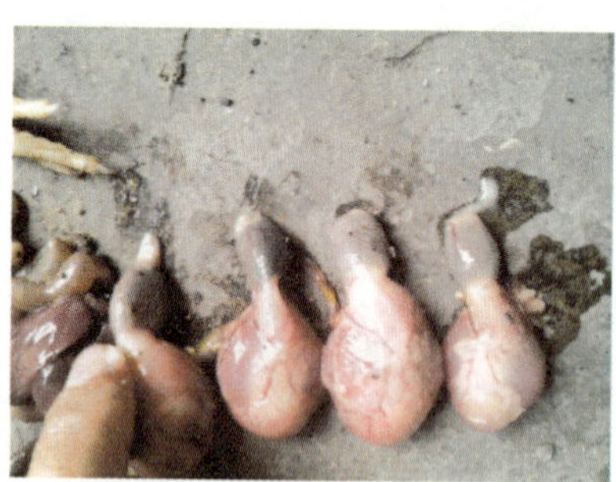

图 5.93　雏鸡腺胃肿大

图 5.94　肌胃壁增厚

图 5.95　腺胃肿大，肌胃角质层增厚、糜烂

图 5.96　腺胃、肌胃交界处糜烂、溃疡，肌胃萎缩

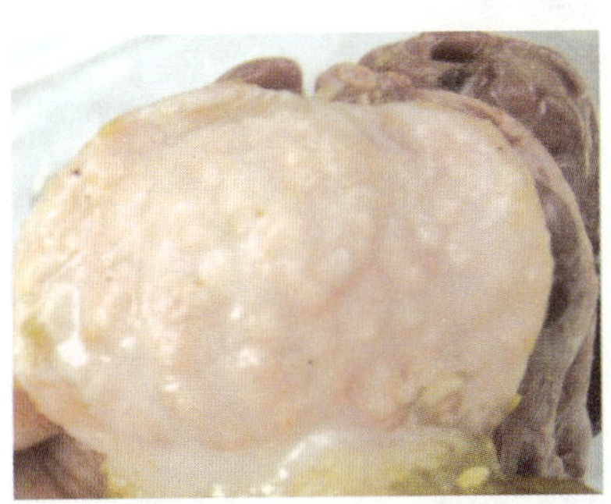

图 5.97　腺胃乳头水肿

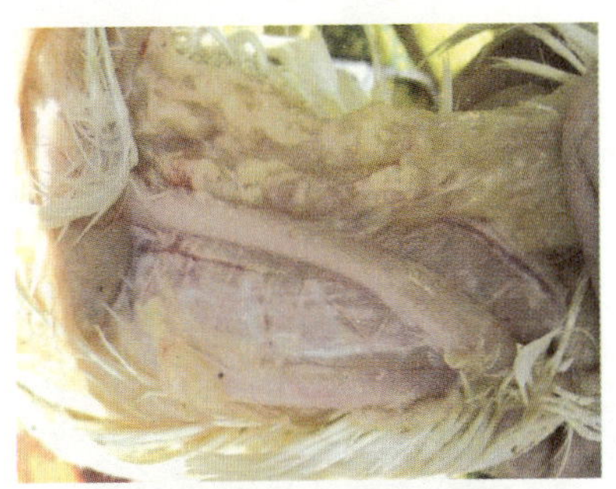

图 5.98　胸腺萎缩、褪色

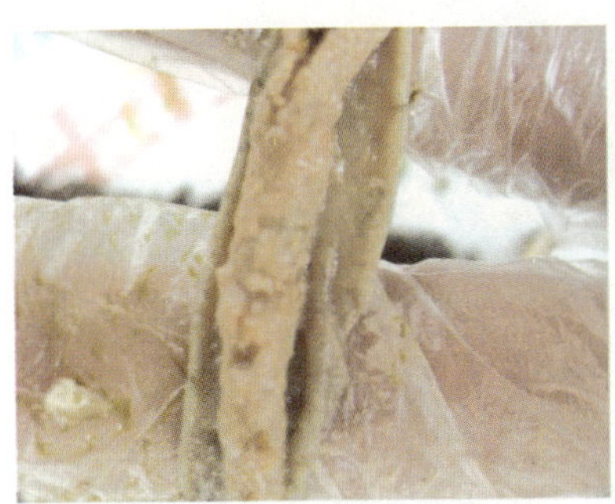

图 5.100　肠内未消化的饲料

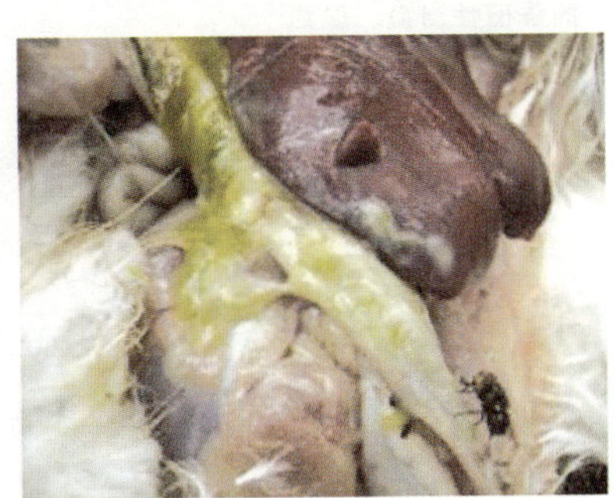

图 5.101　肠道内脓性分泌物

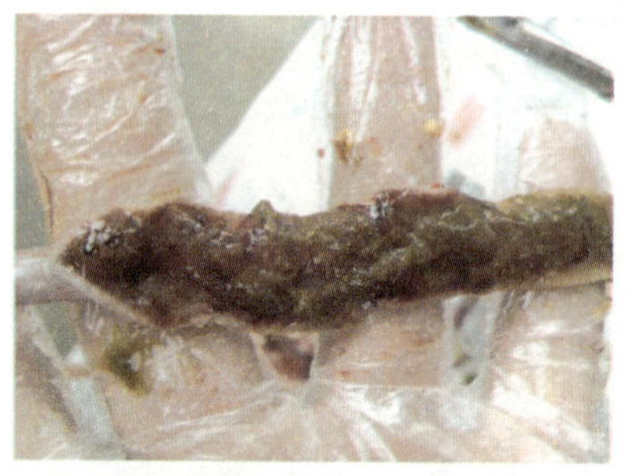

图 5.102　肠壁出血，肠内有被脓性分泌物包裹的未消化的饲料渣

图 5.117　腺胃和肌胃交接处有暗褐色坏死

图 5.118　腺胃、腺胃和肌胃交接处的陈旧性出血、糜烂

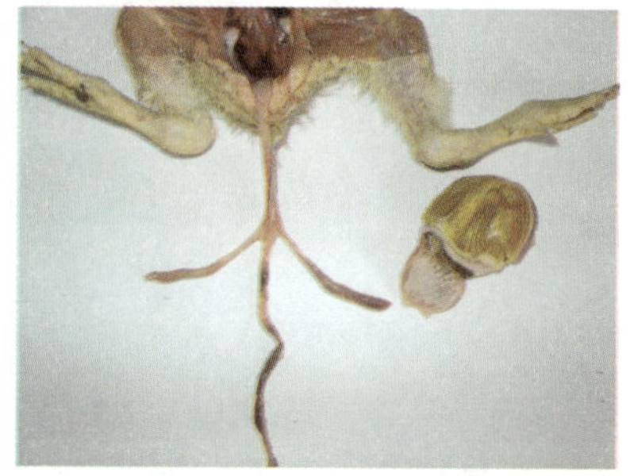

图 5.119　小肠末段局灶性出血

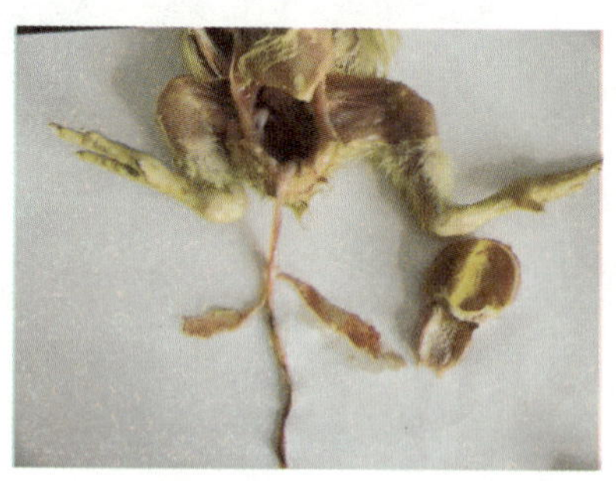

图 5.120　盲肠出血